普通高等教育“十一五”国家级规划教材

大学计算机基础教育规划教材

“高等教育国家级教学成果奖”配套教材

多媒体技术及应用

赵英良 冯博琴 崔舒宁 编著

清华大学出版社

北京

内容简介

本书是按照教育部高等学校计算机科学与技术教学指导委员会编制的《关于进一步加强高等学校计算机基础教学的意见暨计算机基础课程教学基本要求》中有关“多媒体技术与应用”课程教学要求编写的。

全书共分7章，内容包括多媒体技术概述、音频处理技术、数字图像处理技术、视频信息处理、多媒体存储技术、网络多媒体技术和多媒体软件开发等。本书理论与应用相结合，附有丰富实用的例题和习题。应用软件涉及声音处理软件 Sound Forge，图像处理软件 Photoshop，视频处理软件 Premiere，视频编码软件 Windows Media、QuickTime Pro、RealProducer，多媒体著作软件 Authorware，网络媒体软件 NetMeeting、RealServer，光盘制作软件 Nero、VideoPack 等。在本书附录中列出了实验题目，供实践选用。

本书可作为高等学校非计算机的理工、管理类专业48学时或32学时课程的教学使用，也可供多媒体应用与开发的工程技术人员参考。

图书在版编目(CIP)数据

多媒体技术及应用／赵英良，冯博琴，崔舒宁编著．—北京：清华大学出版社，2009.8(2018.11重印)
(大学计算机基础教育规划教材)
ISBN 978-7-302-20163-2

Ⅰ．多…　Ⅱ．①赵…②冯…③崔…　Ⅲ．多媒体技术—高等学校—教材　Ⅳ．TP37

中国版本图书馆CIP数据核字(2009)第072096号

责任编辑：张　民　李玮琪
责任校对：时翠兰
责任印制：杨　艳

出版发行：清华大学出版社
　网　　址：http://www.tup.com.cn，http://www.wqbook.com
　地　　址：北京清华大学学研大厦A座　　**邮　　编**：100084
　社 总 机：010-62770175　　**邮　　购**：010-62786544
　投稿与读者服务：010-62776969，c-service@tup.tsinghua.edu.cn
　质 量 反 馈：010-62772015，zhiliang@tup.tsinghua.edu.cn
印 装 者：清华大学印刷厂
经　　销：全国新华书店
开　　本：185mm×260mm　　**印　张**：18　　**字　　数**：424千字
版　　次：2009年8月第1版　　**印　　次**：2018年11月第13次印刷
定　　价：29.00元

产品编号：025020-02

序

进入21世纪,社会信息化不断向纵深发展,各行各业的信息化进程不断加速。我国的高等教育也进入了一个新的历史发展时期,尤其是高校的计算机基础教育,正在步入更加科学、更加合理、更加符合21世纪高校人才培养目标的新阶段。

为了进一步推动高校计算机基础教育的发展,教育部高等学校计算机科学与技术教学指导委员会近期发布了《关于进一步加强高等学校计算机基础教学的意见暨计算机基础课程教学基本要求》(以下简称《教学基本要求》)。《教学基本要求》针对计算机基础教学的现状与发展,提出了计算机基础教学改革的指导思想;按照分类、分层次组织教学的思路,《教学基本要求》的附件提出了计算机基础课程教学内容的知识结构与课程设置。《教学基本要求》认为,计算机基础教学的典型核心课程包括:大学计算机基础、计算机程序设计基础、计算机硬件技术基础(微机原理与接口、单片机原理与应用)、数据库技术与应用、多媒体技术及应用、计算机网络技术及应用。附件中介绍了上述六门核心课程的主要内容,这为今后的课程建设及教材编写提供了重要的依据。在下一步计算机课程规划工作中,建议各校采用"1+X"的方案,即:"大学计算机基础"+ 若干必修或选修课程。

教材是实现教学要求的重要保证。为了更好地促进高校计算机基础教育的改革,我们组织了国内部分高校教师进行了深入的讨论和研究,根据《教学基本要求》中的相关课程教学基本要求组织编写了这套"大学计算机基础教育规划教材"。

本套教材的特点如下:

(1) 体系完整,内容先进,符合大学非计算机专业学生的特点,注重应用,强调实践。

(2) 教材的作者来自全国各个高校,都是教育部高等学校计算机基础课程教学指导委员会推荐的专家、教授和教学骨干。

(3) 注重立体化教材的建设,除主教材外,还配有多媒体电子教案、习题与实验指导,以及教学网站和教学资源库等。

(4) 注重案例教材和实验教材的建设,适应教师指导下的学生自主学习的教学模式。

(5) 及时更新版本,力图反映计算机技术的新发展。

本套教材将随着高校计算机基础教育的发展不断调整，希望各位专家、教师和读者不吝提出宝贵的意见和建议，我们将根据大家的意见不断改进本套教材的组织、编写工作，为我国的计算机基础教育的教材建设和人才培养做出更大的贡献。

“大学计算机基础教育规划教材”丛书主编

教育部高等学校计算机基础课程教学指导委员会副主任委员

冯博琴

前言

在信息时代,计算机已经无处不在,而有计算机的地方就有多媒体技术的应用。每一个掌握计算机应用技术或应用计算机的人,都需要了解一定的多媒体知识和掌握一定的多媒体技术。2006年“多媒体技术与应用”被教育部高等学校非计算机专业计算机基础教学指导分委员会列入六门核心课程之一,越来越多的高校和专业也将其列入必修课程或限选课程,多媒体技术的应用成为新世纪人才的必备技能。

本书按照教育部高等学校计算机科学与技术教学指导委员会编制的《关于进一步加强高等学校计算机基础教学的意见暨计算机基础课程教学基本要求》中有关“多媒体技术与应用”课程教学的基本要求组织编写,具有以下几个特色。

(1) 理论够用。多媒体技术涉及的理论是很多很深的,如声音处理、压缩技术、数字图像处理、数字视频处理、模式识别、小波分析、光存储技术等。这些内容无法在一门课中讲透。所以本教材定位在多媒体技术的应用上,不对多媒体技术本身作深入研究,力图从应用者的需求角度对多媒体的基本概念、基本原理和基本方法进行阐述,不涉及过深的理论知识。理论部分内容的选择原则是“介绍多媒体基本应用中涉及的理论知识”,让同学们在实践时不仅知道怎么做,也知道“为什么”。

(2) 技术好用。应用部分内容的选择原则是“介绍最常用的处理方法和技术”;在实践方面,以常用软件为例,以实例为出发点,注重教“方法”,其目的一是使理论知识得以应用和检验,二是希望同学们学会一类软件的使用,能举一反三,学会如何使用陌生的软件。

(3) 注重能力培养。本书的目的是使学生了解多媒体信息表示和处理的基本原理,掌握常用多媒体素材的制作方法与处理技术,在理解多媒体应用设计原理的基础上,能够使用专业创作工具,进行多媒体应用系统的设计与开发,包括网络多媒体应用设计与开发。课程教学以实际应用为突破口,通过解决问题,加强实际技能和综合能力的培养,使学生能综合运用所学的知识解决多媒体实际应用问题。书中习题有的可能超出内容范围,这些可以通过课外学习解决,目的也是让同学们锻炼解决问题的能力。

全书共分为7章,分别为多媒体技术概述、音频处理技术、数字图像处理技术、视频信息处理、多媒体存储技术、网络多媒体技术和多媒体软件开发。每章先介绍基本知识,然后通过实例介绍相关的应用处理技术。书后列出12个实验题目,供实践环节使用,所用软件、硬件可根据各学校情况进行调整。

本书适合高等学校非计算机专业48学时或32学时教学使用。对文科、管理类等专业,可以略去2.5和4.3节,选学第5、第6、第7章的部分内容,可略去理论的叙述,重点放在实践性内容上。对理工类专业，可以选学第5章和第7章。

本书由赵英良主编并编写了1、2、5章和7.1、7.2、7.4节，崔舒宁编写了3、4、6章和7.3节，首届国家级教学名师冯博琴教授审阅了全稿。本书编写中参考了许多相关文献，也从中汲取了不少有益内容，在此向这些文献的作者、译者表示感谢。本书还得到许多同事以及出版社编辑的支持和帮助，深表谢意。

由于作者水平有限，书中不当之处敬请各位专家、老师和同学们提出批评和建议。

编　者

2009年3月于西安交通大学

多媒体技术及应用

目录

第1章

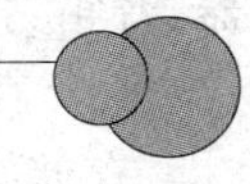

多媒体技术概述

多媒体已经从一个时髦的概念，变成一种实用的技术。在21世纪，计算机应用是人们应掌握的基本技能之一，而使用计算机必然用到多媒体。多媒体技术不仅应用在通信、工业、军事、教育等领域中，也应用在考古、音乐、绘画、建筑等艺术领域中，为这些领域的研究和发展带来了勃勃生机。多媒体技术影响着科学研究、工程制造、商业管理和人们的生活。

1.1 多媒体技术的基本概念

在计算机领域中，媒体有两种含义：一是指存储信息的实体，如磁盘、光盘、磁带、半导体存储器等，中文常译为媒质；二是指表示和传递信息的载体，如数字、文字、声音、图形和图像等。

1.1.1 媒体的分类

实际上，媒体的概念非常广泛，按照国际电报电话咨询委员会（Consultative Committee on International Telephone and Telegraph，CCITT）的定义，媒体可以分为感觉媒体、表示媒体、表现媒体、存储媒体和传输媒体等。

1. 媒体的分类

媒体有以下类别。

(1) 感觉媒体（Perception Medium）。

感觉媒体指能直接作用于人的感官，使人直接产生感觉的媒体。如人类的语言、音乐、声音、图形、图像，计算机系统中的文字、数据和文件等。

(2) 表示媒体（Representation Medium）。

表示媒体是为加工、处理和传输感觉媒体而人为研究、构造出来的一种媒体。其目的是更有效地加工、处理和传送感觉媒体。表示媒体包括各种编码方式，如语言编码、文本编码、图像编码等。

(3) 表现媒体（Presentation Medium）。

表现媒体是指感觉媒体和用于通信的电信号之间转换用的一类媒体。它又分为两种：一种是输入表现媒体，如键盘、摄像机、光笔、话筒等；另一种是输出表现媒体，如显示器、音箱、打印机等。

(4) 存储媒体(Storage Medium)。

存储媒体是表示媒体(感觉媒体数字化后的代码)的存储介质。如计算机的硬盘、软盘、磁带及光盘等。

(5) 传输媒体(Transmission Medium)。

传输媒体是用来将媒体从一处传送到另一处的物理载体。传输媒体是通信中的信息载体，如双绞线、同轴电缆、光纤等。

2. 常见的感觉媒体

在多媒体技术中所说的媒体一般指感觉媒体。感觉媒体通常又分视觉类媒体、听觉类媒体和触觉类媒体。

(1) 视觉类媒体包括图像、图形、符号、视频、动画等。

图像(image)，即位图图像(bitmap)。将所观察的景物按行列方式进行数字化，对图像的每一点都用一个数值表示，所有这些值就组成了位图图像。显示设备可以根据这些数字在不同的位置表示不同颜色来显示一幅图像。位图图像是所有视觉表示方法的基础。

图形(graphics)是图像的抽象，它反映图像上的关键特征，如点、线、面等。图形的表示不直接描述图像的每一点，而是描述产生这些点的过程和方法。如用两个点表示直线，只要记录这两个点的位置，就能画出这条直线。

符号(symbol)包括文字和文本，主要是人类的各种语言。符号在计算机中用特定的数值表示，如 ASCII 码、中文国标码等。

视频(video)又称动态图像，是一组图像按时间顺序的连续表现。视频的表示与图像序列、时间顺序有关。

动画(animation)是动态图像的一种，与视频的不同之处在于，动画中的图像是计算机产生或人工绘制的图像或图形，而视频中的图像采用的是真实的图像。动画包括二维动画、三维动画等多种形式。

(2) 听觉类媒体包括话音、音乐和音响。

话音 (speech) 也叫语音，是人类为表达思想通过发音器官发出的声音，是人类语言的物理形式；音乐是符号化了的声音，比语音更规范；音响则指自然界除语音和音乐以外的声音，包括天空的惊雷、山林的狂风、大海的涛声等，也包括各种噪声。

(3) 触觉类媒体通过直接或间接与人体接触，使人能感觉到对象的位置、大小、方向、方位、质地等性质。计算机可以通过某种装置记录参与者(人或物)的动作及其他性质，也可以将模拟的自然界的物质通过一定的电子、机械的装置表现出来。

1.1.2 多媒体及多媒体技术

多媒体(multimedia)是指能够同时获取、处理、编辑、存储和展示两种以上不同类型信息媒体的技术。这些信息媒体包括文字、声音、图形、图像、动画与视频等。多媒体不仅指多种媒体本身，而且包含处理和应用它的一整套技术。因此，“多媒体”与“多媒体技术”是同义词。

由于计算机的数字化及交互式处理能力极大地推动了多媒体技术的发展，通常，可把多媒体看做先进的计算机技术与视频、音频和通信等技术融为一体而形成的新技术或新产品。因此，多媒体技术可以定义为：计算机综合处理文本、图形、图像、音频与视频等多种媒体信息，使多种信息建立逻辑连接，集成为一个系统并且具有交互性。简单地说，多媒体技术就是计算机综合处理声音、文字、图像信息的技术，具有集成性、实时性和交互性。

1.1.3　多媒体技术的特征

多媒体技术所处理的多种媒体信息不是多种媒体的简单堆积，它们在逻辑上、时间上和空间上都存在着紧密的联系，这些联系使得多媒体技术具有多样性、集成性、交互性、协同性与实时性等特征。

1. 多样性

多媒体技术的多样性体现在信息采集或生成、传输、存储、处理和表现的过程中，要涉及多种感觉媒体、表示媒体、传输媒体、存储媒体或表现媒体，或者多个信源或信宿之间的交互作用。这种多样性不是数量上的简单增加，而是有机的组合。多样性使得计算机所能处理的信息空间范围得到扩展，而不再局限于数值、文本或特定的图形和图像，可以借助于视觉、听觉、触觉、嗅觉和味觉等多种感知形式实现信息的产生、传输、接收和交流。

2. 集成性

集成性，一方面是指媒体信息的集成，即声音、文字、图像、视频等的集成。在众多信息中，每一种信息都有自己的特殊性，同时又具有共性。多媒体信息的集成处理把信息看成一个有机的整体，采用多种途径获取信息，统一格式存储信息，组织与合成信息等手段，对信息进行集成化处理；另一方面是指处理这些媒体的设备和软件的集成，即多媒体系统不仅包括计算机本身，而且包括像电视、音响、摄像机、DVD 播放机等设备以及相关软件系统，把不同功能、不同种类的设备集成在一起使其共同完成信息处理工作。

3. 交互性

传统媒体，如电视、报纸，只能单向、被动地传播信息，而多媒体技术引入交互性后则可实现人对信息的主动选择、使用、加工和控制。多媒体技术的交互性指人可以通过多媒体计算机系统对多媒体信息进行加工、处理并控制多媒体信息的输入、输出和播放。通过交互与反馈，更加有效地利用信息，为人们提供发挥创造力的环境，增强人们的参与感。同时也为多媒体技术的应用开辟了更加广阔的领域。

4. 协同性与实时性

每种媒体都有其自身的规律，各种媒体之间必须有机地配合才能协调一致。多种媒体之间的协调以及时间、空间和内容方面的协调是多媒体的关键技术之一。

在多媒体系统中，声音和视频图像都是与时间密切相关的，信息片段之间有着严格的顺序和时间要求。随着多媒体技术的进步，多媒体系统已经具备对多媒体信息进行实时处理的能力。实时性是指在人的感官系统允许的情况下实时地进行多媒体的处理和交互。当人们给出操作指令时，相应的多媒体信息能够得到实时控制。

1.2 多媒体技术的研究内容

多媒体技术包括感觉媒体的表示技术、数据压缩技术、多媒体数据存储技术、多媒体数据的传输技术、多媒体计算机及外围设备、多媒体系统软件平台等。

1. 多媒体数据压缩技术

信息是对发生事件的抽象描述，而数据是在确定了描述方法后对事件的符号记录。对同一信息，若使用的描述方法不同，则形成的记录数据量可能完全不同。人们总是希望用最少的数据量对给定的信息进行描述和表达，而数据压缩的目的就是用尽可能少的数据来表达信息，从而节省存储和传输费用。

在多媒体系统中，由于涉及大量的声音、图像甚至视频信息，数据量是巨大的。因此高效的压缩和解压缩算法是多媒体系统运行的关键。数据压缩问题自20世纪50年代的PCM编码理论开始，至今已经研究出许多算法，并且制订了JPEG、MPEG等实用的图像和视频压缩标准，而人们仍在为更好的压缩技术而努力。

2. 多媒体数据存储技术

多媒体信息需要大量的存储空间。因此，存储技术是影响多媒体应用发展的重要因素。高效快速的存储设备是多媒体系统的基本部件之一。光盘系统是目前较好的多媒体数据存储设备。一张双面双层的DVD，可以存储17GB的数据。但爆炸的数据量不断地向存储系统提出挑战，人们必须不停地探索高密度高速信息存储的新材料、新器件和新技术。

3. 多媒体数据库技术

传统的数据库管理系统在处理结构化数据，如文字、数值等信息方面取得了很大的成功。然而在很多应用领域中，如CAI课件、办公室自动化、医疗诊断管理系统、图书馆和博物馆管理系统、计算机辅助设计及地理信息系统等，由于这些应用包含了多种媒体数据和非结构化数据，数据量大，处理复杂，传统的数据库管理系统就显得有些力不从心。例如，传统关系数据库用二维的表格描述现实世界的事物及它们之间的联系，每一行表示一个事物，每一列表示事物的一个特征，每个特征有固定的取值范围。关系数据库的设计者必须把现实世界的事物抽象为符合规范的数据。而这些格式化的数据在描述多媒体信息时会遇到很大困难，例如如何描述人脸、指纹、声音等。

在传统的数据库系统中，可以很方便地检索符合条件的信息，但它是针对格式数据进行的。而对于图像、声音等非格式化数据，如何设定检索条件，如何查询所需结果等，都为数据库系统提出了新的问题。因此，多媒体数据库技术成为有效管理多媒体数据的关键技术。

4. 超文本与超媒体技术

传统的信息组织方式是线性的，这不符合人类的思维习惯，尤其不能适应大量的多媒体信息的组织，限制了信息的有效利用。超文本是一种新颖的信息管理技术。它是一个非线性的结构，以结点为表达信息的单位，结点和结点之间通过表示它们之间关系的链加以连接，构成表达特定内容的信息网络。这样，人们在阅读一个结点的信息时，就可以有选择地跳转到感兴趣的另一个结点，而不必顺序地将该结点的内容读完。超媒体用超文本方式组织和处理多媒体信息，是超文本的扩展。超媒体不仅可以包含文字，而且可以包含图形、图像、动画、声音和影视片段等多种媒体来表示信息。

5. 多媒体通信网络

计算机网络研究的初期还没有多媒体的概念，开发的网络协议也没有考虑支持多媒体通信的问题。而多媒体通信要求具有实时性和同步性，即数据传输不能有太长的延迟，各种媒体信息之间的传输速度要协调一致。如何满足多媒体通信对速度和质量的需求，给网络技术提出了新的要求。目前解决多媒体通信问题的技术有流媒体技术、千兆以太网技术、高速路由技术、电话宽带接入技术等，也提出了一些服务质量(Quality of Service，QoS)保证机制和协议，如区分服务模型、资源预留协议等。

6. 虚拟现实技术

虚拟现实(Virtual Reality，VR)是一项与多媒体技术密切相关的边缘技术。它通过综合应用计算机图像、模拟与仿真、传感器、显示系统等技术和设备，以模拟仿真的方式，给用户提供一个真实反映操纵对象变化与相互作用的三维图像环境所构成的虚拟世界，并通过特殊设备(如头盔立体显示器、三维鼠标和数据手套)给用户提供一个与该虚拟世界相互作用的三维交互式用户界面。利用多媒体系统生成逼真的视觉、听觉、触觉及嗅觉的模拟真实环境，用户可以用人的自然技能(如头部的转动、眼睛的活动、手势或其他身体动作)对这一虚拟的现实进行交互体验，犹如在现实生活中的体验一样。

虚拟现实是一种高度集成的技术，涉及三维实时图形显示、三维定位跟踪、触觉及传感技术、人工智能、高速计算、并行处理和人类行为学等许多方面，是多媒体技术发展的理想目标。

7. 多媒体计算机硬件平台

多媒体信息的处理常常需要大量的数据计算，这就需要有高效的计算机系统及相关外部设备。一方面可以将多媒体和通信功能集成到 CPU 芯片中，提高计算机系统的多媒体处理能力；也可以将含有多媒体处理功能的 CPU 集成到外部设备中，提高外围设备的智能化水平。除声音、图像输入输出设备外，动作、思维等人类的各种行为和思想如何与计算机交互也是人们研究的问题。

8. 多媒体系统软件平台

多媒体计算机软件平台以操作系统为基础。目前广泛应用的 Windows、UNIX、Linux 操作系统都支持对多媒体信息的管理。此外，处理不同类型的媒体及开发不同的应用系统还需要不同的多媒体开发工具，如 Microsoft MDK 给用户提供了对图形、视频、声音等文件进行转换和编辑的工具。为了方便多媒体节目的开发，多媒体计算机系统还包括一些直观、可视化的交互式编著工具，如动画制作软件 Flash、Director、3D Studio，多媒体节目编著工具 Authorware 等。

9. 多媒体通信与分布式多媒体系统

现代化社会，人类工作方式的特点是群体性、交互性、分布性及协作性。传统的电信业务如电话、传真等通信方式已不适应社会的需要，为了提供更人性化的交流方式，通信手段从语音为主转向视频为主是一个很自然的需求。多媒体技术、网络技术和通信技术相结合的视频会议系统、计算机支持协同工作系统、交互式电视系统、视频点播系统、远程教育系统、远程医疗诊断系统及远程图书馆等应用系统已经投入使用并在进一步的研究中。

本书并不从理论角度讲述多媒体技术的研究内容，而是从应用角度介绍各种多媒体信息的处理方法。

1.3 多媒体技术的应用

多媒体技术是一种实用性很强的技术，其应用几乎涵盖了计算应用的绝大多数领域，进入了社会生活的各个方面。它改善了人类操作计算机的人机界面。过去，人们通过字符界面的行命令来操纵计算机。如今，人们可以通过鼠标、触摸屏、手写板，甚至通过语言操作计算机。从通信的角度看，多媒体技术为信息的表达和处理提供了全新的方式。信息是多样的，但人们更喜闻乐见的是声音和图像。人类从外部世界获取信息的 10%来自听觉，80%来自视觉。声音、图像的运用使计算机更贴近人类获取信息的观念：用耳听，用眼看。当计算机能理解声音和图像时，人机交互将变得更直接、更自然。

目前，多媒体技术已经在教育培训、信息服务、娱乐、电子出版物、艺术创作、广告设计、多媒体通信和协同工作、模拟训练等领域中得到了广泛应用。

1. 教育培训

传统的教学和培训模式通常是听教师讲课或者自学，两者都有其自身的不足不处。多媒体系统的形象化和交互性可为学习者提供全新的学习方式，使接受教育和培训的人能够主动地创造性学习，通过对人体多种感官的刺激，更能加深人们对新鲜事物的印象，取得更好的学习效果。

利用多媒体技术丰富的表现形式和虚拟现实技术，研究人员能够设计出逼真的仿真训练系统，如飞行模拟训练、航海模拟训练等。训练者只需要坐在计算机前操作模拟设备，就可以得到如同操作实际设备一样的效果。不仅能够有效地节省训练经费，缩短训练时间，也能够避免一些不必要的损失。如今的汽车驾驶、飞机驾驶、飞船控制、航海训练、武器装备、军事演习等都可以通过计算机进行模拟和学习。

多媒体的交互教学提高了受教育者的参与程度，使学习由被动变为主动。这不仅能激发受教育者的学习兴趣，更重要的是能增强探究科学的意识。

2. 电子出版物

电子出版物是以数字形式将图、文、声、像等信息存储在磁、光、电介质上，通过计算机或类似的设备阅读使用，并可以复制发行的大众传播媒体。电子出版物的介质形态包括软磁盘、光盘、IC 卡、闪存卡(Flash)等。电子出版物的内容包括教育类的电子图书、文档资料、报刊杂志，娱乐类的数字电影、动画、游戏、广告和工具类的软件等。

多媒体电子出版物与传统出版物除阅读方式不同外，更重要的是它具有集成性、交互性等特点，可能配有声音解说、音乐、三维动画和彩色图像，再加上超文本技术的应用，使它表现力强，信息检索灵活方便，能为读者提供更有效的获取知识、接受训练的方法和途径。

3. 信息服务

在旅游、邮电、医院、交通、商业、博物馆和宾馆等公共场所，应用多媒体技术可以为顾客提供景点介绍、业务咨询、交通指导、产品展示、历史再现等交互式信息服务。使用这种手段不仅快速、准确，而且生动，甚至不受时间、空间限制。在销售、宣传等活动中，使用户在购买产品之前，就看到产品，了解产品的结构和功能，甚至通过模拟系统，还可以"操作"和"使用"该产品。

4. 艺术创作、影视娱乐

多媒体技术为从事音乐、美术创作的人提供了强有力的工具。MIDI 和音乐合成功能使音乐创作如虎添翼，非线性编辑改变了影视节目的后期制作方式，三维动画使艺术家的创意很快变成现实，耗资巨大的惊险大片变得快速和容易。美国惊险科幻影片《侏罗纪公园》是成功应用计算机动画的典型代表。多媒体的应用使艺术和影视创作更加灵活，创意容易实现，修改容易，费用节省，周期缩短。

数字电视与计算机和信息网络相结合，实现多媒体信息的双向传输，人们从被动地看电视台播放的节目变为主动选择节目观看。通过交互式数字电视，还可以实现邮件收发、上网、电子银行等业务。

5. 多媒体通信和协同工作

多媒体通信是 20 世纪末迅速发展起来的一项技术。一方面，多媒体技术使计算机能同时处理文本、音频和视频等多种类型的信息；另一方面，网络通信技术打破了地域限制，提高了信息传递速度，二者结合产生的多媒体通信技术将计算机的交互性、通信的分布性以及电视的真实性有机地融为一体，成为信息社会的重要标志。

目前已经开通了大量的远程教育系统。异地的学员可以实时地听老师讲课，并随时提问，教师也可以实时地了解远在千里之外的学生的反应。计算机支持协同工作(Computer Supported Collaborative Work，CSCW)使得处在不同地域的人可以像在一个会议室中一样讨论、修改一个项目的设计方案，他们可以看到对方的表情、手势，听到对方的声音。偏远的乡村可以通过远程医疗系统，享受专家的诊治。医生可以通过多媒体系统与病人"面对面"地交谈，观看病人的CT、心电图、B超等检查结果，进行远程咨询和检查，甚至在远程专家指导下进行复杂的手术。

1.4 多媒体系统的组成

一般而言，如果一台计算机具备了处理多媒体信息的硬件条件和适当的软件系统，那么，这台计算机就具备了多媒体功能。具有多媒体功能的计算机有大、中型计算机系统，小型计算机系统和微型计算机系统。其中使用最广泛的是微型计算机系统。具有多媒体功能的微型计算机系统习惯上被人们称为"多媒体个人计算机(Multimedia Personal Computer，MPC)"。

1.4.1 多媒体个人计算机标准

1990年11月，美国微软公司和一些计算机技术公司组成的"多媒体个人计算机市场协会(Multimedia PC Marketing Council)"对个人计算机的多媒体技术进行规范化管理而制定了相应标准。该协会后来与全球数千家计算机厂商共同组建了"多媒体个人计算机工作组(Multimedia PC Working Group)"，从事制定各种MPC标准的工作。

MPC标准的内容包括以下内容。

(1) 对个人计算机增加多媒体功能所需的软硬件进行最低标准的规范。

(2) 规定多媒体个人计算机硬件设备和操作系统等的量化指标。

(3) 制定高于MPC标准的计算机部件的升级规范。

MPC1标准公布于1991年，从此，全球计算机业界共同遵守该标准所规定的各项内容，促进了MPC的标准化和生产销售，使多媒体个人计算机成为一种新的流行趋势。MPC1标准见表1-1。

尽管MPC1标准已经过时，但是，它作为多媒体个人计算机的第一个标准，具有划时代的意义，它使全球多媒体个人计算机走上有秩序的发展轨道，为多媒体技术的发展奠定了坚实的基础。

1993年5月，MPC2标准公布。该标准根据硬件和软件的迅猛发展状况做了较大的调整和修改，尤其对声音、图像、视频和动画的播放以及PhotoCD做了新的规定。

尽管MPC2标准推荐配置的内容已经留出较大余地，但由于计算机多媒体技术的发展非常迅速，某些内容很快就过时了。

表 1-1 MPC1 标准

设备与软件	配置标准	推荐配置
中央处理器	386SX	386DX 或 486SX
系统时钟	16MHz	
内存	2MB	4MB
硬盘	30MB	80MB
鼠标	2 键	
键盘	101 键	
接口	串行接口、并行接口、游戏棒接口	
MIDI	具备 MIDI 合成与混音功能的 MIDI 输入输出接口	
显示模式	VGA 或更高等级显示模式，分辨率为 640×480，16 色	256 色
光盘驱动器	单速 CD-ROM，数据传输率 150KBps，平均访问时间<1s	
声音输入	麦克风 mV 级灵敏度	
声音重放	耳机、扬声器	
声卡模式	8b/11.025kHz 采样，11.025kHz 和 22.05kHz 输出	
操作系统	DOS 3.1 以上，Windows 3.0 带多媒体扩展模块	Windows 3.1

1995 年 6 月，MPC3 标准公布。该标准为适合多媒体个人计算机的发展，进一步提高了软件、硬件的技术指标。更重要的是，MPC3 标准制定了视频压缩技术（Motion Picture Expert Group，MPEG）的技术指标，使视频播放技术更加成熟和规范化，并且指定了采用全屏幕播放、使用软件进行视频数据解压缩等技术标准。MPC3 标准见表 1-2。

表 1-2 MPC3 标准

设备与软件	配置标准
中央处理器	Pentium 或兼容 CPU
系统时钟	75MHz
内存	8MB
硬盘	540MB
鼠标	2 键
键盘	101 键
接口	串行接口、并行接口、游戏棒接口
MIDI	具备 MIDI 合成与混音功能的 MIDI 输入输出接口
显示模式	VGA 或更高等级显示模式，分辨率为 640×480，65 536 色
光盘驱动器	4 倍速 CD-ROM，数据传输率 600KBps，平均访问时间<250ms 600KBps 传输时，CPU 占用量≤40%，300KBps 传输时，CPU 占用量≤20%
音频	16 位数字声音，波表合成功能，MIDI 回放
视频回放	支持 MPEG1 视频文件播放（硬件或软件）
操作系统	Windows 3.11 和 DOS 6.0

在 MPC3 标准实行的时期，Windows 95 操作系统问世，视频音频压缩技术日趋成熟，高速奔腾系列 CPU 开始武装个人计算机，多媒体技术得到了蓬勃发展。另外，国际互联网 Internet 的兴起、多媒体应用市场的拓展和兴旺，对 MPC 新标准的出台起到了积极的促进作用。

目前，多媒体计算机的配置已经远远高于 MPC3 标准，硬件的种类也大大增加，软件发展更加迅速，功能更为强大。多媒体功能已成为个人计算机的基本功能，MPC 标准已不重要。

1.4.2 多媒体系统的组成

多媒体系统由多媒体硬件系统和多媒体软件系统组成。

1. 多媒体硬件系统

多媒体硬件系统可以看成是在计算机系统基础上进行多媒体硬件的扩充，以适应多媒体信息处理的功能需求。计算机硬件及声像等多媒体输入、处理和输出设备构成了多媒体硬件平台。由于多媒体处理的数据量巨大，多媒体计算机系统首先要有高性能的计算机系统，包括 CPU、主板、显示卡、硬盘系统等，此外还包括以下设备。

(1) 音频设备：负责采集、加工、处理和回放波表、MIDI 等多种形式的音频素材。需要的硬件有录放音设备、MIDI 合成器、高性能的声卡、音箱、话筒、耳机等。

(2) 图像设备：负责采集、加工、处理各种格式的图像素材。需要的硬件有扫描仪、数码相机、数字化仪、打印机。

(3) 视频设备：负责采集、编辑计算机动画、视频素材。需要的硬件设备有视频播放机、视频采集卡、视频编辑卡、动态压缩卡、数字录像机、数字摄像机、投影仪等。

(4) 存储部分：多媒体信息及其应用系统数据量很大，将它们长期保存在联机硬盘中是不现实的。多媒体软件的发行需要大容量、移动方便的存储介质。目前，常用的移动存储介质包括光盘、U 盘、移动硬盘等。有些移动存储介质具有一定的智能性，如可以浏览、播放其中的信息，实现文件的复制、删除操作。读取光盘中的信息需用光盘驱动器，在光盘上记录信息需要光盘刻录机。

(5) 个人数码产品：目前，多媒体的应用已经超出体积相对较大的通用个人计算机，向小巧玲珑、携带方便的个人数码产品发展，如 MP3、MP4、数码相框、智能手机等。它们既是多媒体应用系统，又是移动存储设备，还是多媒体信息采集和传输设备。

图 1-1 是多媒体硬件设备的结构图。

2. 多媒体软件系统

多媒体软件系统主要包括多媒体操作系统、多媒体应用软件开发工具和多媒体应用软件。

(1) 多媒体操作系统。

多媒体操作系统是具有多媒体硬件的管理功能，能有效管理、控制、调度多媒体信息，具有多任务处理能力的系统软件，它具备以下功能：能管理和控制多媒体设备，对多媒体

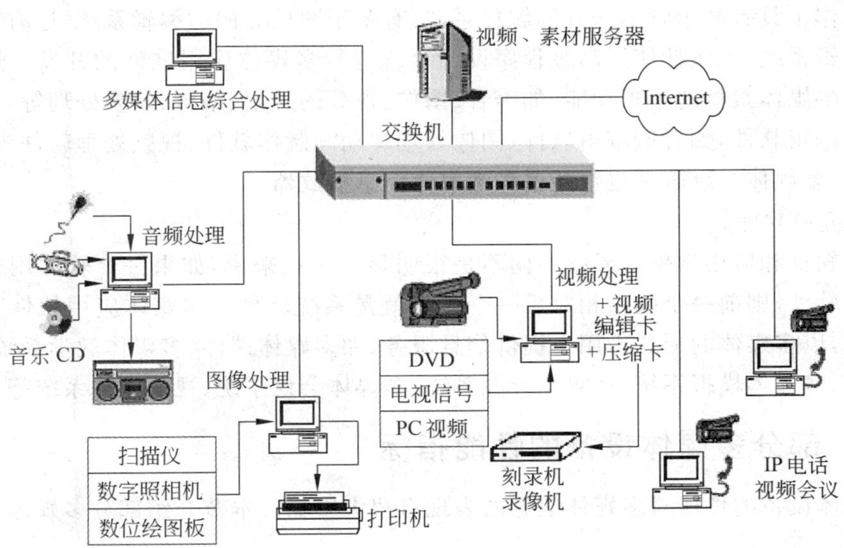

图 1-1　多媒体系统硬件设备结构

环境下的多个任务进行管理和任务调度；为多媒体应用软件提供接口，支持多媒体应用软件的运行；控制和实时处理多媒体声像及其他多媒体信息；管理和控制多媒体信息及图形用户界面。在多媒体操作系统下，能够像操作文字、图形、文件那样去处理音频、图像、视频等多媒体信息，并能对光盘驱动器、录像机、MIDI设备、数码相机、扫描仪等各种多媒体设备进行管理和控制。

随着多媒体技术的发展，传统操作系统大部分都进行了多媒体的扩展，具备多媒体功能，如Windows系列、Linux操作系统已都是多媒体操作系统。

多媒体设备驱动程序是与操作系统紧密联系的系统软件，是操作系统和设备之间的接口。驱动程序告诉操作系统如何使用该设备，而其他软件和用户可以通过操作系统的统一界面和接口来方便地使用该设备，而用户并不需要知道该设备的操作规范。比如打印机，不同厂家、不同型号的打印机有不同的驱动程序，只要安装了打印机及相应的驱动程序，不管在什么软件中，在用户看来，都可以通过相同的"打印"命令来完成打印操作。现在的操作系统内嵌了很多设备的驱动程序，基本上可以做到即插即用。对有些新型号的设备，操作系统的"即插即用"功能可以发现该设备，但可能仍需要用户安装驱动程序。除标准设备(如显示器、键盘、鼠标)外，购买设备时都带有驱动程序，安装也很容易。安装的步骤基本都是：系统发现新硬件→在光驱中插入光盘→下一步→完成。驱动程序只需安装一次，以后使用就不需要再安装了。

(2) 多媒体应用软件创作工具。

多媒体应用软件创作工具是电子出版物、多媒体应用系统的开发工具，它提供组织和编辑电子出版物和多媒体应用系统各种成分所需要的主要框架。在这类工具中，一类提供建立多媒体节目的构架功能，提供多种媒体信息的组织管理和控制功能，提供人机界面的设计和交互控制管理功能，它们称为多媒体创作工具软件。根据集成媒体的方式不同，多媒体创作工具有基于脚本语言的解释系统，有基于图标导向的编辑系统，还有基于时间导向的编辑系统，也包括使用高级程序设计语言进行多媒体应用软件的开发。还有一类提供各种多媒体素材的编辑功能，如声音、图像、视频的采集、编辑、效果处理等，这类软件称为素材编辑软件，如音频编辑软件、图像处理和动画制作软件、视频处理软件等。

另外，多媒体系统软件也包括各种多媒体信息播放器。

(3) 应用软件。

系统软件和应用软件的界线一向不是很明显。一般来说，如果一个软件用来开发另一个应用软件，则前一个软件相对后一个软件就是系统软件。多媒体应用软件直接面向最终用户，以多媒体的形式为用户提供信息服务，如多媒体课件、多媒体教学系统、多媒体演示系统、多媒体模拟系统、多媒体导游系统、多媒体会议系统、视频点播系统等。

1.4.3 部分多媒体设备的性能指标

多媒体设备的性能对多媒体信息的表现有很大影响。本节介绍部分多媒体设备的性能指标。

1. 显示适配器

显示适配器即显示卡，其作用是将 CPU 送来的图像信号经过处理再输送到显示器上。显示适配器与显示器的性能好坏、质量优劣，会影响用户对信息的理解和把握，从而影响操作的准确性，这一点在图像处理和动画制作时显得格外突出。显示卡的性能指标是：接口、芯片和显示内存。

(1) 接口。从总线类型分，显示卡有 ISA、VESA、PCI、AGP 这 4 种。PCI 以 PCI 总线速度的一半即 33MHz 工作，可以达到的峰值传送率为 133MHz。AGP 接口以 66MHz 的速度工作，AGP 1X 的峰值传送率可达 266MHz，AGP 2X 的传送率可以达到 532MHz，这样原本只能在显存中进行的函数运算可以扩展到主内存中，Intel 称这种技术为 DIME (内存直接使用)。一般的 AGP 显示卡均带有图形加速器，可对图形显示进行优化计算。

(2) 芯片。早期的显示卡只是对 CPU 运算后的结果进行转换和传递，起一个传递显示信息的作用，这样就降低了显示速度，增加了 CPU 的工作量。随着图形操作系统 Windows 的出现，这种弊端越来越严重，于是出现了图形加速卡。现在大部分显示卡都有加速芯片，这些芯片有图形处理功能，它们可以执行一些图形函数，从而减轻 CPU 的负担，加快显示速度。3D 图形卡是专为带有 3D 图形的高档游戏而开发的显示卡，三维坐标变换速度快，图形动态显示反应灵敏、清晰。3D 加速芯片的 3D 效果还包括混合、灯光、雾化、纹理贴图、透视矫正、过滤、抗失真等。

(3) 显存的种类有 EDORAM、MDRAM、SDRAM、SGRAM、VRAM、WRAM、DDR 等许多种。目前显示卡上广泛使用的是 SDRAM 和 DDR。SDRAM 可以与 CPU 同步工作，无等待周期，减少数据传输延迟。优点是价格低廉。DDR 是 Double Data Rate 的缩写，它的带宽和数据传输率是 SDRAM 的两倍。显存的容量越大，可以储存的图像数据就越多，支持的分辨率与颜色数也就越高，运算越快。

目前有些显示卡还提供了视频输出、视频输入、DVD 解压等功能。视频输出将显式信号转换为PAL或NTSC制式的视频信号输出到电视机上。视频输入可以将电视机、录像机、影碟机、摄像机等视频信号源输入到计算机中,有的还提供视频捕捉等功能。DVD解压的芯片可以使DVD的播放更为流畅。

2. 显示器

(1) 显示器的分类。

显示器按照结构原理分,主要有两种:阴极射线管(Cathode Ray Tube,CRT)显示器和液晶(Liquid Crystal Display,LCD)显示器。CRT显示器采用的阴极射线管就是人们常说的"显像管",该显示器体积较大。CRT显示器经历了球面、柱面、平面直角、纯平几个发展阶段,在色彩还原、亮度调节、控制方式、扫描速度、清晰度以及外观等方面更趋完善和成熟。

目前的纯平显示器又分物理纯平和视觉纯平两种。"物理纯平"是指显像管内外部达到真正的完全平面,视角达180°。但是,由于显像管玻璃有一定厚度,光线出来时发生折射,因此产生影像"内凹"的感觉。

"视觉纯平"把显像管的内壁设计成曲面,外壁仍为平面,以此补偿光线折射效应,使影像的内凹感消失,使影像看上去是"平"的。

LCD显示器以液晶作为显示元件,可视面积大,外壳薄。与CRT显示器相比,亮度稍暗,色彩稍差,视角窄。

按照屏幕尺寸划分,显示器有15英寸、17英寸、19英寸和21英寸等。

(2) 显示器的性能指标。

显示器的性能指标有显示面积、点距、扫描频率、显示分辨率和颜色数量。

显示面积指显像管的可见部分的面积,与显像管的尺寸有关,常用屏幕可见部分的对角线长度来表示,如15英寸显示器的显示面积一般是13.5英寸或13.8英寸。

显示器上最小的发光单位是像点,像点是电子束穿过荧光屏内侧钢板上的阴罩孔激发荧光物质而形成的,同色像点之间的距离称为点距,单位为毫米,其数值越小,在高分辨率下越容易取得清晰的显示效果。早期显示器的点距为0.39mm、0.31mm。20世纪90年代中期,显示器的点距缩小到0.28mm。20世纪90年代末,0.25mm点距的显示器占领市场。目前,大多数显示器的点距为0.24mm。

显示器刷新频率是指1秒内显像管从左到右从上到下逐点显示一幅图像的次数,也叫垂直刷新频率,单位为Hz。如果刷新频率低于50Hz,显示会产生闪烁感,人眼很容易疲劳。刷新频率越高,显示质量越好,图像越稳定。刷新频率受显示分辨率制约,同一台显示器,显示分辨率越高,则刷新频率越低。目前,有些显示器的垂直刷新频率在77.5Hz(1600×1200分辨率)~118.4Hz(1024×768分辨率)之间。

显示器的显示分辨率是一组标称值,以像素点(Pixel)为基本单位。表示方法是"屏幕横向像素点总数×屏幕纵向像素点总数",例如640×480、800×600、1024×768、1152×864、1280×1024、1600×1200。

显示分辨率与显示适配器上缓冲存储器的容量有关,容量越大,可设置的显示分辨率越高。如果显示器已经具备了高分辨率显示能力,其最大分辨率完全取决于显示适配器的缓冲存储器容量。例如，一台最大显示分辨率为1600×1200的显示器，显示适配器的缓冲存储器容量仅有2MB，那么，该显示器能够显示的最大分辨率也只有800×600（真彩色模式）。

颜色数量是指显示器同屏显示的颜色数量，主要由显存决定，如果显存不够大，在高分辨率下就不能显示更多的颜色。

3. 声音适配器与声音还原

声音适配器又称"声卡"，主要用于处理声音，是多媒体计算机的基本配置。目前多数主机板上集成了声卡的功能，声卡可能不单独存在。

(1) 声卡的功能。

声卡的基本功能主要有以下几种。

① 进行A/D(模/数)转换，将模拟的声音转化成数字化的声音。经过模数转换的数字化声音以文件的形式保存在计算机中，可以利用声音处理软件对其进行加工和处理。

② 完成D/A(数/模)转换，把数字化声音转换成模拟的自然声音。转换后的声音通过声卡的输出端，送到声音还原设备，如耳机、音箱、音响放大器等。

③ 实时、动态地处理数字化声音信号。利用声卡上的数字信号处理器(Digital Signal Processor，DSP)对数字化声音进行处理，可减轻CPU的负担。该处理器可以通过编程来完成高质量声音的处理，并可加快音频处理速度。该处理器还可用于音乐合成、制作特殊的数字音响效果等。

④ 输入、输出。利用声卡的输入、输出端口，可以将模拟信号引入声卡，转换成数字音频；将数字信号转换成模拟信号送到输出端口，驱动音响设备发出声音。

声卡的音频输入端口有3个，用于输入模拟信号：话筒输入端口(MIC)——立体声端口，通常采用3.5mm立体声插孔，用于从话筒进行录音；线路输入端口(LINE IN)——立体声端口，3.5mm插孔，用于从其他声音播放设备输入，可连接收音机、电视机、VCD机、CD唱机等声源；CD-ROM输入端口——位于声卡电路板上，采用四线插座，左声道和右声道各有两条线。此端口与CD-ROM的音频输出端相连，CD-ROM在播放CD音乐时，就能通过声卡发出声音。

声卡输出端口有4个，用于音频模拟信号的输出：线路输出(LINE OUT)——立体声端口，音频信号通过此端口传送到音频放大器或有源音箱输入端。此端口的信号强度在500～1000mV之间，音质好，通常用于音质要求较高的场合，但由于功率小，因而不能直接带动音箱发声；喇叭输出(SPEAKER)——立体声端口，输出的音频信号经过声卡上的功率放大器放大，能够直接带动耳机或功率较小的音箱；MIDI乐器端口——可连接支持MIDI的键盘乐器；游戏操纵杆端口——可连接各种类型的游戏操纵杆或者游戏控制设备。

(2) 声卡的性能指标。

声卡的性能指标有采样频率、样本位数和MIDI合成方式。

采样频率是指数字化声音时每秒钟对音频信号的采样次数。采样频率越高越好，大多数声卡的采样频率达到44.1kHz或48kHz，达到CD音质水平。

样本位数指的是记录每个采样点的幅度值使用的二进制位数。该值越大越好，一般为16位或32位。

大多数声卡支持MIDI(乐器数字化接口)。MIDI文件的回放需要通过声卡的MIDI合成器合成为不同的声音，而合成的方式有FM(调频)与Wave Table(波表)两种。FM合成通过振荡器产生正弦波，然后再叠加成各种乐器的声音波形。而波表合成采用记录了各种真实乐器的波形采样的声音样本进行回放，声音比FM合成的声音更为丰富和真实。

(3) 目前声卡的两种标准。

开始时，计算机要发出声音必须加装独立声卡。为了降低成本，1997年，Intel引入了廉价的audio-codecs标准规范，命名为AC'97标准(Audio Codec '97)。该规范提出的最大成功是，把主流声卡的模拟和数字处理单元进行分离，从而有效地提高声卡的音频质量。由于把音频回放的采样频率提高到了48kHz，已经可以兼容DVD-Video的音频格式。AC'97没有单独处理音频的能力，而是在主板南桥芯片中加有声卡的功能，通过软件模拟声卡，完成一般声卡上主芯片的功能。音频的处理交给CPU来完成。但AC'97音效功能不足、音质不够好的问题却日益突出。为此，Intel于2004年4月15日发布了HD Audio v1.0标准，决定取代AC'97。

HD Audio的全称是High Definition Audio，意为高精度音频，开发代号是Azalia。作为AC'97的取代者，HD Audio仍然属于软声卡，处理音频数据的工作仍由CPU负责。

为了最大限度获得"真实细腻"的声音，HD Audio的音频处理规格提高到了32b/192kHz，提供软件降噪功能和声学回音消除技术，生成品质较高的输入信号，具备一定的音效处理能力。在回放方面，HD Audio可同时输出四路互不相关的音频，彼此之间互不干扰。例如，可以通过音频线/无线网络连接客厅的音箱；同时可通过连接在HD Audio声卡上的音箱回放游戏中的音乐；再借助耳机来聆听另一首MP3音乐等。HD Audio所有的音频口都是通用的，将设备的插头插入某个音频口，系统会自动判断插入的是输出设备还是输入设备。

(4) 声音的还原。

所有的声音还原设备使用音频模拟信号，把这些设备与声卡的线路输出端口或喇叭输出端口进行正确的连接，即可播放计算机中的声音。声音还原设备包括耳机和音箱。音箱有有源音箱和无源音箱两大类。

无源音箱直接和声卡的喇叭输出端口相连，连接简单、重量轻、输出功率较小。有源音箱带有功率放大器，和声卡的线路输出端口相连，输出功率较大。

要获得高品质的音响效果，可以配备一套独立的扬声器系统。独立扬声器系统包括音响放大器、专业音箱和专用音频连接线。扬声器系统有普通立体声系统、高保真立体声系统、临场感立体声系统、环绕立体声系统等。

普通立体声系统一般配置两个音箱，分别放置在聆听位置前端的两侧，以满足一般多媒体制作的需要。

高保真立体声系统通常配置两个以上的音箱，每个音箱注重高音、中音、低音的质量和响度平衡，并且注重声像重现的位置。目前，有些多媒体计算机可配置"5.1声道环绕立体声”系统，该系统要求声卡和相应的驱动软件支持。5.1声道环绕立体声系统主要由5个宽音域音箱和一个重低音音箱组成。在聆听者的前方，分布着3个音箱，从左至右，分别是左声道音箱、中置音箱、右声道音箱。在聆听者的左后方、正后方和右后方，分别排列着左环绕音箱、低音炮(重低音音箱)和右环绕音箱。所有音箱均排列在圆周上。

4. 触摸屏

触摸屏是一种坐标定位装置，由3部分组成：触摸屏控制卡、透明度很高的触摸检测装置和驱动程序。在使用时，把触摸检测装置(触摸屏)贴在显示器表面，但不影响屏幕信息的显示。用手触摸显示器上显示的菜单或按钮时，实际上触摸的是触摸检测装置。该装置将触摸位置的坐标信息传送给触摸屏控制卡，然后送往计算机主机，做出相应的响应。

触摸屏按照安装方式分类有4种：外挂式、内置式、整体式和投影仪式。按照技术原理分类有5种：红外线触摸屏、电容触摸屏、电阻触摸屏、表面声波触摸屏和矢量压力触摸屏。

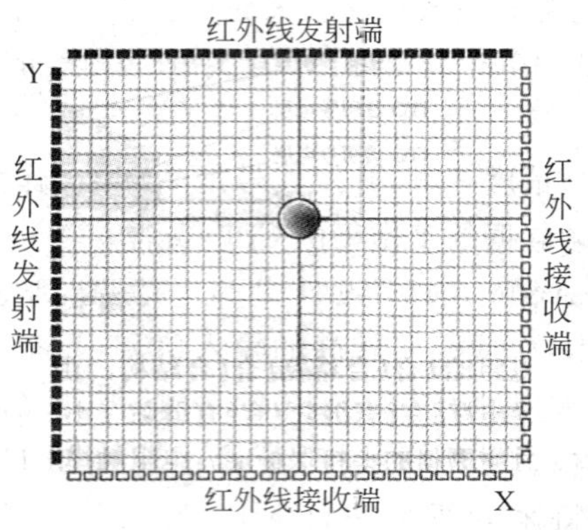

图1-2 红外线触摸屏原理示意图

(1) 红外线触摸屏是一种利用红外线技术的装置，其外形是一个边框，四周布满红外线发射器和接收器，形成纵横交错的红外线矩阵。当手触摸显示器的屏幕时，红外线被遮挡，检测X方向和Y方向被遮挡的红外线位置，就可得到被触摸位置的坐标，如图1-2所示。

(2) 电容触摸屏利用电容量的改变进行检测。当人触摸这种触摸屏时，与触摸屏相连的振荡回路中的电容量发生改变，从而会破坏振荡的条件，触摸屏控制电路可以检测这种变化并确定坐标位置。

(3) 电阻触摸屏是一种具有一定电阻的薄膜，呈透明状态。使用时，将其贴在显示器的表面。当手指触摸电阻触摸屏时，电路中电阻发生改变，通过计算X方向和Y方向的电阻值，就可知道触摸位置的坐标。

(4) 表面声波触摸屏是一种利用表面声波的频率特性进行坐标识别的装置。“表面声波”是在刚性介质表面(例如玻璃、金属等)进行浅层传播的机械能量波，是超声波的一种。控制器向超声波发射换能器发出频率为5MHz的脉冲信号，两个超声波发射换能器将其转换成一定能量的超声波分别向两个方向发射出去。超声波经过超声波反射条纹的反射，在强化玻璃表面沿X方向和Y方向传播，最终，超声波被接收换能器接收。当手指触摸强化玻璃时，手指干扰了超声波的传播模式，与没有触摸的标准传播模式产生差异。控制器对产生差异的参数进行比较和计算，从而得出触摸位置的坐标。

(5) 矢量压力触摸屏是一种全方位检测触摸屏。可以检测触摸点在空间的各项参数，例如触摸点的坐标和触摸压力，最后将参数送到计算机主机中进行处理。

触摸屏改善了人机操作面，在计算机辅助教育、工业控制、档案调阅、旅游导购、会议展览等信息检索频繁的领域中得到广泛应用。

5. 视频卡

视频卡是一种专门用于对视频信号进行实时处理的设备，又叫“视频信号处理器”。视频卡插在主机板的扩展插槽内，通过配套的驱动软件和视频处理应用软件进行工作。视频卡可以对视频信号（激光视盘机、录像机、摄像机等设备的输出信号）进行数字化转换、编辑和处理，以及保存数字化文件。

(1) 视频卡的4个基本特性。

① 视频输入特性——支持PAL制式、NTSC制式和SECAM制式的视频信号模式，利用驱动软件的功能，可选择视频输入的端口。

② 图形与视频混合特性——以像素点为基本单位，精确定义编辑窗口的尺寸和位置，并将256色模式的图形与活动的视频图像进行叠加混合。

③ 图像采集特性——将活动的视频信号采集下来，生成静止的图像画面。图像可采用多种格式，如JPG、PCX、TIF、BMP、GIF、TGA。

④ 画面处理特性——对画面中显示的图像或视频信号进行多种形式的处理，例如，按比例缩放；对视频图像定格，保存画面或调入符合要求的图像；对画面内容进行修改和编辑，改变图像的色调、色饱和度、亮度以及对比度等。

(2) 视频卡的种类。

按照功能划分，有以下几种常见的视频卡。

① 视频转换卡——将计算机的VGA显示信号转换成PAL制、NTSC制或SECAM制的视频信号，输出到电视机、录像机等视频设备中。

② 动态视频捕捉卡——对动态影像进行实时采集，并将其转换成压缩数据存储，还可重放影像。常用于现场监控、安全保卫、办公室管理等场合。

③ 视频压缩卡——采用MPEG等数据压缩标准，对视频信号进行压缩和解压缩，用于制作视频演示片段、录像带转VCD、商业广告、旅游介绍等场合。

④ 视频合成卡——把计算机制作的文字、图片以及字幕叠加到模拟视频信号上，用于制作电视字幕、带解说词和标题的家用录像带，以及VCD的视频素材等。

(3) 视频卡的性能。

选择视频卡应注意以下性能。

① 接口类型——接口可以与视频设备相连用于视频的输入和输出。常见的类型有A/V接口、S-端子用于模拟信号，1394接口用于数字信号。

② 画面分辨率——视频卡的画面分辨率应与电视画面扫描线接近，一般采用640×480像素的画面分辨率，某些场合也可采用800×600像素的画面分辨率，而数字视频的采集多使用720×576像素的画面分辨率。

③ 颜色模式——为了使图像色彩丰富、不失真，要有足够的色彩数量。而色彩数量与视频卡的视频缓冲区VRAM(Video RAM)容量有关，即只有容量大、彩色数量多，图像才会失真小，品质高。

④ 图像文件格式——视频卡应支持尽可能多的图像文件格式。

6. 扫描仪

扫描仪是一种图像输入设备，由光源、光学镜头、光敏元件、机械移动部件和电子逻辑部件组成。该设备主要用于输入图片资料、图像方式的文字资料等素材。配合适当的应用软件，扫描仪可以进行中英文文字的识别。

(1) 扫描仪的种类。

按照扫描原理分类有反射式扫描、透射式扫描和混合式扫描3种类型。反射式扫描，扫描时，光源照亮原稿，经过反射被电荷耦合器件(Charge Coupled Device，CCD)接收，形成电信号，然后经过译码处理生成图像数据。这种扫描仪不适宜扫描透明稿件。透射式扫描的扫描对象是透明原稿，如彩色胶片、照相底片负片、投影胶片等。扫描时，光线透过原稿被CCD接收，形成电信号，经过译码生成图像数据。透射式扫描仪的扫描分辨率和精度非常高，分辨率一般在2500dpi～4000dpi，色彩深度一般为36位或48位，适应尺寸较小的照片底片。混合式扫描既能进行反射式扫描，也能进行透射式扫描。

(2) 扫描仪的技术指标。

① 扫描分辨率。扫描分辨率的单位是dpi，意思是每英寸能分辨的像素点数。例如，某台扫描仪的扫描分辨率是600dpi，则每英寸可分辨出600个像素点。扫描分辨率越高，扫描的清晰度就越高。

扫描分辨率还分为光学分辨率和逻辑分辨率两种。光学分辨率是扫描仪中光学镜头和CCD的固有分辨率，是衡量扫描仪性能优劣的重要指标；逻辑分辨率又叫“插值分辨率”，通过科学算法在两个像素之间插入计算出来的像素，以达到提高分辨率的目的。逻辑分辨率的数值一般大于光学分辨率的数值。

② 扫描色彩精度。色彩精度(色彩位数)表示扫描仪所能辨析的色彩范围，用“位”来描述。色彩精度越高，就越能真实反映原始图像的色彩。如24位彩色表明扫描仪可分辨2的24次方相当于16 777 216种颜色。常用的扫描仪可以达到48位。

③ 扫描速度。扫描速度与扫描分辨率、扫描颜色模式和扫描幅面有关，扫描分辨率越低，幅面越小，单色，扫描速度越快。计算机系统配置、扫描仪接口形式、扫描分辨率的设置、扫描参数的设定等都会影响扫描速度。

④ 扫描元件。扫描仪使用的感光器件有3类：光电倍增管、CCD、接触式感光器件。光电倍增管是一种电子管，在各种感光器件中性能最好，但生产成本最高，扫描速度很慢，只用在专业的滚筒扫描仪上。CCD即光电耦合器件，性能已经接近低档的光电倍增管产品，为底片扫描仪普遍采用。接触式感光器件即CIS技术或LIDE技术，生产成本只有CCD的1/3，但无法使用镜头成像，只能依靠贴近目标来识别目标，目前仅用于中低档平板扫描仪。

⑤ 内置图像处理能力。不同的扫描仪有不同的内置图像处理能力，高档扫描仪的内置图像处理能力很强，很少或无需人为干预。内置图像处理能力包括：

- 伽玛校正——用于补偿显示器、打印机的色彩线性偏差。
- 色彩校正——用于调整点阵打印机、热升华打印机、喷墨打印机、显示器的色彩平衡。

- 亮度等级——一般为7级,可根据需要调整扫描仪的亮度等级。
- 线性优化——对图像、文本进行优化扫描,保证最佳效果。通常采用固定阈值和TET(文本增强技术)进行优化。
- 半色调处理——采用多种误差扩散模式和浓淡处理模式,对半色调进行数字化处理。

⑥ 扫描仪的接口形式。扫描仪一般具有3种接口形式:EPP接口的扫描仪连接到并行数据接口上,连接简单,但数据传输速率不高,传输率只有1.5Mbps。SCSI接口的扫描仪连接到主机的SCSI接口卡上,数据传输速率较高,可以达到160Mbps,常为专业扫描仪和小型计算机、服务器使用。USB(Universal Serial Bus)接口传输速率快(USB 1.1,12Mbps;USB 2.0,480Mbps)、连接简便、支持热插拔、具有良好的兼容性、支持多设备连接等一系列特点,目前市面上的新型扫描仪几乎都采用USB接口。另外1394(火线)接口的扫描仪也已出现,传输速率达到400Mbps,2000年修订的IEEE 1394B标准的数据传输率达到1.6Gbps,IEEE 1394同样支持热插拔。

7. 数码照相机

数码照相机是一种数字成像设备。在制作多媒体产品时,数码照相机可以方便地摄取数字图片供加工使用,简化了处理过程。数码相机使用光敏元件作为成像器件,将图像中的光学信息转化为数字信号,所以成像器件的性能决定了数码相机的性能。

(1) 目前市场上常见数码相机的成像器件是CCD(电荷耦合器件)。它用一种高感光度的半导体材料制成,能把光线转变为电荷,通过模数转换器芯片转换成数字信号。CCD由很多微小的半导体光敏单元构成,一个光敏单元对应一个像素。像素总数越多,图像的清晰度越高,色彩越丰富。目前,高级数码照相机和专业数码照相机达到1200万像素。

(2) 光学镜头规格和性能。在CCD的性能确定以后,光学镜头的规格和性能决定了成像的质量。长焦距镜头可以清楚地拍摄远处的景物,但视角窄;短焦距镜头以很宽的视角拍摄近处景物,但太近的景物可能变形。变焦镜头可以很方便地满足拍摄时变换焦距的需求。目前一般的数码照相机提供3倍的变焦镜头。高级数码照相机的镜头通常既可以手动调焦也可以自动调焦。镜头光圈范围宽的数码照相机对光线环境的适应性强,在强光和较暗的环境中也能拍摄出质量较高的照片。

(3) 快门速度。快门速度决定了曝光时间的长短,通常具有一定选取范围。如某数码照相机的快门速度在3s~1/2000s之间。较慢的快门速度适于拍摄静止的、光线较暗的物体,若希望表现物体的流动感,通常也采用慢快门速度。高速快门一般用于拍摄运动的物体,光线过于强烈的环境也采用高速快门。

(4) LCD显示屏大小。大多数数码照相机除了光学取景窗外,还配备彩色液晶显示屏,供预览照片和取景构图。不同型号的数码照相机,其LCD彩色显示屏的尺寸和像素数量各有不同,一般为2英寸或3英寸。大尺寸的LCD显示屏观看方便,但耗电量也大。

(5) 存储卡的类型和容量。存储卡用来保存拍摄的数码照片。存储卡的容量越大,能保存的照片越多,但还与保存的照片质量有关,质量越高(如分辨率越高)存储的照片就越少。照片质量可以根据需要设定。目前存储卡有PC(PCMCIA)卡、

CF(CompactFlash)卡、SM(SmartMedia)卡、Panasonic 的 SD 卡和 Sony 的 Memory Stick。它们都使用 FlashMemory 存储器,但有不同的接口形式。

(6) 接口形式。接口形式决定如何将拍摄的照片传输到 PC 中。数码照相机的接口形式主要有串行通信接口、USB 接口、Video 输出接口和 IEEE 1394 高速接口。某些数码照相机采用其中的一种或两种,可根据需要选择。

(7) 电源。数码照相机的电源类型有普通电池、Ni-MH 可充电电池、可充电锂电池以及交流电源适配器。在电源方面的考虑是电源类型、电池容量、是否容易获得。

8. 彩色喷墨打印机

打印机是一种输出设备。彩色喷墨打印机使用四色或六色墨水,利用超微细墨滴喷在纸张上,形成彩色图像。彩色喷墨打印机是彩色图片和数码照片的经济型输出设备,其打印质量受打印模式、纸张类型和墨水质量等多种技术参数影响。

(1) 打印分辨率。打印分辨率指单位长度内打印的点数,用 dpi(每英寸的点数)表示。打印照片的分辨率在 1440dpi 以上。

(2) 打印纸规格。彩色喷墨打印机使用的纸张种类有:照片质量光泽胶片(A4)、喷墨打印纸、照片纸、照片质量不干胶标签纸、T 恤转印纸、重磅粗面纸、高质量光泽照片纸等。不同的介质,应使用不同的打印模式。一般质量高的介质使用精细的打印模式。

(3) 墨盒规格。墨盒规格包括墨盒数量、墨水容量、在一定墨水覆盖率和标准分辨率的前提下打印标准样纸的页数。墨水容量决定打印页数,而墨盒数量决定打印质量。现在的喷墨打印机有 4 色和 6 色墨盒。6 色墨盒可以打印出更丰富的色彩。

(4) 打印速度。标称的打印速度是在一定的纸张规格、打印模式、墨水覆盖率情况下的打印速度。实际打印时根据情况不同,不一定能达到这个数值。

(5) 接口形式。目前多数彩色喷墨打印机采用 USB 接口,连接很方便。也有个别采用传统的并行数据通信接口。

9. 投影机

投影机被广泛地用于教学、广告展示、会议、旅游等很多领域。

(1) 投影机的分类。

按照结构原理划分,主要有 CRT(阴极射线管)投影机、LCD(液晶)投影机、DLP(数字光处理)投影机和 LCOS(硅液晶)投影机。

CRT(Cathode Ray Tube)投影机的关键部件是阴极射线管。其特点是:色彩丰富、柔和,工作稳定,具有较强的调整几何失真的能力。但投影亮度不高,只适合在光线较暗的环境中使用,而且体积较大、结构复杂、不便经常移动。

LCD(Liquid Crystal Device)投影机体积小、重量轻、便于携带、配有遥控器、操作方便,被广泛用于课堂教学、会议、国际互联网影像重现、商业广告、影视等领域。

DLP(Digital Light Processing)投影机以 DMD(Digital Micromirror Device)数字微镜面作为成像元件,在图像灰度、色彩等方面达到很高的水准。DLP 投影机具有体积小、画面稳定、颜色过渡均匀、无图像噪声、可精确地再现图像细节、可随意变焦、调节便利等特点。

LCOS(Liquid Crystal On Silicon)硅液晶投影机采用全新的LCOS技术,用CMOS集成电路芯片作为液晶板的基片,投影亮度高,有更高的分辨率和更丰富的色彩。

(2) 性能指标。

① 亮度。亮度是投影机的重要技术指标,计量单位是ANSI流明。便携式投影机的亮度一般在1000ANSI流明~2000ANSI流明之间,高档投影机在2000ANSI流明~4000ANSI流明之间。

② 对比度。对比度是投影画面最亮区和最暗区的亮度之比,对比度高的投影机灰度层次丰富、画面色彩鲜艳。对比度低的投影机色彩灰暗,轮廓不清晰,视觉效果不佳。

③ 均匀度。投影画面四角区域和中心区域的亮度差异是每一台投影机不可避免的。均匀度是边缘亮度与中心亮度的比值,用百分比表示。均匀度高的投影机,画面亮度趋于一致,明暗区域不明显。一般投影机均匀度应在95%以上。

④ 分辨率。投影分辨率由投影机中成像元件的精度决定,与计算机的标准显示规格相对应,其单位是像素。投影机常见的分辨率是:800×600、1024×768、1280×1024。

一台投影机可以多种分辨率进行工作,但最佳分辨率只有一个,这个分辨率被叫做“标准分辨率”。当显示信号与投影机的标准分辨率相等时,图像没有附加失真,清晰度达到投影机的设计要求。否则将会产生误差,图像的清晰度和色彩层次都会受到一定程度的影响。

⑤ 行频。水平扫描的频率叫做“行频”,单位是Hz。一般投影机的行频低于20kHz,中档投影机的行频在50kHz~100kHz之间,高档投影机的行频一般在100kHz以上。

⑥ 场频。垂直扫描的频率叫做“场频”,又叫“刷新频率”,单位是Hz。刷新频率越高,图像的显示越稳定。如果刷新频率低于50Hz,显示屏幕会发生抖动,有明显的闪烁感。

⑦ 光源寿命。由于光源亮度大、温升高、价格贵,因此光源的寿命受到普遍关注。灯泡的寿命从1000h~4000h不等。

⑧ 接口形式。投影机的接口有多种:显示器接口,一般有两个,一个用于接收计算机送来的显示信号,另一个用于输出显示信号;视频输入接口,接收来自于视频设备的信号,如录像机、VCD机、电视机等;音频输入接口,接收音频信号,如计算机声卡、录像机、VCD机、电视机、收音机、音响等的音频信号;音频输出接口,输出音频信号至音频放大器或扬声器。根据机型的不同,还有S-Video接口、射频输入接口(可连接有线电视)等。

思考与练习

1. 按照CCITT的定义,媒体分哪几类?
2. 多媒体的含义是什么?
3. 多媒体技术中的主要多媒体元素有哪些?
4. 多媒体技术有哪些特征?
5. 简述多媒体技术的多样性、集成性、交互性、实时性和协同性。

6. 多媒体技术研究的内容有哪些？
7. 举出多媒体应用的5个方面。
8. 简述多媒体系统的组成？
9. 除高性能的计算机系统外，多媒体硬件系统还包括哪些设备？
10. 多媒体软件系统包括哪些方面？
11. 什么是多媒体操作系统、多媒体应用软件开发工具和多媒体应用软件？
12. 显示器的性能指标有哪些？
13. 声卡的性能指标有哪些？
14. 触摸屏的功能是什么？按技术原理有哪些类别？
15. 视频卡按功能分类有哪些类别？
16. 扫描仪的功能是什么？技术指标有哪些？
17. 数码照相机的性能指标有哪些？
18. 打印机的性能指标有哪些？

第2章 音频处理技术

人们在日常生活中听到各种各样的声音，它们都是机械振动或气流振动引起周围传播媒质（气体、液体、固体等）发生波动的现象，通常将产生声音的发声体称为声源。当声源体产生振动时，引起相邻近的空气的振动，从而使这一部分空气的密度变密，当声源体向相反方向振动时，这一部分空气就相应地变为稀疏。这样空气就随着声源体所振动幅度的不同，而产生密或稀的振动，空气的这种振动被称为声波。声波所及的空间范围称为声场。声波传到人耳，经过人类听觉系统的感知就是声音。

由空气振动产生的声波是连续变化的，这种声音信号称为模拟信号。而计算机只能处理和记录二进制的数字信号，因此，连续声音信号必须经过一定的变换和处理，变成二进制数据后才能送到计算机进行编辑和存储。

数字音频信号的处理主要包括数据采样和编辑加工两个方面。数据采样是把自然声音转换成计算机能够处理的数字音频；编辑加工指对声音的剪辑、合成、静音、增加混响、调整频率等。

2.1 声音的基本特性

音频信号所携带的信息大体上可分为语音、音乐和音响 3 类。语音是指具有语言内涵和人类约定的特殊媒体；音乐是规范的符号化了的声音；而音响指其他自然声音，如动物的叫声、机器的轰鸣声、风雨雷电声等。

2.1.1 音频信号的特征

声波可以用一条连续的曲线来表示，它在时间和幅度上都是连续的，称为模拟音频信号。磁带和老式密纹唱片上记录的是模拟声音信号。AM、FM 广播信号也是模拟信号。

1. 声音的物理特性

声波可以用一条连续的曲线表示，在数学上，它可以分解成一系列正弦函数（正弦波）的线性叠加：

$$A(t) = \sum_{n=0}^{\infty} A_n \sin(nft + \varphi_n)$$

其中 f 称为基频或基音，它决定了声音音调的高低；nf 称为 f 的 n 次谐波分量或称为泛音，与声音的音色有关。A_n 是振幅，指波的幅度高低，表示声音的强弱。φ_n 是 n 次谐波的初相位(Phase)，指相同的波形以稍微不同的时间开始时所产生的一种现象。例如，原波形可能被一个硬表面反射，或两个扬声器可能产生相同的声音，其中一个有一点点延迟。可以把相位当作我们的耳朵用以辨认声音源于何处的一种信息。

(1) 频率。

声波在空气媒质中传播，会使空气中的气压形成疏密的变化。声源完成一次振动，空气中的气压形成一次疏密变化所经历的时间称为一个周期，记作 T，单位为秒(s)。一秒钟内声源振动的次数或空气中气压疏密变化的次数，称为声源的频率 f，单位为赫兹(Hz)。它是周期的倒数，即 $f=1/T$。

由于声音信号是复合信号，因此需要用另一个参数来描述其复合特性，这个参数就是频带宽度或称之为带宽，它描述组成复合信号的频率范围。由于人的耳朵的听觉神经对于声源体振动频率的敏感程度有一定的局限性，因此并不是所有频率的声音人耳都能听见。一般声源体振动的频率为 20Hz～20kHz 范围内时，人的耳朵才能对声音产生感觉，故通常将频率为 20Hz～20kHz 的声波叫做可闻声，这是音频信号的频率范围。高于 20kHz 的声波范围称为超声带，低于 20Hz 的声波范围称为次声带，一般属于其他学科领域的研究范围。例如：将低于人耳所能听见的声波(次声)，用于研究地层、天体或核爆炸领域，而将高于人耳所能听见的声波(超声波)，用于探伤、焊接或仿生学等领域。音频范围内，语音信号(speech)的频率范围为 300Hz～3000Hz，如图 2-1 所示。

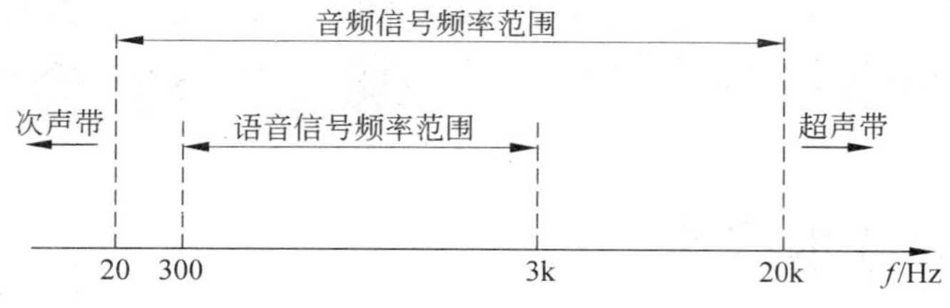

图 2-1 声音频带示意图

虽然高于 20kHz 频率的声音人耳听不到，但由于人的声学心理特性，可感觉到它的存在。因此，有的音响产品的工作频率上限为 50kHz，甚至调音台的最高工作频率设计到 100kHz。

在声学中，人们为了便于区别，一般将可闻声分为 4 个频段，即低频段(约 30Hz～150Hz)，中低频段(约 150Hz～500Hz)，中高频段(约 500Hz～5000Hz)和高频段(约 5000Hz～20 000Hz)。

声音信号可被分解和复合，可以从中抽出若干个单一的正弦信号，也可以用若干个单一的正弦信号来合成任意波形的复合信号，如合成语音和合成音乐等。

(2) 声压和声强。

声波在空气媒质中是以空气中的分子振动形成疏密而传播。它造成空气中的气压发生大小变化，相当于在无声波下空气中的气压上叠加一个变化的压强，叠加上的压强称为声压，记作 P，单位为帕(Pa)。某一环境中的声压越大，说明空气的压缩量越大，从而对人的耳膜产生的压力也越大，人们听到的声音则越响。因此，声压大小反映了声波的强弱，即决定了声音的大小。由于声波是无规则疏密变化的，所以声压没有方向性，只有大小的变化，一般只用一段时间内的有效声压来表示声压的大小。当声波呈周期性变化时，通常用在该周期内声压的均方根值表示，称为有效声压。一般常用的声压的值均指有效声压。

人们在正常讲话时的声压约为0.5Pa。声压低于2×10^{-5}Pa时，声音达到人耳的最低极限，人耳几乎听不到声音了，这一数值被称为可听阈值；当声压达到200Pa时，是人耳听觉的最高极限，人们的耳朵会感到疼痛，这一数值被称为痛阈值。

人耳能够听到的声音声压的范围很广，如果用声压的大小来衡量声音的强弱十分不便。在声学工程中，经常用"分贝(dB)"来表示声音的强弱，即用声压的相对大小来表示声压的强弱，称为声压级(Sound Pressure Level，SPL)，其单位是分贝(decibel，dB)。

声压级的定义如下：

$$L_p = 20\lg P/P_0$$

式中，基准声压P_0为2×10^{-5}Pa，即为人耳的可听阈值，是人耳能听到的1kHz声音的最低声压。国际上统一将这一数值规定为0dB，用它来衡量声压的大小。

(3) 动态范围。

声音的动态范围指声音的最大声压级和最小声压级之间的差值。每种声源的动态范围依据各自的特性有所不同。如女声的动态范围为25dB～50dB，男声为30dB～50dB，交响乐队的动态范围大于100dB。

动态范围不仅用来表示一个声源产生的最大声压级与最小声压级之间的差值，录音设备或记录声音的载体(磁带、光盘、硬盘)同样可用动态范围表示能够处理信号电平的范围。如磁带的动态范围为50dB～60dB，CD为96dB，磁光盘录放音机为105dB。

动态范围实际上可以用信号的相对强度表示：

信号的动态范围＝20×lg(信号的最大强度/信号的最小强度)(dB)

其中的信号可以用电压或功率衡量。因为是一种比例关系，故只要采用相同的度量单位，其结果都是一致的。

(4) 频谱。

物体在一定位置的附近作来回往复的运动，称为简谐振动。简谐振动会产生一个特定音调的纯音，听起来感觉单薄。乐器很少产生单一频率的纯音，而是复音。复音的产生基于物体的复杂振动，可以分解为许多不同振幅和不同频率的简谐振动(即看成简谐振动的叠加)。简谐振动的振幅按频率排列的图形称为频谱。频谱可一目了然地看出复杂振动的频率结构。图2-2是钢琴(基频为253Hz)的复音频谱。

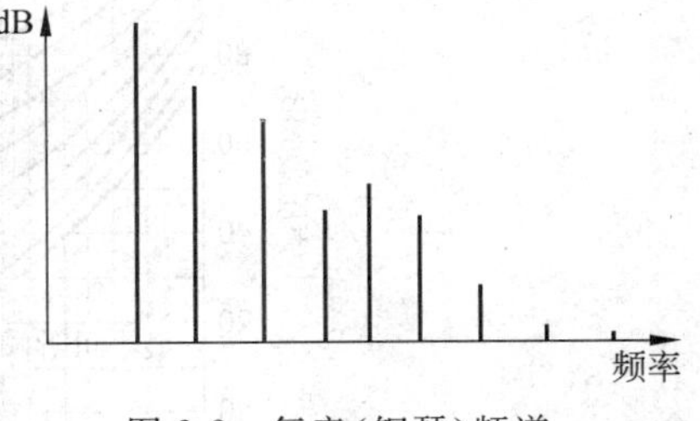

图2-2 复音(钢琴)频谱

2. 声音的心理学特性

从声学心理角度说，声音的3个要素是音调、响度(音强)和音色。它们与声波的频率、声压和频谱结构对应，称为声音的3要素。

(1) 音调。

音调指声音的高低,也称音高,是人耳对声音基波频率的主观感受。基波频率高则音调高,反之则声音显得低沉。对于平均率(一种普遍使用的音律),各音阶的频率见表 2-1。但音调与频率之间并不是线性关系,它还与声音的响度及波形有关。音高的测量一般以 40dB 的纯音为基础,如果两个 40dB 纯音频率都增加了 1 个倍频音程,人耳感受到的音高变化就相同,在音乐上,相当于提高了一个八度音阶。

表 2-1 音阶与频率的对应关系

音阶	C	D	E	F	G	A	B
简谱	1	2	3	4	5	6	7
频率/Hz	261	293	330	349	392	440	494

(2) 响度。

响度又称音强,是人耳对声音强弱的感觉程度。一般说来,声压越大则响度越大,听起来越响,也就是声音越大。虽然响度与衡量声音强弱的声压有一定关系,但与声压的大小并不完全一致,也就是说声压大的感觉不一定响。由于人的外耳具有一定的耳道长度,耳道会对某段频率产生共鸣,使灵敏度提高。因此人耳听到声音的响度与声音的频率有关。响度的单位为宋(sone)。国际上规定,频率为 1kHz 的纯音在声压级为 40dB 时的响度为 1 宋(sone)。而常用的表示响度级别的量是响度级,它是某响度与基准响度比值的对数,单位为方(phon)。规定 1kHz 纯音声压级的分贝数为响度级的数值。例如,1kHz 纯音的声压级为 0dB 时,响度级为 0phon;声压级为 40dB 时,响度级为 40phon。当其他频率的声音响度与 1kHz 纯音响度相同时,则把 1kHz 纯音的响度级当做该频率声音的响度级。响度级、声压级以及声源频率之间的关系用等响度曲线描述,如图 2-3 所示。

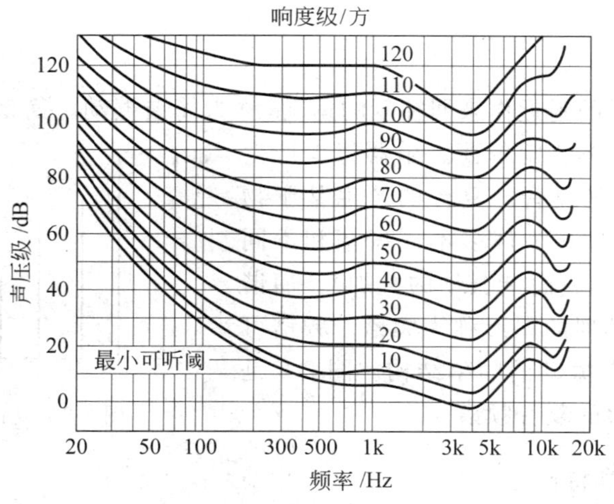

图 2-3 等响度曲线

从曲线看出，两个声音的声压级相同，但响度不一定相同；声压级越高，等响度曲线越平坦；当声压级达到约 80dB 时，几乎可以听到所有频率的声音，可做到高低频声音丰满。

（3）音色。

音色又称音品，表征声音的频率成分。通过音色，人们能够区别演奏同一首歌曲的不同乐器或齐声朗诵中不同人的声音。音色取决于声音的频谱结构或是频谱包络（声波曲线）。声音的频率成分越多，音色就越有明亮感和穿透力，声音听起来宽广、宏大；反之就会显得单调乏味，平淡无奇。如果声音在传送后频谱有了变化，则重放时声音的音色就会改变。声音中的某些频率成分被放大或压缩都会改变音色，从而造成失真。在语音处理中，适当减少低频音成分，增加中音成分，有利于改善语音的清晰度。

（4）掩蔽效应。

生活中，人耳在安静的环境中能够分辨出轻弱的声音。但在嘈杂的环境中，即使大声喊叫也难以听清。这种一个较弱的声音被另一个较强的声音掩盖的现象称为声掩蔽。称听不到的声音为被掩蔽声，而起掩蔽作用的声音为掩蔽声。掩蔽效应的实质是掩蔽声的出现使人耳听觉的等响度曲线的最小可听阈抬高。对处于中等强度时的纯音，最有效的掩蔽出现在它的频率附近；低频的纯音可以有效地掩蔽高频的纯音，而反过来则作用很小。

当掩蔽音与被掩蔽音同时作用时发生的掩蔽效应称为频域掩蔽，又称同时掩蔽。这时掩蔽音在掩蔽效应发生期间一直起作用，是一种较强的掩蔽效应。通常频域中的一个强音会掩蔽与之同时发声的频率相近的弱音，弱音离强音越近，一般越容易被掩蔽，掩蔽阈值如图 2-4 所示。

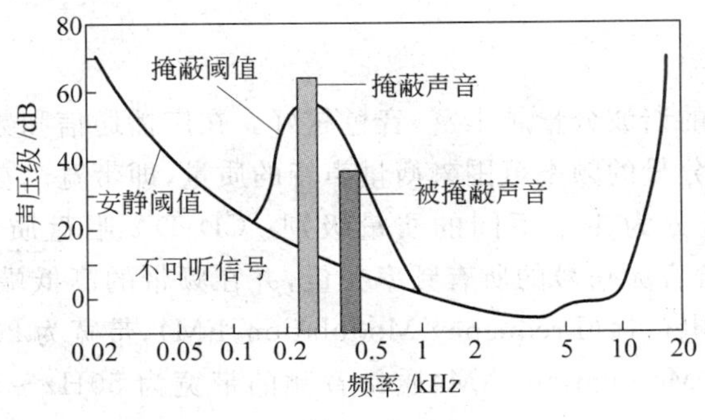

图 2-4　掩蔽阈值

除了同时发出的声音之间有掩蔽效应外，在相邻的声音之间也有掩蔽效应。即在一个强音信号之前或之后的弱音信号也会被掩蔽掉，这种掩蔽效应称为时域掩蔽。时域掩蔽又分前掩蔽和后掩蔽。在时域内，听到强音之前的短暂时间内，一存在的弱音可以被掩蔽而听不到，这种现象称为前掩蔽；当强音消失后，经过较长的持续时间才能重新听到弱音信号，称为后掩蔽。一般说来，当延迟在 30ms～50ms 时，才感觉到延迟声的存在，当延迟大于 50ms 时才能将两个声音分开。

利用掩蔽效应可以用有用信号去掩蔽无用的声信号，只需要把无用声音的声压级降低到掩蔽阈值以下即可。依据这个道理，通常在音频设备中标明信噪比，即信号与噪声电压比，而不标噪声电平。在录音前，把要录制的信号中高频分量幅值人为地提升，从而提高放音的信噪比。在数字音频处理中，还可以利用掩蔽效应去掉人耳听不到的那部分信号进行声音数据的压缩。

(5) 方位感。

人凭借双耳在一定声学环境内能够对声源定位，这种能力来自于声源发出的声波到达双耳间的强度差、时间差以及耳廓(外耳)的阻挡。声源到达听者耳朵的声音有两个，其中一个声音直接到达，而另一个由于人头部遮蔽，需绕过头部才能到达。称前者为直达声，而后者为绕射声。若有两个声源，增大其中一个声源的强度，由于该声源发出的直达声或绕射声的声压大于另一个声源，双耳将会产生声压级差。使听者感受的声源(声像)位置向强度较大的声源方向移动，使人感受到声音的立体感。

(6) 空间感。

一个声源发出的声音同时向各个方向散开，其发散的角度取决于声源所具有的指向性，发散的声波有一小部分直接传给听者，而大部分会被空间表面反射，然后到达听者。由于直接和经反射到达听者的两个声音途径存在差别(取决于环境)而带来时间差。当时间差超过一定数量时，听者会听到先后到达的两个声音，从而产生回音。经多次反射，造成余声。即使声源已停止发声，但听者仍能听到声音存在。回声与余音的感觉可使听者感受出房间体积大小、房间高低及内表面结构上的差异，这便是空间感。

2.1.2 音频信号的质量指标

相同基频的声音，给人的感觉可能差异很大，关键的因素之一是其频谱结构。

1. 频带宽度

音频信号所包含的谐波分量越丰富，音色越好。在广播通信和数字音响系统中，以声音信号所包含的谐波分量的频率范围来衡量声音的质量，即带宽。在多媒体应用中，按照频带宽度将声音信号分为4个不同的质量级别：CD-DA唱盘质量级别最高，带宽是10Hz～22kHz，它包含音频信号的所有频率分量，并在频带的高低端有一定的保护带(冗余)；其次是调频无线电广播(Frequency Modulation，FM)，带宽为20Hz～15kHz；调幅无线电广播(Amplitude Modulation，AM)质量音频的带宽为50Hz～7kHz，也常用于电话会议、视频会议；质量最低的是数字电话，它的带宽为200Hz～3.4kHz，基本上是语音的带宽再加上一定量的保护带。

2. 动态范围

动态范围越大，说明音频信号强度的相对变化范围越大，音响效果越好。动态范围一般用dB为单位来计量。FM广播的动态范围约60dB，AM广播的动态范围约40dB。在数字音频中，CD-DA的动态范围约100dB，数字电话约50dB。

3. 信噪比

在模拟系统中，随机波动会在信号中产生噪声，这样得到的电压就不再精确。正确信号的功率与噪声的功率的比值叫信噪比(Signal-to-Noise Ratio,SNR)。SNR 是信号质量的一种测量标准。

SNR 常用分贝(dB)来衡量。SNR 的分贝值用下列公式计算:

$$SNR_{dB} = 10\lg \frac{S}{N}$$

其中 S 是信号功率,N 是噪声功率。

信噪比大,在一定程度上能够掩蔽噪声,从而获得较好的声音效果。信噪比不仅是声音设备的性能指标,在声音的录制和播放时,也要注意环境噪声。录制时应尽可能减小环境噪音。输出时应使音量适当大,以减少环境噪音对听音的影响。一般话筒和音箱的信噪比在 75dB 以上,声卡的信噪比在 85dB~95dB。

2.2 数字音频

声音信号是时间和幅度上都连续的模拟信号。一段声波在$[t_0, t']$时间内有无穷个时间点,而它的幅值在$[u_0, u']$内也有无限个取值。计算机无法在有限的时间内处理无穷个数据。所以,计算机处理声音的第一步是数字化,将模拟信号变成数字信号。

2.2.1 声音的数字化

数字化就是将连续信号变成离散信号。数字化的基本技术是脉冲编码调制(Pulse Code Modulation, PCM),也简称脉码调制。

1. PCM 编码

PCM 是一种把模拟信号转换成数字信号的最基本的编码方法,它主要包括采样、量化和编码 3 个过程。采样(sampling)是每隔一定的时间测量一次声音信号的幅值,把时间连续的模拟信号转换成时间离散、幅度连续的采样信号。如果采样的时间间隔相等,这种采样称为均匀采样(uniform sampling);量化(quantization)是按"四舍五入"或其他方法将采样得到的数值限定在几个有限的数值中,将采样信号转换成时间离散、幅度离散的数字信号;编码(coding)是将量化后的信号转换成一个二进制码组输出。比如,量化得到的数据中只会出现两个数值 51 和 80,则只用一位二进制的数表示即可,用 0 表示 51,用 1 表示 80。若量化级别为 256(有 256 个不同的数值),则可用 8 位二进制数表示,这种编码方法称为自然编码。

图 2-5 是模拟声音信号的采样和量化过程示意图,其中(a)是连续的声音信号的波形。(b)是采样结果,得到离散时间信号。离散时间信号可能取到幅度区间中的任一个值,因而在幅度上是连续的。(c)为量化结果。

例 2-1 设一个连续信号的波形可以表示为:

$$f(t) = 8\sin(10t + \pi/2) + 2\sin(5t + \pi/4)$$

设采样频率为 21Hz,幅值在$[-10, 10]$内的量化间隔取为 1,试计算出该信号 0~1 秒内的量化数据。

解:在 0~1 秒内,取 21 个采样点,依次在 0、1/20、2/20、…、19/20、1 秒时刻采样,然

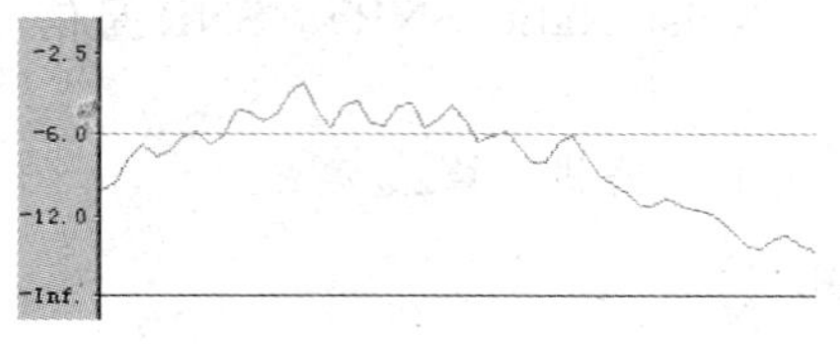

(a) 模拟声音信号的波形成

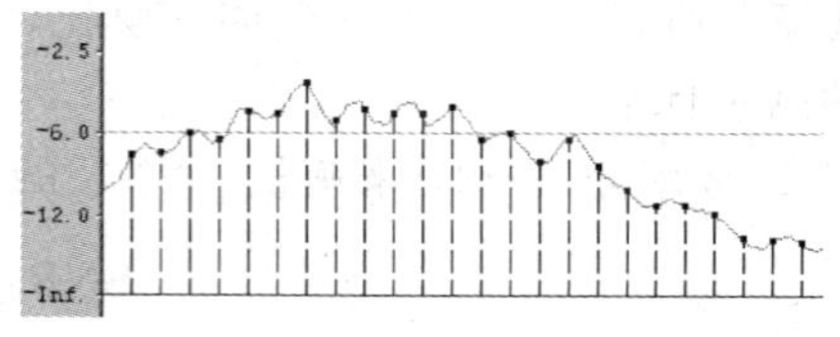

(b) 采样得到的离散时间信号

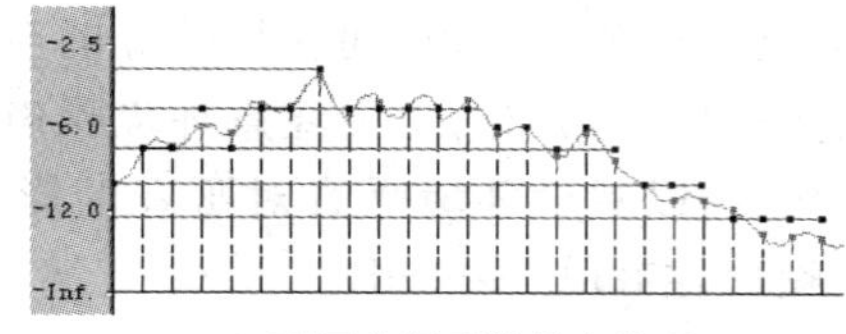

(c) 再量化得到的数字信号

图 2-5　模拟声音信号的数字化

后将采样得到的数值取整，即得量化数据。结果见表 2-2，图 2-6 是量化数据的折线。

表 2-2　连续波形的数字化

序号	采样点	采样数据	量化值	序号	采样点	采样数据	量化值
0	0.00	9.414 21	9	11	0.55	−9.374 74	−9
1	0.05	−7.667 54	−8	12	0.60	4.735 47	5
2	0.10	1.308 67	1	13	0.65	−2.564 45	−3
3	0.15	1.079 30	1	14	0.70	0.407 59	0
4	0.20	−3.467 29	−3	15	0.75	6.349 15	6
5	0.25	8.934 33	9	16	0.80	−9.366 72	−9
6	0.30	−8.798 45	−9	17	0.85	5.862 83	6
7	0.35	3.183 00	3	18	0.90	−4.157 05	−4
8	0.40	−0.772 54	−1	19	0.95	2.529 35	3
9	0.45	−1.638 31	−2	20	1.00	4.400 90	4
10	0.50	7.892 16	8				

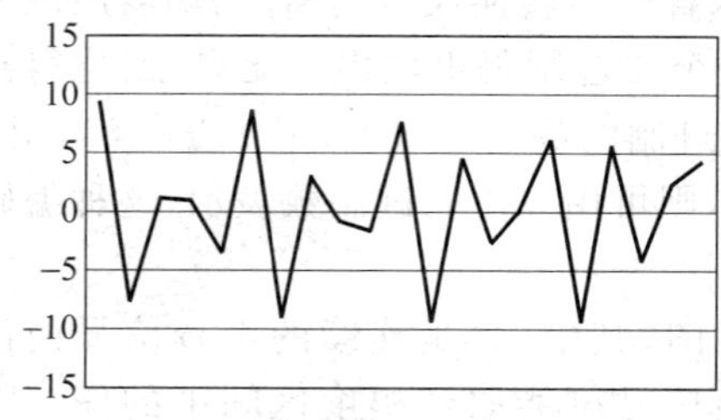

图 2-6　量化数据的折线图

对于 CD-DA，采样频率为 44.1kHz，即每秒取 44 100 个点。幅度的取值范围是限制在 $2^{16}=65\,536$ 以内，量化间隔为 1，即量化幅度可以取 65 536 个不同的值，计算机中用 16 位的二进制数就可以表示一个量化后的数值。动态范围为 $20\times\lg(2^{16})\approx 96\text{dB}$。

图 2-7 为音频信号的 PCM 编码原理示意图。编码的过程首先用一组脉冲采样时钟信号与输入的模拟音频信号相乘，相乘的结果就是离散时间信号，然后对采样后的信号幅值进行量化。量化过程由量化器来完成。对经量化器 A/D(模/数)变换后的信号再进行编码，即把量化的信号电平转换成二进制码组，就得到了离散的二进制数据序列 $x(n)$，n 表示量化的时间序列，$x(n)$的值就是 n 时刻量化

后的幅值，以二进制的形式表示和记录。计算机对量化后的二进制数据可以用文件的形式存储、编辑和处理，并可还原成原始的模拟信号播放。还原的过程称为解码，它是A/D变换的逆过程，即D/A(数/模)变换。

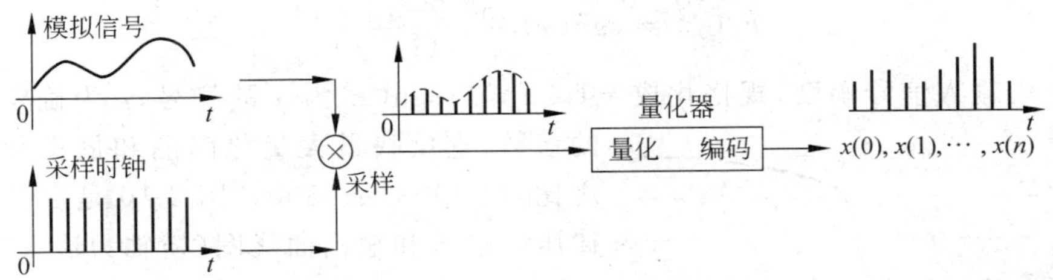

图 2-7 PCM 编码原理示意图

脉冲编码调制是概念上最简单、理论上最完善的编码系统，是最早研制成功、使用最为广泛的编码系统，但也是数据量最大的编码系统。

2. 均匀量化和非均匀量化

量化时，如果采用相等的量化间隔对采样得到的信号作量化，那么这种量化称为均匀量化。均匀量化采用相同的“等分尺”来度量采样得到的幅度，也称为线性量化，如图2-8所示。

用这种方法量化输入信号时，无论对大的输入信号还是小的输入信号一律采用相同的量化间隔。为了适应幅度大的输入信号，同时又要满足精度要求，就需要增加样本的位数。但是，对话音信号来说，大信号出现的机会并不多，增加的样本位数没有得到充分利用。非线性量化克服了这一不足。

非线性量化的思想是大的输入信号采用大的量化间隔，小的输入信号采用小的量化间隔，如图2-9所示。这样就可以在满足精度要求的情况下用较少的位数来表示。声音数据还原时，采用相同的规则。

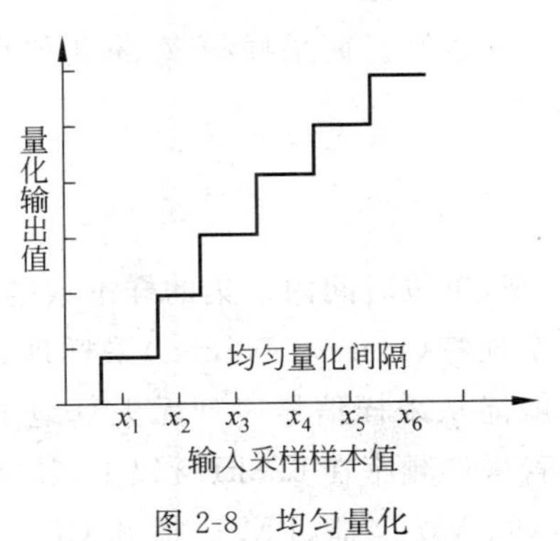

图 2-8 均匀量化

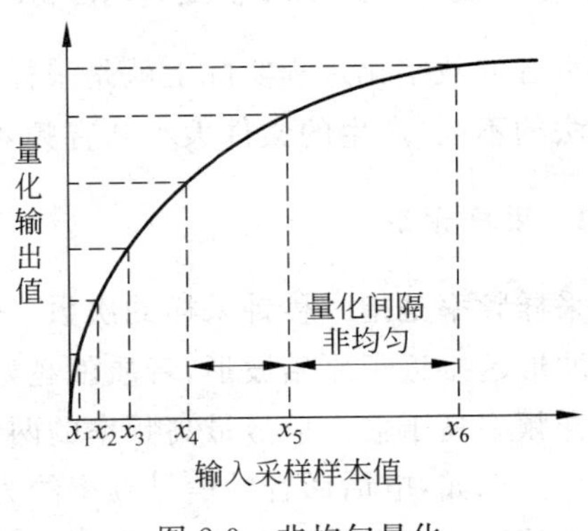

图 2-9 非均匀量化

在非线性量化中，采样输入信号幅度和量化输出数据之间定义了两种对应关系，一种称为μ律压扩(companding)算法，另一种称为A律压扩算法。

(1) μ 律压扩。

μ 律(μ-Law)压扩主要用在北美和日本等地区的数字电话通信中,按下面的式子确定量化输入和输出的关系:

$$F_\mu(x) = \mathrm{sgn}(x)\,\frac{\ln(1+\mu\,|\,x\,|)}{\ln(1+\mu)}$$

式中:x 为输入信号幅度,规格化成 $-1 \leqslant x \leqslant 1$,$\mathrm{sgn}(x)$ 为 x 的符号,μ 为确定压缩量的参数,它反映最大量化间隔和最小量化间隔之比,取 $100 \leqslant \mu \leqslant 500$。图 2-10 是 $\mu=255$ 时 μ 律压扩输入和输出曲线图(横轴为输入)。由于 μ 律压扩的输入和输出关系是对数关系,所以这种编码又称为对数 PCM。

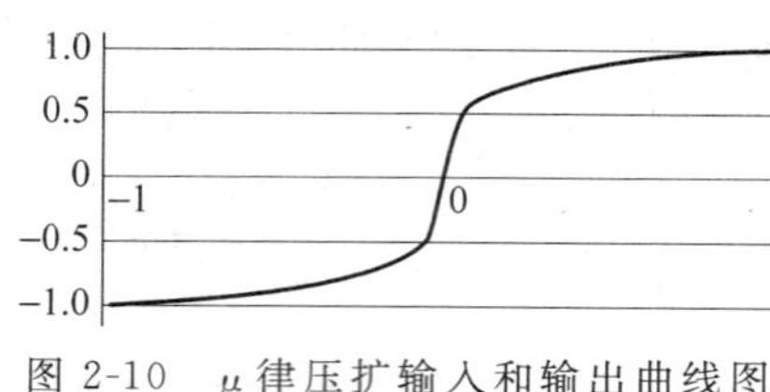

图 2-10 μ 律压扩输入和输出曲线图

(2) A 律压扩。

A 律(A-Law)压扩主要用在欧洲和中国大陆等地区的数字电话通信中,按下面的式子确定量化输入和输出的关系:

$$F_A(x) = \mathrm{sgn}(x)\,\frac{A\,|\,x\,|}{1+\ln A} \qquad 0 \leqslant |\,x\,| \leqslant 1/A$$

$$F_A(x) = \mathrm{sgn}(x)\,\frac{1+\ln(A\,|\,x\,|)}{1+\ln A} \qquad 1/A < |\,x\,| \leqslant 1$$

式中:x 为输入信号的幅度,规范化成 $-1 \leqslant x \leqslant 1$,$\mathrm{sgn}(x)$为 x 的符号,A 为确定压缩量的参数,它反映最大量化间隔和最小量化间隔之比,一般取 87.56。

对于采样频率为 8kHz,样本精度为 13 位、14 位或者 16 位的输入信号,使用 μ 律压扩编码或者使用 A 律压扩编码,经过 PCM 编码器之后每个样本需 8 位二进制存储,输出的数据率为 64Kbps。这个数据就是 CCITT 推荐的 G.711 标准:话音频率脉冲编码调制(Pulse Code Modulation (PCM) of Voice Frequencies)。

2.2.2 数字音频的技术指标

声音的数字化过程实际上就是采样、量化和编码的过程。而采样频率、量化位数和编码方法的不同,产生的文件大小和音频效果也不同。

1. 采样频率

采样频率是指一秒钟采样的次数。采样频率越高,单位时间内采集的样本数越多,得到的波形越接近于原始波形,音质就越好。根据奈奎斯特(Harry Nyquist)采样理论:如果采样频率高于输入信号最高频率的两倍,重放时就能从采样信号序列无失真地重构原始信号。例如,电话话音的信号频率约为 3.4kHz,若采样频率在 6.8kHz 以上,就能无失真地重放原始声音。数字化声音时,对应于数字电话、AM 广播、FM 广播和 CD 高保真音质声音(即 Super HiFi, High Fidelity)常用的采样频率分别为 8kHz、11.025kHz、22.05kHz 和44.1kHz。现在声卡的采样频率一般可以达到 48kHz 甚至 96kHz。当然,采样频率越高,数字化声音的数据量也越大。

2. 采样精度

采样精度用每个声音样本的位数表示，也叫样本精度或量化位数。它反映度量声音波形幅度的精度。例如，每个声音样本用16位表示，则量化样本值在0～65 535的整数范围内，它的精度是输入信号的1/65 536。

采样精度决定了模拟信号数字化以后的动态范围。若以8位量化，则其波形的幅值可分为$2^8=256$等份，等效的动态范围为$20\times\lg(256)\approx48$dB。若以16位采样，则可分为$2^{16}=65\,536$等份，等效动态范围为$20\times\lg(65\,536)\approx96$dB。采样精度影响到声音的质量，位数越多，声音的质量越高，而需要的存储空间也越多；位数越少，声音的质量越低，需要的存储空间越少。

3. 声道数

记录声音时，如果一次记录一组声波数据，称为单声道(mono)；每次记录两组声波数据，称为双声道或立体声(stereo)。双声道在硬件中占两条线路，一条是左声道，一条是右声道。立体声不仅音质、音色好，而且能产生逼真的空间感。但立体声数字化后所占空间比单声道多一倍。

除采样频率、采样精度、声道数影响声音质量外，声音录制时环境噪声、声卡内部噪声以及采样数据丢失等都会造成声音质量的下降。实际收听时，音响(功率放大器、扬声器等)的质量对音质的表现也起很大作用。

4. 音频数据传输率

音频信号数字化后，产生大量数据。数据的总量影响相应数据文件的大小，直接受限于存储空间。产生数据的速度或播放声音时需要传输数据的速度影响声音的播放质量。数据传输率用每秒钟传输的数据位数表示，也称为码率，记为bps(bit per second)。未经压缩的数字音频数据传输率为：

数据传输率(bps)＝采样频率(Hz)×量化位数(b)×声道数

其中数据传输率以每秒比特(bps)为单位；采样频率以赫兹(Hz)为单位；量化位以比特(b)计。对于压缩的声音数据，数据率由压缩算法或压缩质量决定，一般会比不压缩的数据率低，这样意味着播放相同时间的声音，可以传输更少的数据。

表2-3是不同质量的声音的数字化性能指标。

表2-3　声音质量和数字化性能指标

质量	采样频率/kHz	样本精度/b	单道声/立体声	数据率/Kbps(未压缩)	频率范围/Hz
电话	8	8	单道声	64.0	200～3400
AM	11.025	8	单道声	88.2	50～7000
FM	22.050	16	立体声	705.6	20～15 000
CD	44.1	16	立体声	1411.2	20～20 000
DAT	48	16	立体声	1536.0	20～20 000

例 2-2 高保真立体声数字音频的量化位数为16,试计算其数据传输率。

解:高保真立体声数字音频采样频率为44.1kHz,双声道,其数据传输率为:

$$数据传输率=44.1\times1000(Hz)\times16(b)\times2(channel)=1\ 411\ 200(bps)$$

如果采用PCM编码,数字音频文件所占用的空间可用如下的公式计算:

$$音频数据量(B)=数据传输率\times持续时间/8(b/B)$$

其中数据量以字节(B)为单位;数据传输率以每秒比特(bps)为单位;持续时间以秒(s)为单位。

例 2-3 计算1分钟未经压缩的高保真立体声数字声音文件的大小。

解:高保真立体声数字音频采样频率为44.1kHz,16位量化,双声道,其数据传输率为:

$$数据传输率=44.1\times1000(Hz)\times16(b)\times2(channel)=1\ 411\ 200(bps)$$

1分钟这样的声音文件的大小为:

$$音频数据量=1\ 411\ 200(bps)\times60(s)/8(b/B)=10\ 584\ 000B\approx10\ 336KB\approx10MB$$

未经压缩的4分钟的歌曲文件约40MB数据,128MB的MP3播放器只能存放3首这样的歌曲。由此可知,数字音频的数据量很大,对计算机的存储和数据实时传输都造成一定压力。因此,实际运用中并非都按最高音质来采样,也不一定按以上的3种标准音质采样,而是根据音源的质量和实际需要灵活运用。例如,把一段语音录制成数字音频时,采样频率用8kHz就可以了。因为语音的频带宽约3.4kHz,按照奈奎斯特采样理论,采样频率为信号带宽的2倍就能重构原始信号。更高的采样率并不能提高声音质量。又由于语音的动态范围有限(25dB~50dB),一般用8位量化位就可以了。

对于音乐信号,减少数据量的方法不是降低采样频率和采样精度,而是数据压缩。

5. 编码算法与音频数据压缩比

未压缩的音频数据量非常大,因此在编码的时候常常要采用压缩的方式。实际上编码的作用一是记录数字数据,二是采用一定的算法来压缩数据以减少存储空间和提高传输效率。压缩编码的基本指标之一就是压缩比,一般为数据压缩前后的数据量之比:

$$音频数据压缩比=\frac{压缩前的音频数据量}{压缩后的音频数据量}$$

采用不同的数字化指标实际上也是进行了不同比例的数据压缩。如果PCM编码采用4b量化对CD音质信号压缩,其压缩比为4∶1。在这种情况下,用来记录幅值的比特位越少,编码后数据量就越小,压缩比越小。但压缩比越小,丢掉的信息就会越多,信号还原后失真就越大。

压缩算法包括有损压缩和无损压缩。有损压缩解压后数据不能完全复原,要丢失一部分信息。无损压缩不丢失任何信息,能较好地复原原始信号。有关数据压缩的编码方法将在第2.5节介绍。

2.2.3 数字音频文件格式

数字声音文件格式是数字音频在磁盘文件中的存放形式,相同的数据可以有不同的文件格式，而不同的数据也可以有相同的文件格式。

1. WAVE 文件格式

WAVE 文件是一种通用的音频数据文件，文件扩展名为 WAV，Windows 系统和一般的音频卡都支持这种格式文件的生成、编辑和播放。

WAVE 文件由 3 部分组成：文件头（标明是 WAVE 文件、文件结构和数据的总字节数）、数字化参数（如采样率、声道数、编码算法等），最后是实际波形数据。CD 激光唱盘中包含的就是 WAVE 格式的波形数据，只是扩展名没写成 WAV。一般来说，声音质量与其 WAVE 格式的文件大小成正比。

WAVE 文件的特点是易于生成和编辑，但在保证一定音质的前提下压缩比不够，不适合在网络上播放。

2. MPEG 文件

运动图像专家组（Moving Picture Experts Group，MPEG）制订的视频压缩算法（MPEG 算法）中音频压缩部分单独用于音频的压缩，就是 MPEG 音频。MPEG-1 音频压缩算法（ISO/IEC11172-3）是世界上第一个高保真音频数据压缩标准。它提供 3 个独立的压缩层次：第 1 层（Layer1）、第 2 层（Layer2）和第 3 层（Layer3），压缩的声音文件分别为 MP1、MP2 和 MP3。MP1 的压缩比为 4 ∶ 1，主要用于小型数字盒式磁带（Digital Compact Cassette，DCC）；MP2 的压缩比为 6 ∶ 1～8 ∶ 1，应用包括数字广播声音（Digital Broadcast Audio，DBA）、数字音乐、CD-I（Compact Disc-Interactive）和 VCD（Video Compact Disc）等；MP3 的压缩比高达 10 ∶ 1～12 ∶ 1，10 张 CD-DA 的内容可以压缩到 1 张CD-ROM 中且保持压缩后的 CD 音质不失真。

3. RealAudio 文件

RealAudio 是 Real Networks 公司开发的一种音乐压缩格式，压缩比可达到 96 ∶ 1。它的最大特点是可以在网上“边下载边播放”（流式播放），因此在网上比较流行。RealAudio 的扩展名有 ra 和 rm 两种，这些文件的共同特点在于可以多码率压缩，播放时随网络带宽不同而改变声音的质量，在保证大多数人听到流畅声音的前提下，令带宽较宽的用户获得更好的音质。对于通过速率为 14.4kbps 的 MODEM 上网的用户，可以获得调幅广播（AM）的音质；对于 28.8kbps 的 MODEM 连接，可以获得 FM 广播质量的声音；如果拥有更快的线路连接，则可以达到 CD 音质。RealAudio 文件需要使用 RealPlayer 播放器播放。

4. WMA 文件

WMA（Windows Media Audio）格式是 Microsoft 公司开发的网上流式音频文件格式。它的特点是兼顾高保真度和网上传输的需求。采用 WMA 格式压缩的音频文件比 MP3 要小得多，音质不减，其压缩比可以达到 18 ∶ 1。WMA 的另一个优点是内容提供商可以通过数字版权管理方案加入防复制保护，限制播放时间、播放次数和播放机器等，有利防止盗版。WMA 可以使用 Windows 操作系统内置的 Windows Media Player 播放器播放。Windows Media Player 7.0 还可以将 CD 中的音乐转换为 WMA 格式。

2.3 电子合成音乐

数字音频实际上是一种数字式录音/重放的过程,需要很大的数据量。在多媒体系统中,除了用数字音频的方式以外,还可以用合成的方式产生音乐,电子乐器的发展为此奠定了很好的基础。

音乐合成的方式根据一定的协议标准,使用音乐符号来记录和解释乐谱,并组合成相应的音乐信号,这就是乐器数字接口(Musical Instrument Digital Interface,MIDI)。

2.3.1 基本术语

MIDI 是音乐和计算机结合的产物,它是用于在音乐合成器、电子乐器、计算机之间交换音乐信息的一种标准协议。可以认为它是一种乐器和计算机之间通话的语言。MIDI 产生声音的方法与声音波形采样输入的方法有很大不同。它不是将模拟信号进行数字编码,而是把 MIDI 音乐设备上产生的每个动作记录下来。比如在电子键盘上演奏,MIDI 文件记录的不是实际乐器发出的声音,而是记录弹奏时按的是哪个键,时间多长等,这些记录的参数叫指令。多媒体计算机按照 MIDI 文件中的指令,通过内部合成器或连接到计算机的外部 MIDI 设备播放 MIDI 文件。本节首先介绍 MIDI 的基本术语。

1. MIDI 键盘(Keyboard)

MIDI 键盘是一种类似钢琴键盘的设备,它的键上装有电子传感器,当人们按动 MIDI 键盘时,它并不发出声音,而是把按键的信息(键号、力度、持续时间等)转变为 MIDI 消息,再由音序器录制成 MIDI 文件。这些数据可以进一步加工,也可以和其他的 MIDI 数据合并,经编辑后保存或送到合成器中播放。

输入 MIDI 消息除使用 MIDI 键盘外,还可以使用计算机键盘、带有 MIDI 接口的电子琴键盘等。

2. MIDI 消息(Message)或指令

指令是对乐谱的数字描述,也称消息。乐谱由音符序列、定时和合成音色的乐器定义组成。当一组 MIDI 消息通过音乐合成器演奏时,合成器解释这些字符,并产生音乐。消息是 MIDI 设备的通信协议。

3. MIDI 文件

MIDI 文件是存储 MIDI 消息的标准文件格式,其扩展名为 mid。这是一种二进制的文件,不能直接打开和编辑。一个 MIDI 文件包含两部分:文件头和音规。文件头描述文件的类型和音轨数等参数;音规记录 MIDI 数据,其中主要是命令序列,包括每个命令的命令号、通道号、音色号和音速等。

4. 音序器(Sequencer)

音序器是为 MIDI 作曲而设计的计算机程序或电子装置，用来记录、播放和编辑 MIDI 音乐数据。它可以是硬件设备或软件。硬件音序器是一种非常复杂的设备，所以在一般应用中，软件音序器被普遍使用。

5. 音乐合成器(Musical Synthesizer)

音乐合成器是利用数字信号处理器(Digital Signal Processing，DSP)或其他集成电路芯片来产生音乐或声音的电子装置。典型的合成器由微处理器、键盘、控制面板、存储器等组成。廉价的合成器集成在计算机的声卡中。合成器产生并修改正弦波形，然后通过声音产生器和扬声器发出特定的声音。不同的合成器根据 MIDI 乐谱指令产生的音色和音质都可不同，其发声的质量和声部取决于合成器能够同时播放的独立波形的个数、控制软件的能力以及合成器电路中的存储空间大小。合成器的播放效果丰富，并且播放时合成的乐器声音可以与弹奏时的乐器不同。

6. MIDI 电子乐器

MIDI 电子乐器是能产生特定声音的合成器，如电子键盘、吉他、萨克斯管等。但它并不是特指某一架电子乐器硬件，而是指合成器可以根据指令合成出许多不同音色的声音。不同的合成器，音色号不同，声音的质量也不同。

7. 通道(Channel)

合成器的通道是一个独立的信息传输通路。MIDI 将单个物理通道(可以理解为数据传输电缆)分成 16 个逻辑通道，每个通道相当于一个独立的逻辑合成器，可以当作一种乐器。MIDI 文件中含有几种乐器的音乐组合，各种乐器由于音色的不同而有不同的波形，波形经各自的通道送到合成器，合成器按音色和音调的要求合成，再把这些波形组合到一起生成最终的声音。

8. 复音(Polyphony)

复音也称复调，指合成器同时演奏若干音符时发出的声音。如钢琴、吉他等乐器可以同时演奏几种音符，而双簧管就不能。复调着重于同时演奏的音符数，如钢琴的合弦音符。

早期的合成器是单音调的，即一次只能演奏一个音，任凭用户在键盘上按多少键。一个 24 音符复音合成器能一次演奏 24 个音符，相当于用户在钢琴键盘上同时按下 24 个键。

9. 音色(Timbre)

音色取决于声音的频谱结构。在非正式的用法中，相当于与特定乐器相关的特定声音，如低音提琴、钢琴、小提琴的声音各有自己的音色。多音色指同时演奏几种不同乐器时发出的声音。它着重于同时演奏的乐器数。例如，具有6音符复音的4种乐器合成器，可以同时演奏4种不同声音的6个音符，如3个钢琴的合弦音符、1个长笛、1个小提琴和1个萨克斯管的音符。要改善合成音乐的真实感，必须把许多合成器连接起来，以产生复调声音和多音色声音。

10. 音规（Track）

音规是一种用通道把MIDI数据分割成单独组、并行组的文本概念。音序器像磁带记录声音那样将接收到的MIDI文件录在文件的不同位置，这些位置就称作音规。通常，每个通道是一个单独的音规。

11. 合成音色映射器

合成音色映射器是一种软件，为了适应Microsoft MIDI合成音色，分配表规定合成音色的编号。软件要为特定的合成器重新分配乐器合成音色编号，Windows多媒体映射器可将乐器的合成音映射到任意的MIDI装置上。

12. 通道映射

通道映射把发送装置的MIDI通道号变成适当的接收装置的通道号。例如，编排在10号通道的鼓乐，对于仅接收6号通道的鼓来说，就被映射成6号通道。

13. MIDI

MIDI是MIDI设备的硬件通信协议，可使电子乐器互连或与计算机硬件端口相连，可发送和接收MIDI消息。

2.3.2 MIDI的制作原理

计算机合成音乐需要使用MIDI语言。MIDI语言利用字节传送来告知相应的设备能够做什么和不能做什么。MIDI字节通知乐器、声卡和其他MIDI设备什么时候开始和什么时候结束演奏音符。MIDI也可以编辑其他一些重要音素，例如音量、制式、音调、声像、何时改变乐器声音、歌曲的起始点和结束点、音速等。然而，MIDI自身并不产生和传送声音，只是传送产生声音的控制符号。

使用MIDI语言的设备（MIDI设备）可以互连。典型设备是合成器或者MIDI控制键盘，也可以是外挂式音响效果单元、计算机、配备有MIDI接口的吉他等。

1. MIDI技术规范

MIDI技术规范第一版（MIDI 1.0），作为数字式音乐的国际标准，定义了电子合成器、音序器、个人计算机和其他电子乐器的相互连接性和通信协议。相互连接性定义了使这些不同的MIDI设备能够相互连接的接线方式、连接器类型和输入输出线路。通信协议定义了能够控制乐器声音和消息的标准。

（1）每种 MIDI 装置由一个接收器和一个发送器组成。发送器生成符合 MIDI 格式的消息并向外发送，接收器接收 MIDI 消息，并执行 MIDI 命令。

MIDI 接收器中有 16 个通道，可以向声音合成器传送 16 路不同的声音，好像指挥 16 种乐器演奏一样。MIDI 消息可以指出什么音符发给哪个通道，并对各通道进行各种控制，通道编号为 1～16，它在 MIDI 消息中的编号为 0～15，0 通道也称基本通道。每一个通道在逻辑上分别对应着一个合成器，该合成器可以产生 128 种不同乐器的声音，也称为不同合成器的"程序"。为某个通道选择某种乐器就必须预先为其设定对应的程序号。哪种乐器使用何种程序可以自行定义，因此同一 MIDI 文件使用不同的合成器播放时可能产生不同的效果。

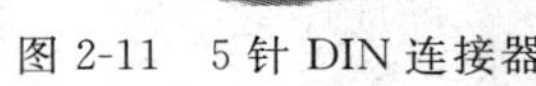
图 2-11　5 针 DIN 连接器

（2）MIDI 硬件规范要求使用 5 针 DIN 连接器，如图 2-11 所示，使用非屏蔽双绞线连接，电缆最大长度为 15m。MIDI 设备有 3 种端口：MIDI-In（MIDI 输入），用来接收从其他 MIDI 设备发送过来的消息；MIDI-Out（MIDI 输出），用来发送本设备产生的原始 MIDI 消息；MIDI-Thru（MIDI 转发），用来在 MIDI 间转发消息。MIDI 设备可以同时具有 3 种端口或两种端口，但至少应具备其中一种端口。

（3）MIDI 通信协议使用多字节消息，字节数取决于消息的类型。有通道消息和系统消息两种类型。通道消息最多可以有 3 个字节。第一个字节称为状态字节，其他两个字节称为数据字节。系统消息应用在整个系统上而不是特定的通道，并且不含有任何通道号，用于系统的控制。

MIDI 文件中包含了一连串的 MIDI 消息，每一个 MIDI 消息由若干字节组成，通常第一个字节为状态字节，其后则为一个或两个数据字节。状态字节的特征是最高位为"1"，用来指出紧随其后的数据字节的用途和含义。数据字节的特征是最高位为"0"，则表示它们是一条 MIDI 消息的信息内容。例如当演奏员按下 MIDI 键盘正中一个 C 键时，MIDI 键盘就会发送一个 3 字节组成的消息，用 16 进制表示为：90 3C 40。其中 90 是状态字节，它表示一个字符开始，且向 0 号声道传送；3C 表示击键位置。MIDI 键盘为 128 键，编号为 0～127；40 表示击键的速度，共分成 00～7F 共 128 种不同速度。

MIDI 1.0 公布后，又相继补充公布了"MIDI 1.0 详解"、"MIDI 1.0 规定的补充说明"、"通用 MIDI(GM)规范"等。

2. MIDI 接口和计算机的连接

一般的 MIDI 设备都有输入和输出端口，对只做控制的设备可能只有输出端口。如果是两台 MIDI 设备互连，可以把两台设备的输出端口和输入端口交叉互连，它们没有主从之分，每一台设备的演奏都可以通过另一个设备的扬声器发出声音。

如果是 3 台以上的设备，必须选定一台设备为主控设备，它负责传送命令消息。主控设备一般是计算机，也可以是音序器、合成器。其他 MIDI 设备为从设备，接收主控设备的命令消息。从设备可以是键盘或其他 MIDI 设备。MIDI 设备可以级联，即第一个设备的输出连接第二个设备的输入，第二个的输出再连接第三个的输入等。也可以通过转发端口同时控制两个以上的设备。

图 2-12 所示为一种将计算机同一个 MIDI 设备相连的最简单方式，它将输入端口连接到输出端口，输出端口连接到输入端口。借助于输入和输出端口，可以使用 MIDI 合成器这样的设备向计算机输入 MIDI 数据；在播放 MIDI 数据时，还可以利用计算机对其进行控制。

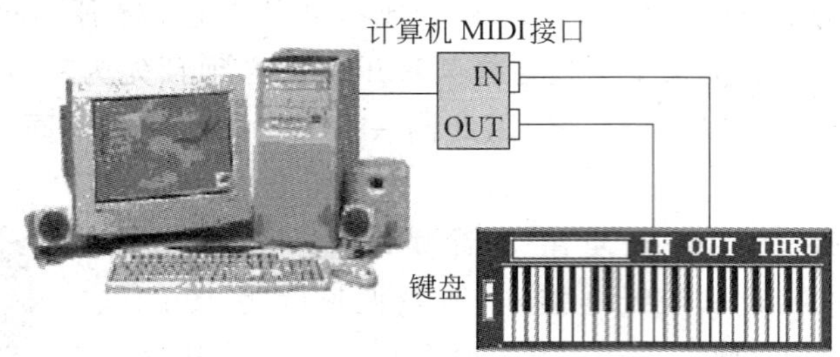

图 2-12　MIDI 设备与计算机的连接

3. MIDI 音乐的产生过程

MIDI 电子乐器通过 MIDI 接口与计算机相连。这样，计算机可通过音序器软件来采集 MIDI 电子乐器发出的一系列指令。这一系列指令将记录到以 MID 为扩展名的 MIDI 文件中。在计算机上音序器可对 MIDI 文件进行编辑和修改。最后，将 MIDI 指令送往音乐合成器，由合成器将 MIDI 指令符号进行解释并产生波形，然后通过声音发生器送往扬声器播放出来。

同样的乐谱如选择不同的乐器播放，会听到不同的音色。

当 MIDI 序列开始时，一个起到 MIDI 通道交通管理作用的“程序转换消息”在各个通道中传递着，并为每个乐器设置声音。这种程序转换消息通知 MIDI 设备在一个特定的 MIDI 通道中所使用的程序号或音色号。如果接收 MIDI 序列的设备和发送 MIDI 序列的设备以一种完全相同的方式为每个声音事先分配了音色号，那么所有音符的声音将会以预期的方式进行播放。

图 2-13 说明了 MIDI 音乐产生的过程。

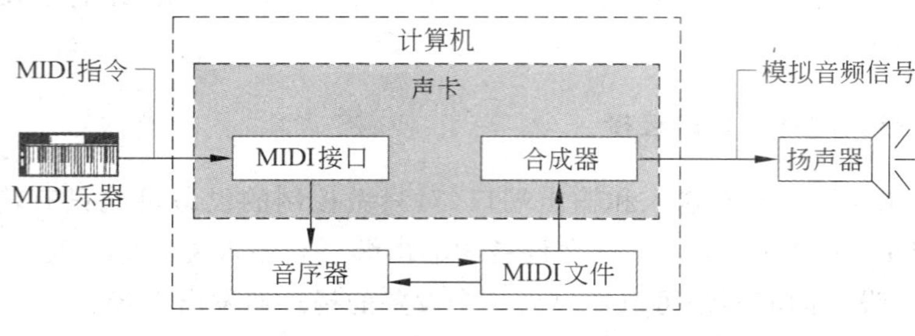

图 2-13　MIDI 音乐的产生过程

4. MIDI 音乐合成方式

产生 MIDI 音乐的方法很多，现在用得较多的是频率调制(Frequency Modulation，FM)合成法和波表(Wave Table)合成法。

(1) 频率调制合成法。

20 世纪 80 年代初，美国斯坦福大学的一名叫 John Chowning 的研究生发明了一种产生音乐的新方法：他把几种音乐的波形用数字来表达，并用数字计算机而不是模拟电子器件把它们组合起来，通过数/模转换器(DAC)来生成音乐，这种方法称为数字式频率调制合成法。斯坦福大学将专利授权给 Yamaha 公司，该公司把这种技术集成到电路芯片中，成为世界市场上的热门产品。FM 合成法的发明使合成音乐工业发生了一次革命。

FM 合成器由数字载波器、调制器、声音包络发生器、数字运算器和数模转换器等 5 个基本模块组成。它们通过多种波形参数产生声音波形。改变数字载波频率可以改变乐音的音调，改变它的幅度可以改变它的音量；改变波形的类型，如正弦波、半正弦波或其他波形会影响基本音调的完整性；快速改变调制波形的频率(即音调周期)可以改变颤音的特性；改变反馈量，就会改变正常的音调，产生刺耳的声音；选择不同的波形组合方法也会生成不同的音色。

FM 频率调制合成在理论上有无限多组波形，既可以模拟任何声音，甚至真实乐器不具备的音色，而且可以任意修改音色。但实际上，FM 合成模拟的乐器的较高或较低频率的信号失真度很大，音色真实度较差。

(2) 波表合成法。

使用 FM 合成法来产生逼真的音乐是相当困难的，有些乐音几乎不能产生。波表合成法把真实乐器发出的声音以数字形式记录下来，播放时改变播放速度，从而改变音调周期，产生各种音节的音符。

音乐家在真实乐器上演奏不同的音符，把不同音符的真实声音记录下来，就完成了乐音样本的采集。一个 MIDI 设备通常包含多种乐器的声音，而一个乐器又往往需要多个样本，把这些样本排成一个表格以方便使用，就是波表。由于波表样本来自真实乐器，所以波表合成的声音非常逼真。

2.3.3 MIDI 文件的特点

MIDI 文件和 WAVE 文件都能记录和产生声音，却有不同的原理和特点。

1. 用乐谱指令代替声音数据

WAVE 文件是通过对一段模拟声波进行采样、量化后得到一系列量化的数字值，再对这些离散的波形数据加以编码存储，从而形成数字化的音频数据。这些数据还原成波形后送到扬声器就可发出声音。而 MIDI 文件的产生则不是将声波进行采样数字化，它本身并没有记录任何声音数据，而是记录一系列乐谱指令。这些指令发送给合成器合成一定的声波从而发出声音。

2. 有效记录和重现各种乐器声音

WAVE 文件的特点就是它的直接存取性，即它可以直接从声卡的声音输入端口获得音源并加以捕获，并可从输出端口播放。MIDI 文件记录的是电子乐器的“乐谱”指令，它只能通过 MIDI 由音序器记录电子乐器的指令数据。因此，MIDI 声音仅适于重现打击乐或一些电子乐器的声音。

3. 占用存储空间极小

由于 MIDI 文件记录的是乐谱指令，所以 MIDI 文件比 WAVE 文件所需占用的存储空间要小得多。例如一个 8 位、22.05kHz 的波形音频文件持续 2s 就需超过 40KB 的容量，而一个 MIDI 文件播放 2 分钟所需的空间不超过 8KB。

4. 适合乐曲创作和远距离传输

WAVE 文件音源广、效果逼真，但数据量大，不易对其进行复杂的编辑。MIDI 虽然音源有限，而且其音质尚不能达到与真正乐器完全一样，但其数据量小，记录的是乐谱指令，编辑修改灵活方便。用户可通过音序器自由地改变 MIDI 文件的曲调、音色、速度等，甚至可以改换不同的乐器。MIDI 文件数据量小的特点使得它特别适合在网上传输。

2.4 数字音频处理

本节介绍数字音频的应用技术，包括声音的采集、编辑以及音效处理。为叙述方便，音频制作以声音制作软件 Sound Forge 为例，其他声音处理软件大同小异，希望同学们在学习时注意方法，努力做到举一反三。

2.4.1 Sound Forge 音频编辑软件简介

Sound Forge 是 Sonic Foundry 公司开发的数字音频处理软件，能够非常方便、直观地实现对音频文件甚至视频文件中的声音部分进行各种处理。

1. Sound Forge 的功能

- 声音剪辑：声音片段的删除、语序的调整；
- 音量调整：整体调整、淡入(Fade In)、淡出(Fade Out)、包络线调整(Envelop)、左右声道的平衡调整；
- 频率均衡处理(EQ)；
- 混响/回声/延迟处理(Reverb/Echo/Delay)；
- 合唱(Chorus)处理；
- 动态(Dynamic)(包括压缩、限制、门)处理；
- 失真(Distortion)处理；

- 降低噪音处理(Noise);
- 升降调、时间拉伸处理;
- 声音格式转换:包括文件格式和数字化指标;
- 可以编辑视频文件中的声音,并进行编辑;
- 用 FM(调频)的方法生成声音。

2. Sound Forge 屏幕布局

Sound Forge 的屏幕编辑窗口如图 2-14 所示。声音文件以波形方式在文件窗口中显示,软件的各种功能都可以通过执行菜单命令实现,工具按钮提供执行命令的快捷方式,状态栏提供文件属性和编辑状态参数的显示。

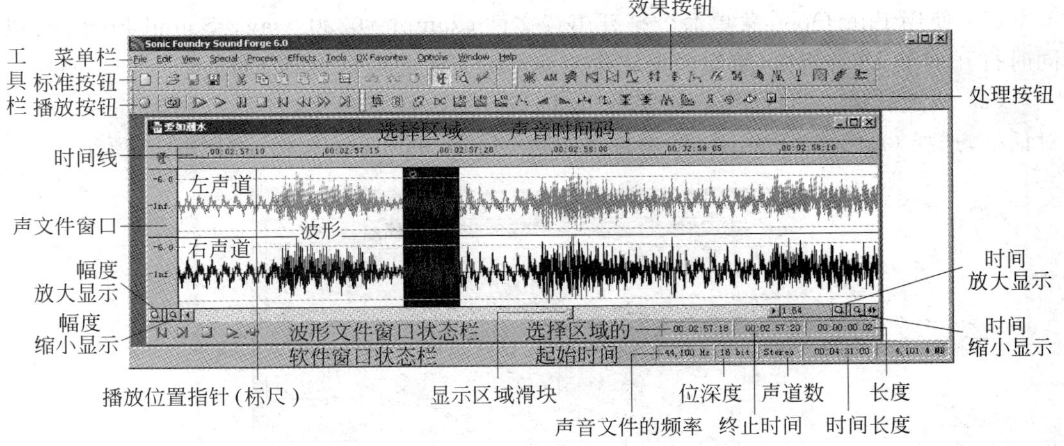

图 2-14 Sound Forge 编辑窗口的布局

File(文件)菜单:文件的打开、保存、关闭、格式转换(Save As),文件属性的查看和修改(采样频率、样本位数、声道数);

Edit(编辑)菜单:剪切、复制、粘贴,特殊粘贴(声音混合、覆盖、交叉混合 CrossFade);

View(视图)菜单:打开和关闭各种工具栏按钮,缩放文件窗口的显示比例,查看剪切板声音片段属性、显示键盘以弹奏乐曲(MIDI);

Special(特殊)菜单:声音的播放控制和录制,声音片段的入点和出点的标记;

Process(处理):位深度转换、声道转换、均衡、淡入、淡出、声音摇动、静音、调整音量、时间伸展;

Effect(效果):调幅(Amplitude Modulation)、合唱(Chorus)、延迟/回声(Delay/Echo)、去除噪声(Noise Gate)、包络线(Envelope);

Tools(工具):合成(Synthesis)、谱分析(Spectrum Analysis);

Options(选项):参数设置(Preferences)。

3. 基本操作

通过例 2-4 学习文件的打开、声道的转换、数字化指标的转换、提高音量和文件格式转换。

例 2-4 example_0220. wav 文件是一个双声道立体声语音文件，采样频率 44.1kHz，采样精度 32 位，请对其做以下处理：

(1) 将双声道声音转换成单声道声音；

(2) 采样频率转换为 8kHz，样本精度转换成 16 位；

(3) 将其音量提高 20%；

(4) 将文件格式转换为 mp3 格式，话音质量。

解：

(1) 使用 File|Open 菜单命令打开声音文件 example_0220. wav。Sound Forge 可以同时打开多个文件，所以，编辑时要注意欲编辑的文件必须是当前文件。

(2) 声道转换。执行 Process|Channel Converter 菜单命令，打开 Channel Converter 对话框，选择 Output Channels 的单选按钮为 Mono，单击 OK 按钮，如图 2-15 所示。

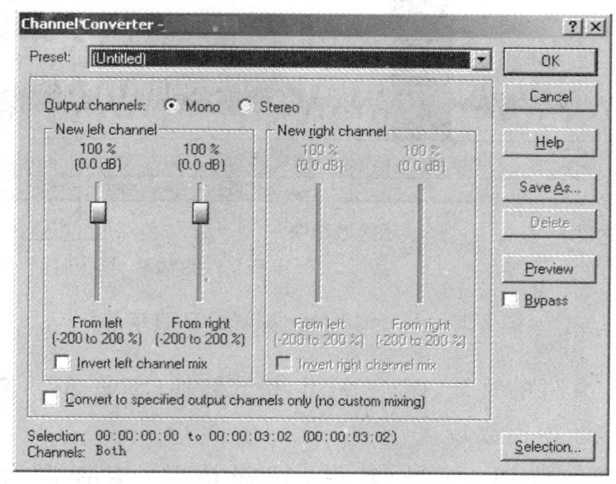

图 2-15 Channel Converter 对话框

(3) 修改技术指标。执行 Process|Resample 菜单命令，打开 Resample 对话框，如图 2-16 所示，在 New sample rate 文本框中输入新的采样频率"8000"。同理，执行 Process|Bit-depth Converter 菜单命令，在打开的对话框中设置 Bit depth 为"16"位。

(4) 提高音量。执行 Process|Volume 菜单命令打开 Volume 对话框，拖动增益滑块到大约 120%，单击 OK 按钮，如图 2-17 所示。本例调整的是整个声音文件的音量，不需选择声音片段。如果选择了区域，则调整的是片段的音量。

(5) 保存文件为 MP3 文件。执行 File|Save As 菜单命令，打开"另存为"对话框，如图 2-18(a)所示，保存类型选择"MP3 Audio(*. mp3)"，单击 Template 右边的 Custom 按钮，打开 Custom Settings(自定义设置)对话框，如图 2-18(b)所示，选择 Bit rate 为"8Kbps，8,000Hz"，单击 OK 按钮，并保存文件。

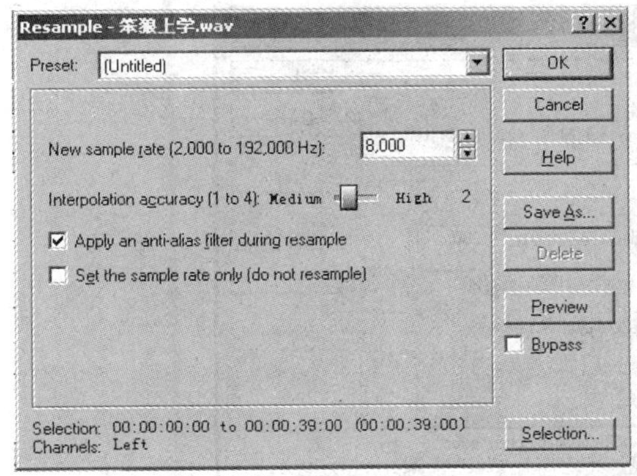

图 2-16 声音属性对话框

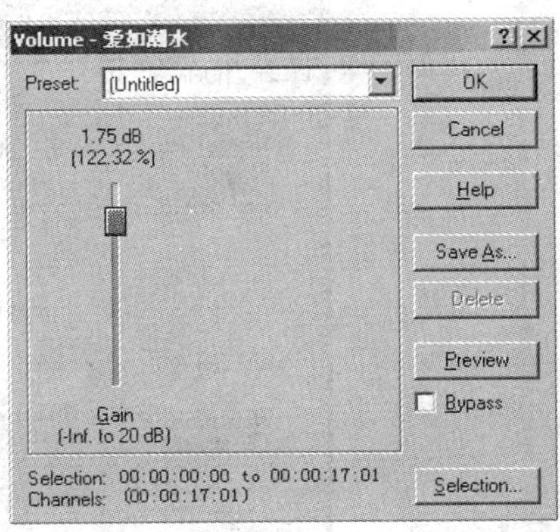

图 2-17 音量调整对话框

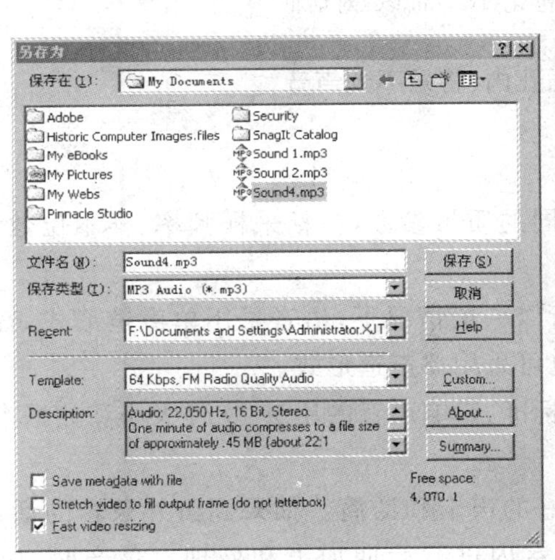

(a) “另存为”对话框

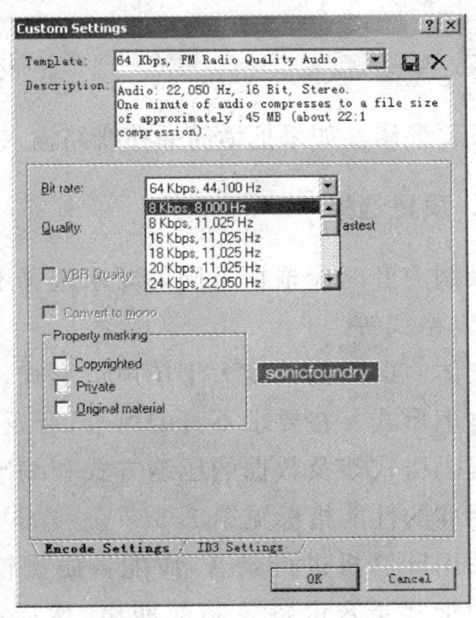

(b) “自定义”对话框

图 2-18 保存文件和文件格式转换

调整音量除使用 Volume 命令外，另一个常用的命令是 Process|Normalize(图 2-19 是其对话框)。它调整选择区域的最高电平到指定的水平。左边滑杆调到 100%表示将原来的最高电平调整到系统可达到的最高水平。Scan settings(扫描设置)确定多大音量以下的声音不作调整。如随机噪声的音量并不需要放大。

2.4.2 声音的录制与格式转换

在使用计算机进行录音时，话筒的插头应插入声卡的 MIC(话筒)输入插孔内。注意，质量较好的声卡有两个输入插座，一个用于话筒，一个用于线路输入。用于话筒的插孔灵敏度高，一般为 0.5mV～3mV，适于输入微弱的信号；用于线路输入的插孔灵敏度低，主要与音响设备的线路输出端连接，适于输入强度较大的信号，一般为 500mV～1000mV。上述两个

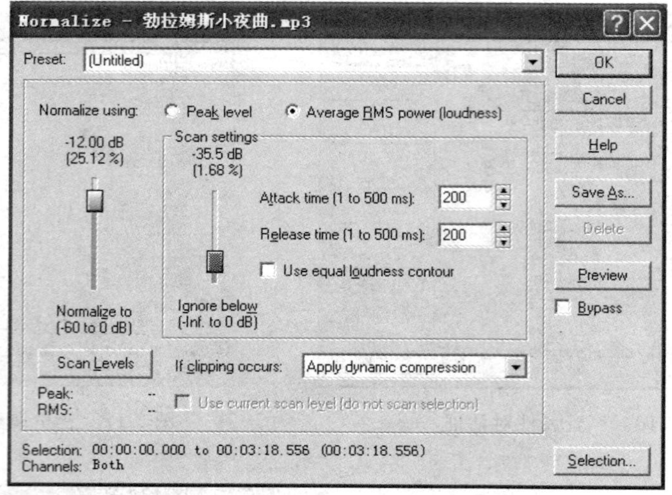

图 2-19 声音的规范化(Normalize)对话框

插孔不要混淆。如果把话筒插在线路输入插孔内,将录不到声音。

1. 质量选择

录制声音时应根据不同的要求选择不同的质量参数,包括采样频率、样本位数、声道数、编码格式等。

立体声的数据长度大于单声道形式,所以一般情况下,语音采用单声道形式,音乐采用立体声形式。在要求不高的场合,音乐也可采用单声道形式。

编码格式涉及数据的压缩方式和编码标准,影响声音的质量、文件大小和数据率不同编码标准的性能指标见第 2.5 节。

采用计算机进行录音,应配备质量较好的声卡和话筒。如果到野外录音的话,一般采用便携式录音设备录制前期声,然后在室内进行后期加工和处理。录音时,应注意调整输入信号的强度,使其不超过录音设备的动态范围,否则将产生削顶失真,音感阻塞,严重时无法辨别声音的内容。信号强度过低,也不能获得满意的声音,原因是信号与噪声的比值小,噪声相对比较明显,影响了音质。正式录音前,最好先试录一次,以调整音响效果。

2. 声音格式的转换

一般的声音处理软件兼容多种格式的声音文件,使得声音格式的转换非常简单,只要在保存文件时使用“另存为”,然后选择不同的文件格式、质量级别、压缩算法或不同的性能指标。

例 2-5 以 22.1kHz 的采样频率、16 位位深度录制以下唐诗。去除录制过程中过长的停顿、喀喀声,调整音量,分别将其保存为 WAV 文件、FM 音质的 MP3 文件和 rm 文件。

游　子　吟

孟　郊

慈母手中线，游子身上衣。
临行密密缝，意恐迟迟归。
谁言寸草心，报得三春晖？

解：本例使用 Sound Forge 录制和处理声音。

（1）环境准备。连接话筒，在 Windows 控制面板中双击“声音和多媒体”图标，打开“声音和多媒体属性”对话框，如图 2-20(a)所示，选择“音频”选项卡，单击“录音”选框中的“音量”按钮，打开 Recording Control（录音控制）对话框。如果使用话筒录音，则在 Microphone 下的小方框中打“√”，音量滑块调到 90%左右，如图 2-20(b)所示。

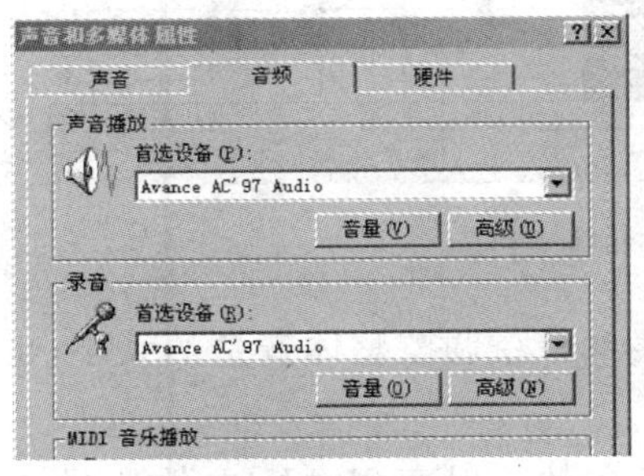

(a) Windows控制面板“声音和多媒体属性”对话框

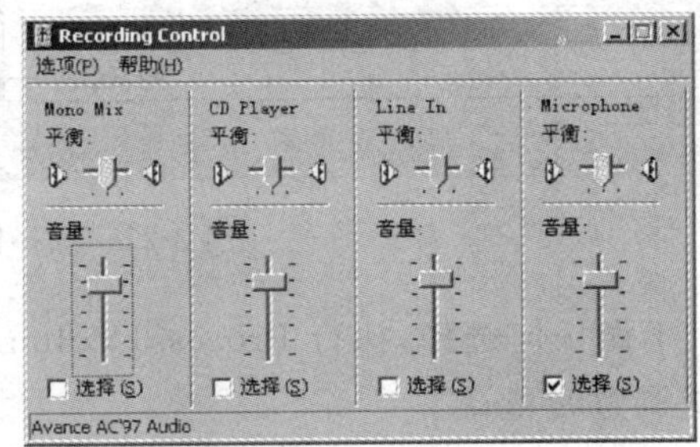

(b)“录音控制”对话框

图 2-20　选择录音音源

（2）启动 Sound Forge。

（3）单击工具栏“录音”按钮，打开“录音”对话框，如图 2-21 所示，单击右上角 New 按钮，在打开的对话框中选择 Sample Rate 为“22,050”，Bit-depth 为“16”。单击左下方的

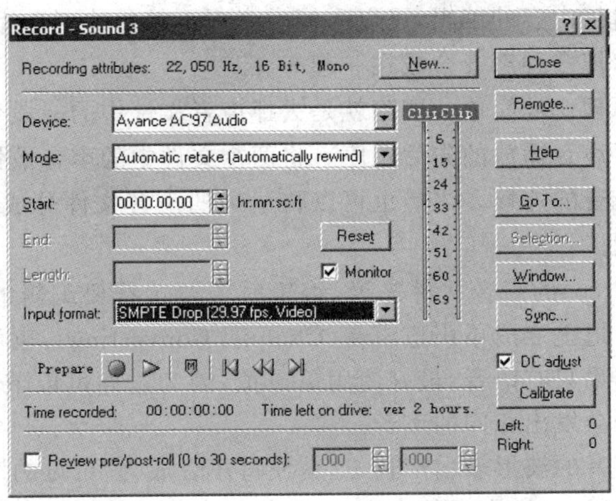

图 2-21　“录音”对话框

“录音”按钮开始录音。录音时，“录制”按钮变成“停止”按钮，单击“停止”按钮停止录音。单击右上角的 Close 按钮退出“录音”对话框。声音波形显示在编辑窗口中。注意，录制的声音插在当前文件的播放指针所在位置，如果录制时没有打开的文件，系统会自动建立一个文件。

(4) 在编辑窗口中没有波形的区域是没有声音的区域，该区域过长，说明停顿很长，按下鼠标并拖动选择该区域，如图 2-22 所示，按 Delete 键可以删除该区域。通过工具栏“播放”按钮播放声音，监听到有些地方只有喀喀声，选择该区域将其删除。

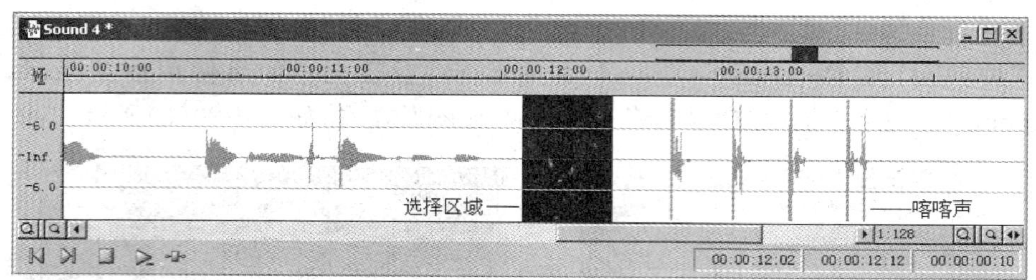

图 2-22 选择区域和喀喀声

(5) 不做任何选择，执行 Process|Volume 菜单命令调整整体音量的大小，也可选择某个区域调整音量。

(6) 执行 File|Save As 菜单命令保存声音文件。保存 WAV 文件选择文件类型 Wave(Microsoft)(*.wav)；保存 MP3 文件选择文件类型 MP3 Audio(*.mp3)，模板选择 64Kbps,FM Radio Quality Audio；保存 RM 文件选择文件类型 RealMedia(*.rm)，模板选择 56Kbps Audio，适合使用 56Kbps MODEM 以上线路上网的用户，也可选其他模板。本例保存的 3 个文件的大小分别为 545KB、101KB 和 56KB，时间长度为 12s。

2.4.3 声音的剪辑

本节的声音剪辑指内容的编辑，可以去掉声音中不需要的声音片段，改变声音的先后顺序、连接两段声音，把多种声音合成在一起等。

这部分编辑的原理比较简单。删除就是去掉声音文件中的一段数据。两段数据排列顺序的不同就改变了声音播放的先后顺序。将两个文件中的声音数据连接起来保存在一个文件中就实现了声音的连接。当然也可以将原来的声音文件分成两个声音文件存放，就实现了声音的分割。

对于双声道(Stereo)的声音文件来说，编辑时需要选择要编辑的声道。可以将双声道声音合成到一个声道上变成单声道声音(Channel Converting)，也可以将单声道声音变成双声道的声音。如果只有语音，最好使用单声道，因为这样可以节约存储空间，而播放时音箱的左右声道仍会发出相同的声音。

编辑软件中用声音的波形表示声音，这就使得声音成为“可见的”，从声音波形可以看出声音的音量，甚至可以知道声音的内容，这就使得声音的编辑像文字编辑的选择、剪切、复制、粘贴一样方便。图 2-23 是声音编辑软件中声音编辑窗口的声音波形图。

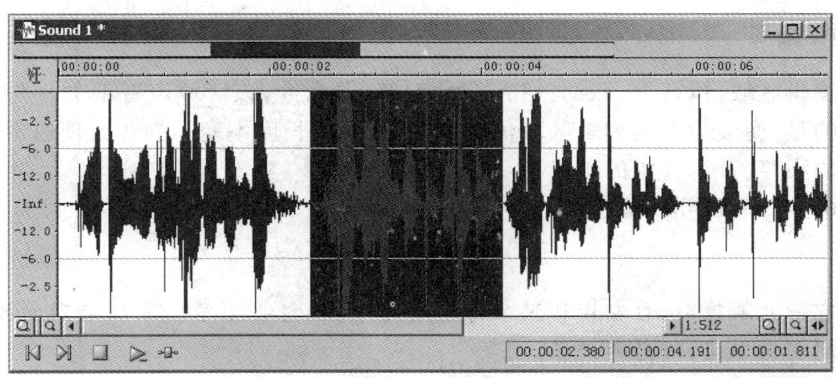

图 2-23 声音编辑窗口

1. 确定编辑区域

无论做何操作，都应明确操作区域。确定音频的编辑区域可以使用鼠标拖动的方法。有的软件提供确定起点(Mark In)和终点(Mark Out)的菜单或工具按钮。选定的编辑区域一般反白显示。

Sound Forge 中确定选择区域可以在编辑窗口中使用拖动的方法或使用 Special 菜单中的 Mark In 和 Mark Out 命令确定区域的起点和终点。如果是双声道声音，在左声道(上方音频)中间线以上拖动鼠标选择左声道上的区域；在右声道(下方音频)中间线以下拖动鼠标选择右声道上的区域；在左右声道的中间线之间拖动鼠标选择两个声道上的声音。

2. 声音编辑

确定编辑区域后，基本编辑操作像处理文字一样简单。可以删除(Delete)、剪切(Cut)、复制(Copy)、粘贴(Paste)。将编辑区域粘贴到不同的位置，就可以改变说话的语序。

编辑操作可以使用 Edit 菜单中的命令，也可以使用与 Word 相同的快捷键。

3. 去除噪声

好的声音效果除录制时使用好的设备和环境外，还可以使用处理软件去除噪声。去除噪声可以除去录制中的微小噪声、磁带嘶嘶声和电流的嗡嗡声。去除噪声的主要参数是门限电平(Threshold level，单位是分贝)、启动时间(Attack time)、关闭时间(Release time)。系统遇到门限电平以下的声音信号，就会认为是噪音而被过滤。所以该值越大去除噪音的效果越好，但对原来的声音文件损失也就越大。启动时间即噪声门开始起作用的时间，设置音量超过门限时，噪声门增益从 0 变化到 1 使用的时间，单位为 ms(毫秒)。该时间越长，越有利于除去音量大的喀喀类噪声，一般情况下启动时间不小于 30ms；关闭时间即噪声门退出工作状态的时间，单位也是 ms，可在 1ms～5s 之间选择，该时间长，有利于保持自然的声音衰减，否则，自然的衰减会被认为是噪声而被滤掉。

在 Sound Forge 中，去除噪声使用 Effect|Noise Gate 菜单命令。

4. 静音处理

确定编辑区域，执行 Process|Mute(处理|静音)命令，该区域声音消失。与删除声音片段不同的是，变成静音的编辑区域仍然存在，其时间长度不变。静音处理通常用于去除语音之间的噪声、音乐首尾的噪音。

例 2-6 有一段声音，原文为：

笨 狼 上 学

有一只笨狼，独自在森林里呆得不耐烦了，就想去上学。笨狼来到学校，坐在小朋友们中间，听老师讲课。

第一节课，老师教大家学习词语。老师用红色的粉笔在黑板上写了“苹果”两个字，告诉大家说：“这是苹果。”

“不对，苹果是圆圆的、红红的、甜甜的。”笨狼第一个站起来反对说。

请将这段声音剪辑为：

笨 狼 上 学

有一只笨狼想去上学。第一节课，老师用红色的粉笔在黑板上写了“苹果”两个字，告诉大家说：“这是苹果。”

笨狼第一个站起来反对说：“不对，苹果是红红的、甜甜的、圆圆的。”

解：本例中主要有两项工作要做：一是删除不需要的声音片段。二是调整片段的顺序。其实，声音的编辑与文字的编辑是一样的，只不过声音编辑中用波形代替文字。声音中每一段文字、每一句话、每个词甚至每个字都对应编辑窗口中的一段波形，只要通过监听，找到这段波形，就可以像文字一样对其进行剪切和移动。在本例中：

(1) 首先找到要删除的声音片段，使用拖动或使用菜单选择相应的片段，然后按 Delete 键删除。

(2) 找到需要调整顺序的片段，选择片段，剪切，再将其粘贴到要求的位置。

2.4.4 声音的效果处理

基本编辑可以制作出语言流畅的语音文件，而创造艺术性的声音更是数字语音的特长。

1. 淡入淡出

“淡入(Fade In)”和“淡出(Fade Out)”指声音的渐强和渐弱，通常用于声音的开始、结束，两个声音素材的交替切换，产生渐近渐远的音响效果等场合。淡入效果使声音从无到有、由弱到强。而淡出效果则正好相反，声音逐渐消失。淡入与淡出的过渡时间长度由编辑区域的宽窄决定。

图 2-24 是淡入效果的声音变换曲线，声音在指定的时间内，按斜线指示的比例逐渐增强，声音的音量均在变换曲线以下。其算法可以用下式表示：

$$f_{\text{FadeIn}}(t) = \frac{1}{l} f(t) t$$

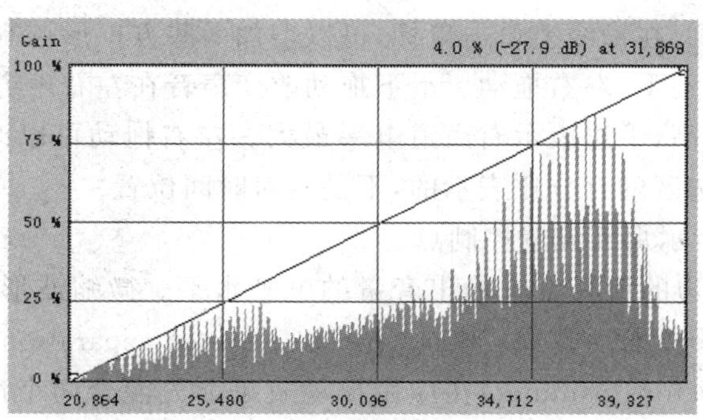

图 2-24 “淡入”效果声音变换曲线

其中 $f(t)$为原声音函数，t 为时间变量，$t\in[0,l]$，$f_{\text{FadeIn}}(t)$为变换后的声音函数，l 为淡入过程的时间，$1/l$ 即为变换曲线的斜率。注意在实现时时间是离散化的。这里为易于理解使用了连续的时间。

在 Sound Forge 中选择一段声音，执行 Process|Fade|In 或 Process|Fade|Out 命令菜单产生淡入或淡出效果，也可以使用 Process|Fade|Graphics 命令在打开的对话框中拖动增益曲线随意地编辑淡入和淡出效果。

2. 摇动(Pan)

声音的摇动实际是调整左右声道的音量，达到左右声道音量的平衡或产生声音移动的效果。

例 2-7 为“渤拉姆斯小夜曲”添加摇动效果，使声音交替从左右声道发出，中间平滑过渡。

解：设置摇动效果，要求为双声道声音。

(1) 打开“渤拉姆斯小夜曲”的音频文件。

(2) 执行 Process|Pan/Expand(摇动/扩张)命令，打开 Pan/Expand 对话框，其中有一个微缩的波形窗口，如图 2-25 所示。初始时，波形窗口的中间有一条白色横线，表示左

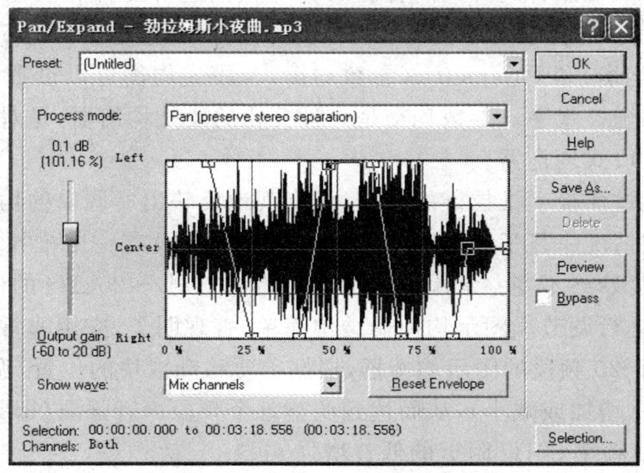

图 2-25 声音摇动设置对话框

右声道保持原有音量。在横线上单击鼠标，可以增加一些方框形控制点，右击控制点可以删除它。控制点可以上下、左右拖动。上下拖动改变声音在左右声道上的电平比例，最上边表示左声道电平最高，下边表示右声道电平最大。左右拖动可以改变控制点的时间位置，不过改位置是用选区的百分比表示的，不是绝对时间位置。

本例如图 2-25 所示那样设置控制点。

(3) 对话框中左边的滑杆设置输出音量的电平水平。微缩波形窗口上方的“处理模式(Process mode)”选择摇动方式：Pan (preserve stereo separation)，保持两声道分离，Pan (mix channels before panning)在应用摇动效果前先混合两个声道上的声音。本例选择 Pan (preserve stereo separation)。

(4) 设置摇动效果后的声音波形如图 2-26 所示，单击“播放”按钮监听声音效果。

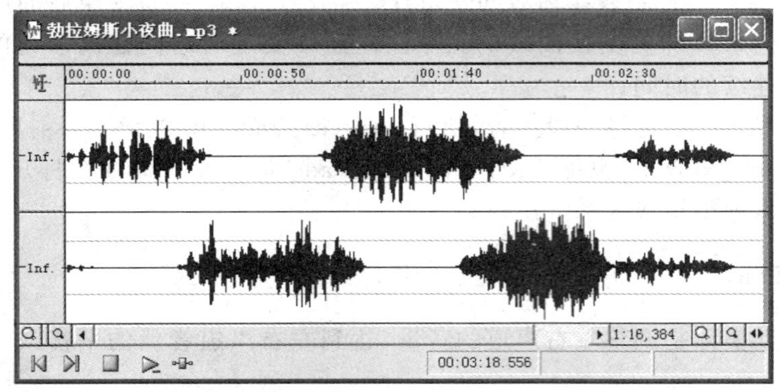

图 2-26 设置左右声道摇动效果后的波形

3. 均衡器

均衡器(EQ)是一种可以分别调节各种频率成分电信号放大量的电子设备，通过对各种不同频率的电信号的调节来补偿扬声器和声场的缺陷，补偿和修饰各种声源。均衡器可以对声音素材的低音区、中音区、高音区的各个频段进行提升和衰减等控制，使声音的层次和频段分布更符合要求。Sound Forge 中的均衡器有 Graphic(图示均衡)、Paragraphic(段式均衡)和 Parametric(参数均衡)。段式均衡可以设置频段的中心频率、频段宽度及各段的增益水平。参数均衡是一种简化的段式均衡器，是对整个音频的调整，相当于只有一段的段式均衡器。

图示均衡器通过面板上推拉键的分布，可直观地反映出所调出的均衡补偿曲线，各个频率的提升和衰减情况一目了然。图示均衡器每个频点设有一个推拉杆，无论提升或衰减某频率，频带宽度始终不变。常用的图示均衡器将 20Hz～20kHz 的信号分成 10 段、15 段、20 段、31 段来进行调节。图示均衡器结构简单，直观明了，应用非常广泛。

图 2-27 是一个 20 频段的图示均衡器，根据需要移动滑块的位置，调整相应频率声音的增益(Gain)水平(增加或减小)，从而达到调整各个频段声音强弱(即频率均衡)的目的。图 2-27 调整结果使频率 80Hz 附近的低音增强 6dB。

均衡调节使用 Process|EQ 命令。

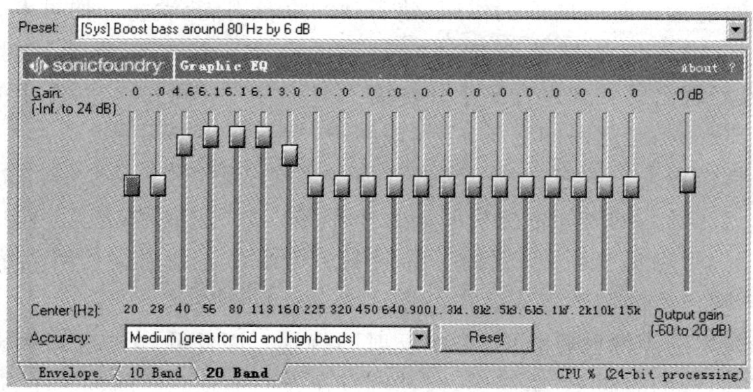

图 2-27 20 频段图示均衡器

在使用均衡器的过程中，特别是对于一些乐器声音的调整较为复杂，因为一般乐器的声音都具有一定的频率范围，而表现乐器个性的声音则在该范围内的某一点或某一小部分，例如：小提琴声音表现丰满度的频率在 240Hz～400Hz 之间；表现小提琴拨弦声在 1kHz～2kHz 之间；表现小提琴明亮度的声音则在 7.5kHz～10kHz 之间。因此，这就需要能够了解各种乐器的中心频率是多少，其表现乐器各种演奏特色的频率点又在何处。这样才能根据不同的乐器、所处的场合及所表现的题材等方面来对乐器的个性进行鲜明地刻画及表现。表 2-4 是几种常见乐器及人声的中心频率范围。

表 2-4 几种常见乐器及人声的中心频率范围

乐器名称	中心频率范围
电吉他	响度 2.5kHz，饱满度 240Hz
木吉他	低音弦在 80Hz～120Hz，琴箱声在 250Hz，清晰度在 2.5kHz、3.75kHz、5kHz
低音鼓	低音在 60Hz～80Hz，敲击声在 2.5kHz
钢琴	低音在 80Hz～120Hz，临场感在 2.5Hz～8kHz，声音随频率的升高而变单薄
小提琴	丰满度在 240Hz～400Hz，拨弦声在 1Hz～2kHz，明亮度在 7.5Hz～10kHz
笛子	440Hz～1318Hz
男歌手	64Hz～523Hz 为基准音区
女歌手	160Hz～1200Hz 为基准音区

4. 混响

声音在传播过程中遇到障碍物，会产生反射、绕射及散射。因此形成直达声、反射次数较少的早期反射声和多次反射形成的混响声。

直达声是室内任一点直接接收到声源发出的声音，它是接收声音的主体。直达声不受空间界面的影响。其声强基本上是与听点到声源距离平方成反比而衰减。

早期反射声指延迟直达声 50ms 以内到达听声点的反射声。延迟时间较短的反射声源于声源发出的声音经室内界面（墙面、顶层或地面）的一次、二次或少数三次反射。由于人耳对 50ms 以内较短的反射声与直达声难于分隔开，故而早期反射声会加强听点处的声强。或者说对直达声起着增强的作用,使听到的声音丰满,洪亮。如果声音延时时间达到了50ms以上,则人们的耳朵会感到有回声的存在。如果声音的延时时间达到了100ms以上,人们就会感觉到声音已十分含糊不清。大的空间如厅堂,产生的早期反射声到达听点的距离加大,延迟时间变长,会形成回声,从而产生空间感。

混响声是指声源发出的声波经过室内界面的多次反射,迟于只经一、二次反射的早期反射声到达听点。延迟的时间依据房间的大小不等,可长达数秒,甚至声源已停止发声,但由于多次反射,听点仍能听到,故而又称混响声为余声。余声会使听到的声音发生重叠,其结果会影响声音的清晰度或者说可懂性。

混响是房间里的声源已停止后,多次反射的持续。因此除增加房间内声音的响度之外,还能够增加声音的温暖感、丰满感,以及可以让人们感觉到空间的大小、声音的密度。

混响能部分地改变音色。在教堂或在山谷,任何人的声音都可"声如洪钟"。混响要适当。没有混响,声音干巴;混响过大,又会混淆不清。造成混响的原因是多种多样的,除了建筑物本身的空间大小,建筑屋面的反射条件外,还有混响板、弹簧混响器、电子混响器等。

数字混响的基本原理是:把指定编辑区域内的声音滞后一小段时间再叠加到原来的声音上。影响混响效果的参数是叠加声音的音量和滞后时间长度。根据延迟信号的延迟时间和幅度的不同,可以调制出任何大小房间、音乐厅、礼堂、教堂、山谷等环境的音响效果。混响时间短,声音干涩,声音就像在近前发出的一般;混响时间长,声音圆润,具有空旷感。

例 2-8 有一段原声是在普通室内用计算机录制的,内容为"现在我宣布翠华企业集团第一界代表大会开幕"。试为该声音添加混响效果,表现礼堂的临场感,然后在开始处添加淡入效果。

解:

(1) 打开声音文件或自己录制题中的内容。

(2) 选中整个声音片段。

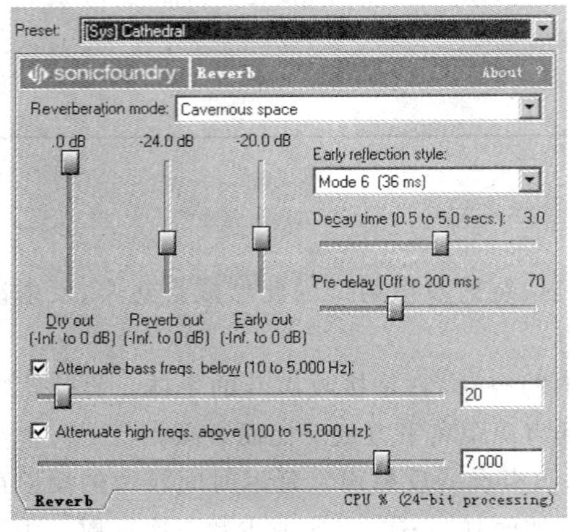

图 2-28 "混响器"对话框

(3) 执行 Process|Reverb 菜单命令,打开如图2-28所示的"混响器"对话框,其中的主要参数如下。

① Early Out(第一次反射混合比例输出)——指声音第一次反射到耳朵里的音量大小,反映空间大小。

② Early reflection style(最早反射模式)——其中指明了声音在空间中第一次反射到耳中的时间,以此可以判断空间的大小。

③ Decay Time(衰减时间)——原音停止后,混响声到消失的时间。小房间的衰减时间不超过1s。

④ Pre-delay(预延迟时间)——从声音的初始到混响开始的时间，该值也反映空间大小。较大的预延迟时间对应着较大的空间。

设置参数如图 2-28 所示。确定或试听效果，并试着修改参数，观察有什么变化。

(4) 选择声音片段“现在我宣布……”，执行 Process|Fade|In 命令在开头添加淡入效果。

5. 合唱效果

合唱效果可以把一个人的声音变成两个人的声音，把两个人的声音变成 4 个人的声音等，从而产生合唱效果或把小乐队的演奏变成大乐队的合奏效果。

影响合唱效果的参数主要有：

① Input Gain(输入增益)，如果要得到较明显的合唱效果，可以使它达到最大(0dB)，这样可以使所有声音都进入合唱效果器的作用范围，否则只有部分进入；

② Chorus Size(合唱程度)控制合唱空间的大小，该值越大，共鸣的感觉越明显；

③ Chorus Out(合唱输出)调节效果音量的大小；

④ Corus Out Delay(合唱输出延迟)使合唱具有层次感，但不要过大；

⑤ Modulation Rate(调制率)是能够产生颤音效果的频率范围；

⑥ Modulation Depth(调制深度)使颤音效果增强。合唱设置可以使用预置效果。

例 2-9　将例 2-6 中的声音变成齐声朗诵。

解：将一个人的朗诵通过“合唱”效果变成多个人朗诵，就是齐声朗诵。

(1) 选择整个声音文件。

(2) 执行 Process|Chorus 打开 Chorus 对话框，如图 2-29 所示，按图设置各参数。

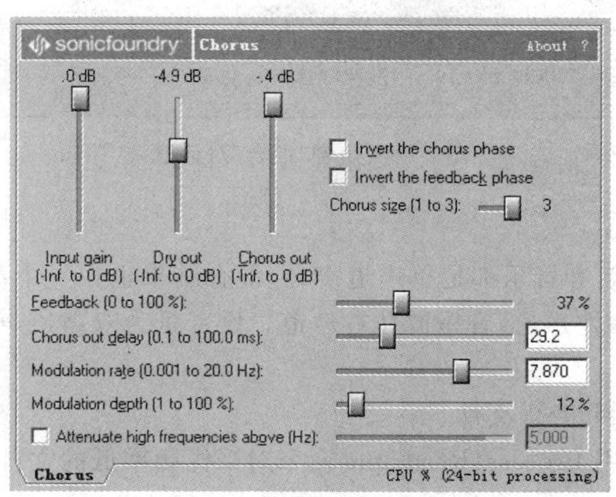

图 2-29　“合唱”对话框

(3) 监听效果。

6. 声音的混合

声音混合将两段声音混合在一起，可以为自己的歌曲或语音配上音乐。

例 2-10 为录音童话“笨狼上学”配上音乐。

解：将两段声音混合在一起，首先要保证两段声音的采样频率相同。为保证质量，应将低的采样频率改为高的采样频率。

(1) 打开语音文件和音乐文件。

(2) 使用 Process|Resample 命令对采样频率低的文件重新采样，保证两个文件的采样频率相同。

(3) 在音乐文件的编辑窗口中，选定一段音乐，其长短要视配乐的长短确定。执行 Edit|Copy 命令。

(4) 在语音文件编辑窗口中将播放标志移到要配乐的起点。

(5) 设音乐和语音都是单声道声音。执行 Edit|Paste Special|Mix 命令打开“混合”对话框，如图 2-30 所示。左边设置配的音乐的音量，右边设置语音的音量。一般音乐作背景，音量应小一些。

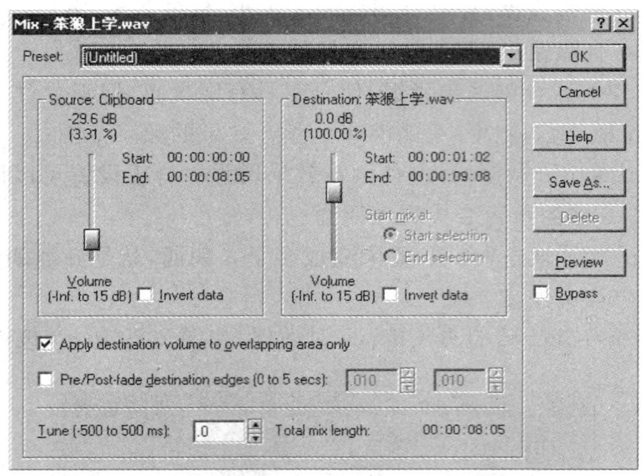

图 2-30 声音“混合”对话框

(6) 确定后监听。

在例 2-10 中，语音和音乐都是单声道声音，混合结果也在一个声道上。还可以使用两个声道，将语音放在左声道，音乐放在右声道。设音乐为双声道声音，语音为单声道声音，制作方法如下：

① 打开语音文件和音乐文件。

② 如果需要，使用 Process|Resample 命令对采样频率低的文件重新采样，保证两个文件的采样频率相同。

③ 在音乐文件的编辑窗口中，选择左声道上的声音，执行 Process|Mute 命令，将音乐的左声道静音。

④ 在语音文件编辑窗口中选择语音，执行 Edit|Copy 命令。

⑤ 返回到音乐编辑窗口，将光标定位到左声道上欲配语音的位置，执行 Edit|Paste Special|Mix 命令。在设置对话框中，调整源剪辑和目标的音量。左边设置配的音乐的音

量，右边设置语音的音量。

2.4.5 声音的频谱分析

频谱分析(Spectrum Analysis)是分析数字音频频率分布情况的强有力工具，使用它可以很清楚地看到所处理的声音文件中各种频率的声音的分布情况。通过频谱图，可以为频率均衡的调整提供依据。

1. 频谱图

在 Sound Forge 中操作如下：

(1) 选定一段声音。注意区域过长会占用较长时间，所以选区不要太长。

(2) 执行 Tools|Spectrum Analysis。

图 2-31 是一段语音的频谱分析，从中可以看到该段语音的频率范围在 20Hz～3.3kHz，所以，对它的量化只要 8kHz 的采样频率就足够了。

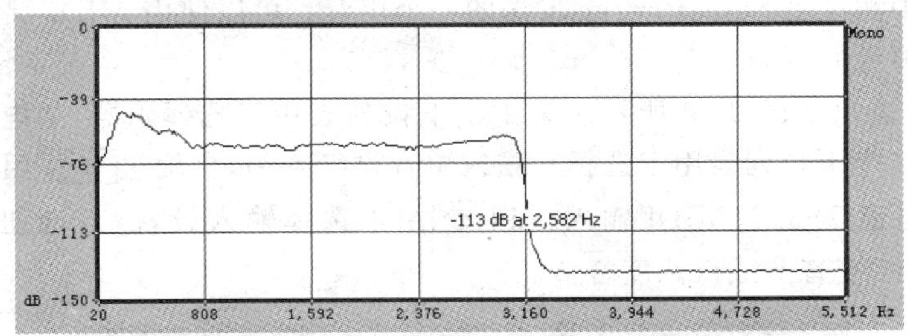

图 2-31 语音的频谱分析

2. 语谱图

频谱分析的另一种可视化工具是语谱图(Sonogram)。语谱图试图用三维的形式显示声音的频谱特性。纵轴表示频率，横轴表示时间，用不同的颜色(彩色)或深浅(黑白)表示特定频率的能量大小，如图 2-32 所示。

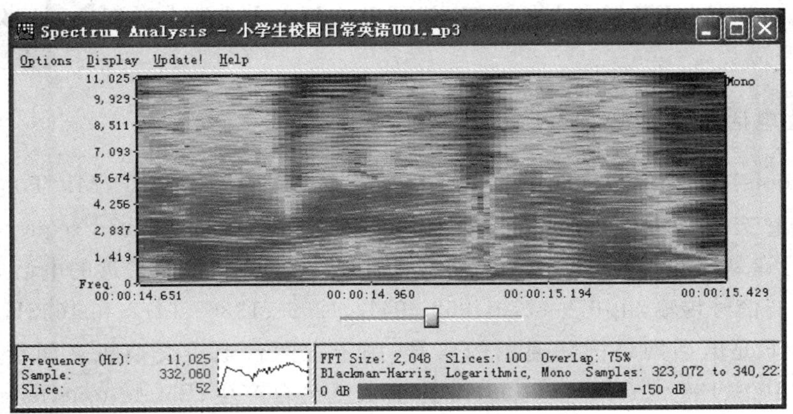

图 2-32 语谱图

查看语谱图，在“频谱分析”窗口的 Display(显示)菜单中选择 Sonogram(语谱图)。

此外，Sound Forge 的频谱分析功能还可以监视输入(Monitor Input)或回放(PlayBack)时音频的频谱，使用 Options|Setting 菜单命令，设置频谱分析的快速傅里叶变换参数。

2.4.6 声音合成

Sound Forge 提供 MIDI 键盘，用于在指定设备上测试合成的不同乐器的各种音符。声音合成(synthesis)功能，用于产生一些特殊的声音，如电话拨号音、警报声、汽笛声等。

1. 使用 MIDI 键盘

从 View(视图)菜单选择 Keyboard(键盘)命令，打开 MIDI 键盘窗口。该键盘可以发送 MIDI 音符“开”和“关”命令到声卡或取样器(Sampler)。

使用 Sound Forge 的 MIDI 键盘，可以控制内部或外部合成器和取样器。例如，需要在一个取样器中测试由 Sound Forge 发送的一个声音。可以使用 MIDI 键盘来监听合成器或声卡合成单元的不同声音。

MIDI 键盘窗口如图 2-33 所示。第 1 个下拉列表用于选择乐器，如电子琴(Electric Piano 1)等；第 2 个下拉列表用于选择和弦或单音符(Note)；自旋钮 1 用于设置使用的设备的 MIDI 通道 1～16；MIDI 输入按钮用于选择输入设备，自选钮用于选择 MIDI 键盘的高八度音节或低八度音节。

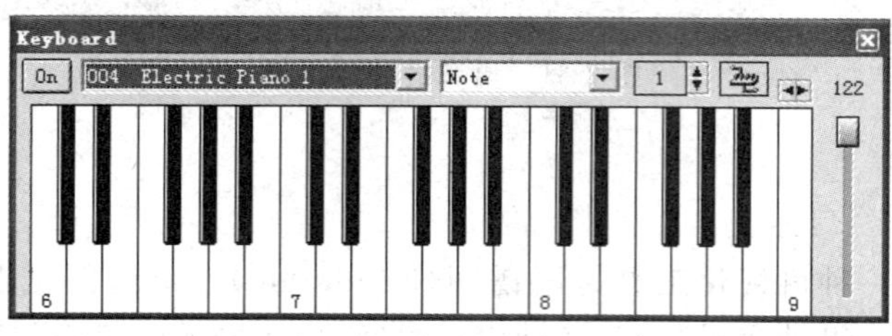

图 2-33 MIDI 键盘

使用鼠标单击 MIDI 键盘上的按键，就可以在相应合成器上弹奏出不同乐器的各种音符。

2. 产生电话拨号音

执行 Tools|Synthesis|DTMF/MF Tones 菜单命令打开 DTMF/MF Tones 对话框：在 Dial string 文本框中输入电话号码；双调多频(Dual Tone Multi-Frequency signals, DTMF)拨号音是标准按键电话使用的信号，用于用户所在位置与最近的电话局或消息交换中心之间的信号传输，由 679-、770-、852-、941-、1209-、1336-、1477-和 1633Hz 的正弦波组合产生，MF 是电话网络国际通用的信号，用于在两台电子交换机之间传输信息，由 700-、900-、1100-、1300-、1500-和 1700Hz 的正弦波组合产生；Single tone length(单音长度)设置每个数字音的持续时间；Break length(中断长度)设置每个音之间的停顿时间；

Pause length(暂停长度)设置使用暂停符(Pause Character)时,暂停符的停止时间。

例 2-11　在音频文件中插入 82668888 的电话拨号音。拨号的电话是内线电话,外线需先拨"0"等到外线提示音后才能拨号。

解:设拨"0"后,一般要等 2 秒才能拨外线号码,在 Sound Forge 中设置暂停符号是逗号","。

(1) 使用 Sound Forge 打开音频文件,在音频编辑窗口中将光标定位到要插入拨号音的位置;

(2) 执行 Tools|Synthesis|DTMF/MF Tones 命令,在 DTMF/MF Tones 对话框中设置参数,如图 2-34 所示。

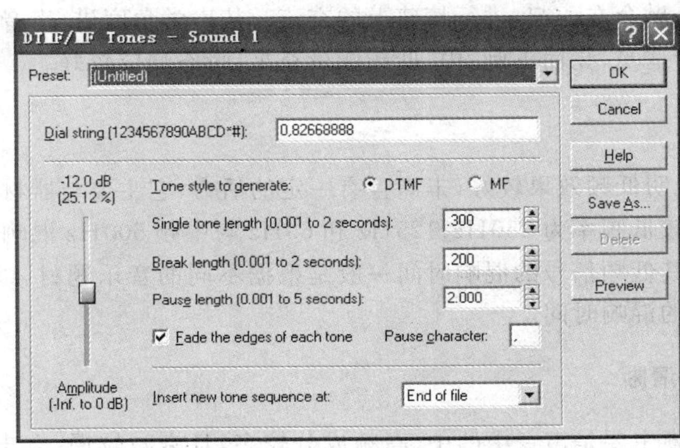

图 2-34　82668888 的拨号音设置

3. FM 合成

使用 FM 合成,通过设置声波的类型(Operator shape)、频率(Frequency)、幅度(Amplitude)、持续时间(Total output waveform length)等参数产生不同的声音。使用 FM 合成,执行 Tools|Synthesis|FM...命令,在 FM Synthesis 对话框中设置参数。在对话框的 Preset(预设)下拉列表中,有系统预先设置的常用声音类型,如 FM BASS(调频合成的贝斯)、FM Horn(调频合成的号)、Organ(风琴)等,可以选用。

使用该功能时注意,如果使用不当,产生的声音会使人很难受,所以最好使用预设参数。

2.4.7　声音的心理感觉

在多媒体作品中使用声音,不仅需要掌握数字音频的编辑制作方法,还应了解人们各种声音的感觉,这样才能制作出令人满意的作品。

人们对日常所听到的声音是按频率区域划分的,而各个区域的声音给人们的感觉也是不相同的。声音音域范围一般可以分为超低音、低音、中低音、中音、中高音、次高音、高音、特高音 8 个音域。音频频率范围一般可以分为 4 个频段,即低频段(30Hz~150Hz),中低频(150Hz~500Hz),中高频段(500Hz~5000Hz)和高频段(5000Hz~20 000Hz)。

30Hz～150Hz 频段：能够表现音乐的低频成分，使欣赏者感受到强劲有力的动感。

150Hz～500Hz 频段：能够表现单个打击乐器在音乐中的表现力，是低频中表达力度的部分。

500Hz～5000Hz 频段：主要表达演唱者或语言的清晰度及弦乐的表现力。

5000Hz～20 000Hz 频段：主要表达音乐的明亮度，但过多会使声音发破。

主观上，人们对声音有如下一些主观感觉。

1. 声音丰满

好的音质给听众的感觉是声音厚实、圆润，温暖且富有弹性，有一种亲切感。演唱或演奏者较易与听众融合在一起，进行情感上的交流。从声学角度讲，声音有一定的响度和亮度，中、高频声音适当，亮而不刺；中、低频能量充足，瞬态响应较好。

2. 声音温暖

温暖的声音说明低频效果较好，丰满且有一定的活力，它主要与器材对低频的重放效果有关，一般常用较低频率为 250Hz、125Hz 和 63Hz 与中频 500Hz 混响时间的比值来表示。温暖的声音，其低频信号的混响时间一般是根据不同的音乐题材，以一定的比例，略长于中、高频信号的混响时间。

3. 声音明亮、清晰

声音明亮、清晰主要是声音中的中、高频成分较多，且衰减较慢，有丰富的高阶谐音。声音明亮且清晰对声音中的语言的表达及音乐的层次表现效果较好，给听众的感觉是声音有一种透明感，好似一潭泉水，可以一望到底。

4. 声音的平衡感

声音平衡是指演唱者和乐队各声部之间、主旋律和伴奏声之间有和谐的平衡，给听众的感觉是一个乐队整体的声音效果。而不是只能听到某一种乐器，或某一个频率的声音。在家中欣赏音乐时，大家可能都有这样的感觉，有的音乐在重放时低音过浓，或高音过分，人们在听了一段时间后就会感到厌烦，这就是声音在重放时，高、中、低音没有一个总体的平衡。

5. 声音的现场感

声音具有一定的现场感，主要是由于听众感到整个乐队的声音似乎是以相等的幅度到达听众的耳朵。这主要涉及声音混响声的空间指向性及扬声器系统的摆位。如果掌握好声源到达前排听众及后排观众的混响时间，以及扬声器系统在前后排不同的摆位，那么就会给听众一个较好的空间感，好似自己就位于乐队的中间，使听者体会出哪些部分是高音区、哪些部分是低音区，并能够判断出某个乐器的位置，产生一定的动态范围。特别是在用音、视器材重放某些故事片时，可以使观众有身临其境的感觉。

6. 声音模糊

声音模糊主要是指声音含糊不清，各种乐器声混在一起，没有各自明显的特征。这主要是由于低频信号混响时间过长，声音中缺少中、高频。

7. 声音尖刺

声音尖刺是指重放声中的高频成分较多，听感声音毛糙，有高频的附加音产生。一般产生的原因主要为高频提升过多、失真较大、放大器有过载，音箱分频设计不合理等。

8. 声音有力度

重放声较为柔和是对重放声的中、低频而言，中、低频需要有一定的力度，听起来有一定的弹性。但听起来不能过“硬”，得有一定的“松”的感觉。例如：在欣赏打击乐器时，低音鼓的声音就能够反映出器材重放声是否柔和，鼓点“咚”的一声如果收得较快，则说明重放声的混响时间较短，声音听起来会有干涩感；反之，如果“咚”的一声延迟过长，则说明器材重放声较松弛，声音听起来有一种含糊不清的感觉。

9. 声音有回音

声音有回音产生的原因是声波产生重叠，严重时声音会出现颤抖现象。这主要是由于厅堂内声学设计出现声聚集等缺陷而产生的。

经过几十年的研究，日本学者曾提出了4项对厅堂内声音进行客观评价的标准，即响度、早期反射延时、混响时间及人们双耳的听觉。

响度主要包括直达声和混响声的响度。原则上，自然声传递到每一个听众的耳朵中都有一定的可懂度，但由于声音中每一个音节的能量的大小或频率不同，当响度较低时，人们必须全神贯注地聆听，才能听清。如果响度过大，尽管声音的可懂度提高了，但给人们的听感不舒服。

早期反射延时与声音给听众的亲切感有着十分密切的关系。效果处理时控制声音的早期反射延时在30ms以内最佳。

混响时间实质上是声音经过早期反射延时后的后期延时。通过实验发现，每一个声音所需要的最佳混响时间，可以用该声源信号自相关函数的持续时间来衡量。

如果声音在无任何反射的情况下，声波的能量对于人耳从正面入射为最大，当声源与人耳的正面为55°时，声波的能量对于人耳的入射为最小。因此，在进行听音环境设计时，应尽量使早期到达听众的反射声与听众的视野正面在55°的扇形范围内。

2.5 音频压缩技术

多媒体信息的数据量巨大。对于4kHz模拟带宽的音频信号，取样频率为8kHz，每个样本值用8位来表示，则每秒数据量为8000B（字节）。若用网络来传输则需占用64Kbps的数字信道；对模拟带宽为22kHz的高保真音频信号，每一个量化值用16位表示，采样频率为 44.1kHz，采用双声道立体声，每秒数据量为 1.345Mbps。PAL 制式数字电视信号的帧分辨率为 720×576；每秒 25 帧图像，每个像素用 24 位表示，则每秒要产生约 30MB 的数据，若以 650MB 的光盘存储，仅能存储约 22 秒的数据。所以压缩技术成为多媒体技术中的关键技术。

本节介绍一些基本的压缩方法。

2.5.1 数据压缩的基本原理

音频的数字化过程主要是采样、量化和编码。编码有两个作用：一是将量化的数据表示成计算机处理的二进制形式；二是希望通过某种编码方法，使数据文件占用的存储空间减少，这就是数据压缩，所以编码和数据压缩几乎是同义词。

数据压缩的对象是数据。数据是信息的载体，用来记录和传送信息。真正有用的不是数据本身，而是数据所携带的信息。大的数据量并不代表含有大的信息量。下面从信息论的角度介绍数据压缩的可能性。

1. 信息和熵

在日常生活中，如果听到一则新闻，看到一篇文章，从信息论的观点看，称之为"消息"(Message)。在消息中，有些内容是我们事先不知道的，这些不确定的内容称为信息(Information)。收到消息后，不确定的内容变成确定的内容，获得了信息。因此解除不确定性内容的多少，就可以作为信息的度量。换言之，信息是用不确定性的量度定义的。一条消息的可能性愈小，其信息含量愈大；而消息的可能性愈大，则其信息含量愈小。

香农(C. E. Shannon)信息论应用概率来描述不确定性。事件出现的概率小，不确定性越多，信息量就大，反之则少。在数学上，所传输的消息是其出现概率的单调下降函数。信息是指从 N 个相等可能事件中选出一个事件，所需要的信息度量或含量，也就是在辨识 N 个事件中特定的一个事件过程中所需要提问"是"或"否"的最少次数。如从 64 个数中选定某一个数，提问："是否大于 32?"，则不论回答是与否，都消去了半数的可能事件，如此下去，只要问 6 次这类问题，就可以从 64 个数中选定一个数。我们可以用二进制的 6 个位来记录这一过程，就可以得到这条信息。因此，某事件发生所含有的信息量是该事件发生的先验概率的函数：

$$I(x_i) = f[p(x_i)]$$

式中：$p(x_i)$是 x_i 发生的先验概率，$I(x_i)$表示 x_i 发生所含的信息量，称为 x_i 的自信息量。

根据事实和人们的习惯概念，函数 $f[p(x_i)]$应是 $p(x_i)$的单调减函数，且当 $p(x_i)=1$ 时，$f[p(x_i)]=0$，当 $p(x_i)=0$ 时，$f[p(x_i)]=\infty$。两个独立事件的联合信息量应等于它们分别信息量之和。

根据上述条件，可以从数学上证明这种函数形式是对数函数，即：

$$I(x_i) = \log \frac{1}{p(x_i)}$$

如果对数取以 2 为底，则所得的信息量为比特(b)。

如果将信息源所有可能事件的自信息量进行平均，即可得到信息的“熵(entropy)”。设信息源 x 的符号集为 $x_i(i=1,2,\cdots,N)$，出现的概率为 $p(x_i)$，则信息源 x 的熵为：

$$H(x) = \sum_{i=1}^{N} p(x_i)I(x_i) = -\sum_{i=1}^{N} p(x_i)\log_2 p(x_i)$$

这个表达式在形式上与热力学中熵的表达式相似，因而借用“熵”这个词表示对信息量的度量。为了区别于热力学熵，称其为信息熵。一个事件发生的概率越小其信息熵就越高，所含的信息量越大。熵是一个非负数，当 $p(x_i)=0$ 或 $p(x_i)=1$ 时，$H(x)=0$。

例 2-12 设信息源 x 有 16 种符号，其出现的概率相同，即 $p(x_i)=1/16$。计算其平均信息熵。

解：

$$H(x) = \sum_{i=1}^{N} p(x_i)I(x_i) = -\sum_{i=1}^{16} \frac{1}{16}\log_2 \frac{1}{16}$$
$$= -\frac{1}{16} \times \log_2 \frac{1}{16} \times 16 = 4$$

这正是在计算机中要表示 16 种不同的符号使用的二进制存储位数。如果是要表示 8 种不同的符号，可以使用 3 位二进制数。

例 2-13 某信息源有 8 种符号，其出现概率如下：

符　号	A	B	C	D	E	F	G	H
出现概率	0.3	0.25	0.15	0.15	0.07	0.04	0.03	0.01

求该信息源的信息熵。

解：该信息源的信息熵为：

$$H(x) = -\sum_{i=1}^{8} p(x_i) \times \log_2 p(x)$$
$$= -(0.3 \times \log_2 0.3 + 0.25 \times \log_2 0.25 + 0.15 \times \log_2 0.15$$
$$+ 0.15 \times \log_2 0.15 + 0.07 \times \log_2 0.07 + 0.04 \times \log_2 0.04$$
$$+ 0.03 \times \log_2 0.03 + 0.01 \times \log_2 0.01) \approx 2.51$$

实际上它说明要在计算机中表示这样的 8 种符号平均需要使用的最少位数为 2.51。

香农理论的要点是：信息源中含有自然冗余度，这些冗余度既来自于信息源本身的相关性，又来自于信息源概率分布的不均匀性，只要找到去除相关性或改变概率分布不均匀性的手段和方法，也就找到了信息熵编码的方法。但信息源所含有的平均信息量(熵)是进行无失真编码的理论的极限，只要不低于此极限，就能找到某种适宜的编码方法，去逼近信息熵，实现数据压缩。

2. 信息冗余

多媒体数据中大的数据量并不完全等于它们所携带的信息量。在信息论中，称为冗余。冗余是指信息存在的各种性质的多余度。例如，180 个汉字，其文本数据量为 360 字节。如果阅读这些汉字需要 1 分钟时间，语音数据量将达到 468.75KB(8kHz,8b)。相对来说，传递同样的信息，语音数据存在着 1300 多倍文本数据的冗余。减少数据冗余可以节省存储空间，有效利用网络带宽。图像、视频、音频数据中存在的数据冗余类型主要有以下几种。

(1) 空间冗余。

在同一幅图像中，规则物体和规则背景表面的物理特性具有相关性，这些相关性在数字化图像中就表现为数据冗余。例如，一个表面颜色均匀、各部分的亮度、饱和度相近的规则物体的图像，在对其进行数字化生成位图后，有很多相邻像素的值是完全一样或十分接近的，它们可以用简单的方式描述，而不必逐点描述，以实现数据的压缩而不损失或损失少量不影响视觉的图像信息。

(2) 时间冗余。

时间冗余反映在视频图像序列中，相邻帧图像之间有较大的相关性。一帧图像中的某物体或场景可由其他帧图像中的物体或场景重构出来。譬如，一个坐在房间沙发上说话的人的视频片段，从一帧到下一帧，背景没有发生任何变化，人的绝大部分部位也没有发生变化，仅仅是人的面部略有变化，因此，相邻帧之间存在着很大的数据冗余。语音也是这样，尤其是浊音段，在相当长的时间段内(如几到几十毫秒)，语音信号都表现出很强的周期性。

(3) 信息熵冗余。

信息熵冗余是指数据所携带的信息量少于数据本身而反映出来的数据冗余。信息源编码时，当分配给第 i 个码元 y_i 的比特数 $b(y_i)=-\log_2 p_i$ 时，才能使编码后单位数据量等于其信息源熵 $H(X)$，即达到其压缩极限。而自然编码的比特分配不能达到最佳，即存在信息熵冗余。

(4) 结构冗余。

有些图像从大的区域上看存在着非常强的纹理结构，例如布纹、草席和墙砖等图像，它们可以通过局部的重复或一定的过程得到，不必逐点存储图像的颜色信息，这样就说它们在结构上存在冗余。

(5) 视觉冗余。

人类的视觉系统由于受生理特性的限制，对于图像的注意是非均匀的，人眼并不能察觉图像中的所有变化。事实上，人类视觉的一般分辨能力为 2^6 灰度等级，而一般图像的量化采用的是 2^8 灰度等级，即存在着视觉冗余。

(6) 听觉冗余。

人耳对不同频率的声音的敏感性是不同的，不能察觉所有频率的变化，对某些频率不必特别关注，因此存在听觉冗余。由于声音的掩蔽效应，被掩蔽信号实际上也是没有必要存储或传输的。

(7) 知识冗余。

数据的理解与先验知识有相当大的关系。例如，当接收到一个成语的前 3 个字“大惊小”时，立刻就会知道下一个字肯定是“怪”。这时最后一个字母就不携带任何信息量了，这就是一种先验知识冗余。在图像和声音中都存在这种冗余。

因为大量的数据存在数据冗余，所以可以采用某种算法对数据进行重新整理，以减小数据量而不损失或少损失其中的信息，达到数据压缩的目的。

信息理论认为：若信息源编码的熵大于信息源的实际熵，该信息源中一定存在冗余度。去掉冗余不会减少信息量，仍可原样恢复数据；但若减少了熵，数据则不能完全恢复。不过在允许的范围内损失一定的熵，数据可以近似地恢复。

3. 压缩算法的分类

从不同角度有不同的分类结果。

(1) 从信息量有无损失划分，有可逆编码和不可逆编码。

可逆编码也叫无失真编码、冗余度压缩、熵编码等。其原理是减少数据中的冗余度，而不损失任何信息。解压时可以完全恢复出原来的数据，也称无损压缩。为了去除数据中的冗余度，常常要考虑信息源的统计特性，或建立信息源的统计模型，因此许多适用的冗余度压缩技术均可归结于统计编码方法。典型的统计编码方法有 Huffman 编码、算术编码和行程编码等。

可逆编码由于不会产生失真，因此在多媒体技术中常用于文本、数据的压缩，它能保证完全地恢复原始数据。但这种方法的压缩比较低，一般在 2∶1～5∶1 之间。

不可逆编码是有失真压缩，信息论中叫熵压缩。由于压缩了熵，会减少信息而不能再恢复。因此这种压缩又称有损压缩。在语音和图像中，由于存在视觉冗余和听觉冗余，减少这种信息并不影响人们的听觉效果和视觉效果，所以经常采用这种方法。

有损压缩常用于数字化存储的模拟数据，并且主要应用于图像、声音、动态视频等数据的压缩。如果用混合编码的 JPEG 标准，对自然景物的彩色图像，压缩比可达到几十倍甚至上百倍。

(2) 根据编码后产生的码字长度是否相等，数据编码又可分为定长码和变长码两类。

定长码(fixed-length code)即采用相同的位数对数据进行编码。大多数存储数字信息的编码系统都采用定长码。如常用的 ASCII 码就是定长码，其码长为 1 字节。汉字国标码也是定长码，其码长为 2 字节。

变长码(variable-length code)即采用不相同的位数对数据进行编码，以节省存储空间。例如，不同的字符或汉字出现的概率是不同的，有的字符出现的概率非常高，有的则非常低。如果对那些经常出现的数据指定较少的位数表示，而那些不常出现的数据指定较多的位数表示。这样从总的效果看会节省存储空间。用这种方法得到的代码，其码字的位数，也即码长就是不固定的，故称为变长码。香农-范诺编码，以及霍夫曼编码，都是变长码。

(3) 根据压缩原理划分有预测编码、变换编码、矢量量化编码、子带编码、熵编码等。

① 预测编码。预测编码是根据某一数据模型，利用以往的样本值对新样本值进行预测，然后将样本实际值与预测值的差进行编码。如果模型足够好，且样本序列的时间相关性较强，那么误差信号的幅度将远远小于原始信号，可以用较少的值对其进行量化，得到较好的压缩效果。

这是一种针对统计冗余性的压缩方法。对于语音，就是通过预测去除语音信号时间上的相关性。而对于图像，帧内预测去除了空间上的冗余，帧间预测则可以去除时间上的冗余。目前大多数语音、图像编码中都采用了预测技术。例如语音中的线性预测(Linear

Predictive Coding,LPC)、码激励线性预测(CELP),图像中的 ADPCM 等。

预测编码的优点是算法简单,速度快,易于实现;缺点是编码压缩比不太高,而且误差容易扩散,抗干扰能力差。

② 变换编码。这也是针对统计冗余性进行压缩的编码方法。不同的是变换编码首先把要压缩的数据变换到某个变换域中,然后再进行编码。变换域中表现为能量集中在某些区域,就可以利用这一特点在不同区域间有效地分配量化比特数,或者去掉这些能量很小的区域,从而达到数据压缩的目的。例如声音中的频谱分析实际上是对语音波形进行了快速傅里叶变换(FFT),将时域信号变到了频域中,可以清楚地看到能量集中在哪些频率范围内。除傅里叶变换外,常用的变换还有沃尔什(Walswh)变换、哈尔(Haar)变换、斜(Slant)变换、离散余弦变换(DCT)等。

③ 矢量量化编码。在量化过程中,一次量化多个点,这种方法就是矢量量化。在矢量量化编码中,把输入数据几个一组地分成许多组,每个组用一个量化码字表示,达到数据压缩的目的。矢量量化编码利用了相邻数据间的相关性。

④ 子带编码。子带编码首先让原始数据分别通过若干个具有不同通频带的滤波器,将信号分成多个子带信号输出,然后分别对各个滤波器的输出进行编码。当滤波器选取得合适时,它们的输出将各自具有不同的分布特性,对各频段进行不同的量化处理,可以有效地进行数据压缩。

⑤ 熵编码。根据信息熵的原理,用短码表示出现概率大的数据,用长码表示出现概率小的数据。这是一种无损数据压缩技术,在语音和图像编码中常常和其他有损压缩编码方法结合使用。

⑥ 分形编码。分形的含义是某种结构的组成部分以某种方式与整体相似。例如,远山和云彩的形状,从远距离观察它们是极不规则的,从近距离看,远山线和云彩的局部形状又和整体形态相似。这样的图形称为分形图形。分形编码把数字图像通过一些图像处理技术,将原始图像分成一些子图像。子图像可以是一棵树、一片树叶、一片云彩,也可以是海岸、浪花和礁石等。然后在分形集中查找这样的子图像。分形集实际上并不是存储所有可能的子图像,而是存储许多迭代函数,通过迭代函数反复迭代来恢复图像。而表示这样的迭代函数只需要少量的空间,这就达到了压缩目的。

图 2-35 是压缩算法的类型图。

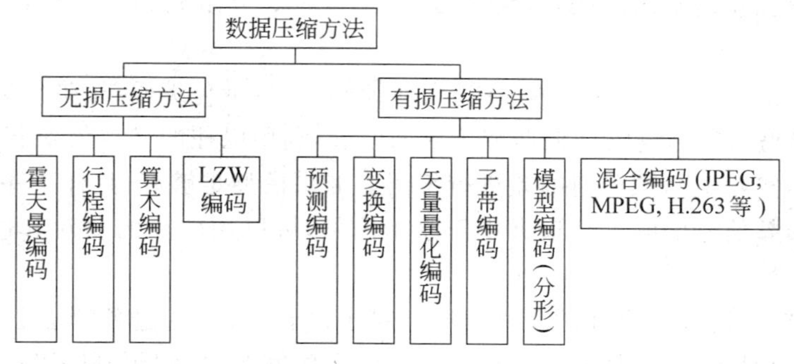

图 2-35　数据压缩方法的分类

2.5.2　无损压缩编码方法

无损数据压缩可以大致分为两大类：统计式压缩法和字典式压缩法。统计式压缩法先将要被编码的数据整体所采用的符号做一个统计，然后将重复性愈大的符号重新以愈短的码来表示，重复性低的符号重新以长的码来表示，结果使总的数据量减小。

基于字典的压缩方法是采用“字典”中用来识别某个字符串的码字去替换文本中的这个字符串。字典包含一个字符串表，每个字符串都有一个码字。如果码字的长度短于它所替代的字符串，就实现了数据压缩。

本节介绍属于统计式压缩算法的霍夫曼编码、算术编码、行程编码以及字典式 LZW 编码。

1. 霍夫曼编码

霍夫曼(Huffman)编码在 1952 年为文本文件而建立。霍夫曼编码的码长是变化的，对于出现频率高的信息，编码的长度较短；而对于出现频率低的信息，编码长度较长。这样，处理全部信息的总码长一定小于实际信息的符号长度。根据这一原理，霍夫曼编码的实际编码过程按照如下步骤进行。

(1) 将信号源的符号按照出现概率递减的顺序排列。

(2) 将两个最小出现概率进行合并相加，得到的结果作为新符号的出现概率。

(3) 重复进行步骤(1)和(2)，直到概率相加的结果等于 1 为止。

(4) 在合并运算时，概率大的符号用编码 1 表示，概率小的符号用编码 0 表示。

(5) 记录下概率为 1 处到当前信号源符号之间的 0、1 序列，从而得到每个符号的编码。

为了衡量编码的效率，定义概念平均码长：若某个系统使用 n 种符号，并且每种符号经统计后得知符号 i 的出现概率为 $p(i)$，且符号 i 经编码后的长度为 $l(i)$，则平均编码长度定义为：

$$L = \sum_{i=1}^{n} p(i) \times l(i)$$

则编码效率定义为：

$$E = H/L \leqslant 1$$

其中 H 为该系统的平均信息熵。

例 2-14　设信号源为 X={□ 、a、e、I、m、t、c、h、r}。对应的概率为 p={0.22、0.22、0.14、0.07、0.07、0.07、0.07、0.07、0.07}，试给出该信号源的霍夫曼编码方案，并计算平均码长。

解：编码过程如图 2-36 所示，其中第一行为欲编码的符号，第二行为从大到小排列的符号出现的概率，最后一行是编码结果。

平均码长为：

$$\begin{aligned} L &= \sum_{i=1}^{9} 第\ i\ 个符号的编码长度 \times 第\ i\ 个符号的出现概率 \\ &= 2 \times 0.22 + 2 \times 0.22 + 3 \times 0.14 + 4 \times 0.07 \times 7 = 3.26 \end{aligned}$$

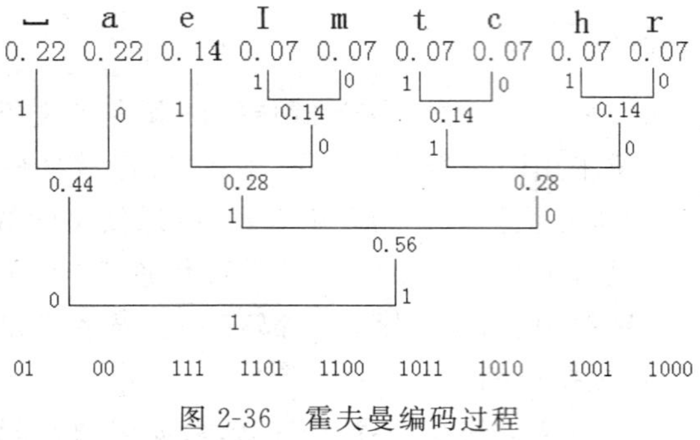

图 2-36 霍夫曼编码过程

信号源的信息熵为：

$$H(x) = -\sum_{i=1}^{9} p(x_i) \times \log_2 p(x_i)$$
$$= -0.22\log_2 0.22 + 0.22\log_2 0.22 + 0.14\log_2 0.14 + 0.07\log_2 0.07 \times 7$$
$$= 3.24$$

编码效率为：

$$E = H/L = 3.24/3.26 = 99.39\%$$

若传送一个字符串 I am a teacher，共 14 个字符。若用 ASCII 传送，每个字符 8 位，共需 112 位。该字符串中有 9 个不同的符号，至少需要 4 位二进制才能表示，这样传送该字符串也要 56 位。若用刚计算的 Huffman 编码，只需要 42 位。

当信号源符号的概率为 2 的负幂次方时，霍夫曼编码效率最高。若信号源符号的概率相等，则编码效率最低。由于编码长度可变，因此译码时间较长，使得霍夫曼编码的压缩与还原比较费时。霍夫曼编码通常采用两次扫描的办法，第一次扫描得到统计结果，第二次扫描进行编码。为了节省编码时间，可以把编好的 Huffman 编码表存储在发送和接收端，以后传送信息不需要重新计算编码表，也不需再次传送编码表，但带来的问题可能是实际压缩效率的降低。

2. 行程编码

由字符（或信号采样值）构成的数据流中相同的字符（或字符串）会连续重复出现，连续出现的次数称为游程长度 RL(Run Length)。行程编码(Run Length Coding，RLC)将重复的数据值序列（或称为“流”）用重复次数和单个数据值来代替。行程编码又称“运行长度编码”或“游程编码”。

在实际应用中，有多种形式的 RLC 编码。

(1) 使用指示符的行程编码。

使用指示符的行程编码用 3 个字节表示一个字符串：第一个字节是压缩指示字符，第二个字节是重复次数，第三个字节是连续重复的字符。

例如，有一个字符串“RTSAAAAEEEEEQQBBB”，则其行程编码字符串为“*1R*1T*1S*4A*5E*2Q*3B”，其中，指示符采用特殊字符“*”（它不在信号源字符串中出现），指出一个 RLC 编码的开始，后面的数字表示重复的次数，数字后的单个字符是被重复的字符。从编码中看出，一个 RLC 编码串的长度为 3，所以，只有当 RL>3 时数据压缩才有意义。

(2) 不使用指示符的行程编码。

不使用指示符的行程编码仅用出现的字符和其连续重复的次数表示这串字符。例如有字符串“88888885555552222244400000000009”，其行程编码序列为：

8 7 5 6 2 5 4 3 0 9 9 1

例 2-15 设有数据流“AAABBBBCCCCCDAAAAAA”，试给出数据的不使用指示符的行程编码序列。

解：A 重复 3 次，B 重复 4 次，C 重复 5 次，D 不重复，A 重复 6 次，RLC 数据流为："A3B4C5D1A6"，总共占用 10 个字节，而源数据占用 19 个字节。

在对图像数据进行编码时，沿一定方向排列的具有相同灰度值的像素可看成是连续符号，使用行程编码，可大幅度减少数据量。

行程编码分为定长行程编码和不定长行程编码两种类型。定长行程编码使用的编码位数固定，当行程长度超过能够表达的编码位数后，用下一个行程对超出部分进行编码；不定长行程编码的位数由行程的长短确定，是不固定的。

行程编码的压缩比与数据流中字符重复出现的概率及长度有关。在数据中字符重复出现次数相同的情况下，重复字串的平均长度越长，压缩比就越高；在重复字串的平均长度相同的情况下，字符重复出现的次数越多，压缩比也越高。

3. 算术编码

算术编码(Arithmetic Coding，AC)是 20 世纪 60 年代由 P. Elias 提出的，其基本原理是将编码的消息表示成实数 0～1 之间的一个间隔，取间隔中的一个数表示消息。消息越长，编码表示它的间隔就越小，表示这一间隔所需的二进制位数就越多。

下面以一个具体的例子，说明算术编码的过程。

例 2-16 设信号源符号为{a，e，i，o，u，l}6 个符号，这些符号在信号源中出现的概率见表 2-5，试计算在该概率下传送的字符串“eaiil”的算术编码，并给出解码过程。

表 2-5 eaiil 字符串传送中各字符出现的概率

字 符	a	e	i	o	u	l
出现概率	0.2	0.3	0.1	0.2	0.1	0.1

解：(1) 先给出取值范围 [0,1]，$0 \leqslant x < 1$。

(2) 对信号源的每一个字符根据概率值选定一个小的范围，范围的左端用符号 rangelow 表示，右端用符号 rangehigh 表示，见表 2-6，有的资料称为产生范围或编码间隔，这里称为概率区间。

(3) 计算输出编码，当前区间端点用 low 和 high 表示。

初始时 low=0，high=1；当前编码区间长度为：

$$range=high-low=1-0=1$$

表 2-6 各字符的概率区间

字 符	a	e	i	o	u	l
概率区间	[0,0.2)	[0.2,0.5)	[0.5,0.6)	[0.6,0.8)	[0.8,0.9)	[0.9,1)

待编码的符号的概率区间为[rangelow,rangehigh)，下一个编码区间的 low、high 按下式计算：

low＝low＋range×rangelow

high＝low＋range×rangehigh

则待传字符串为 eaiil 的处理如下。

① 对第一个字符“e”进行编码。e 的概率值：0.3，概率区间为[0.2,0.5)，对应的 rangelow＝0.2，rangehigh＝0.5。则新的 low、high、range 为：

low＝low＋range×rangelow＝0＋1×0.2＝0.2

high＝low＋range×rangehigh＝0＋1×0.5＝0.5

range＝high－low＝0.5－0.2＝0.3

② 再对第二个字符“a”编码。A 对应的 rangelow＝0，rangehigh＝0.2。则新的 low、high、range 为：

low＝low＋range×rangelow＝0.2＋0.3×0＝0.2

high＝low＋range×rangehigh＝0.2＋0.3×0.2＝0.26

range＝high－low＝0.5－0.2＝0.3

③ 传送第三个字符“i”。已知新生成的范围在区间[0.2,0.26)，range＝0.06。i 的概率为 0.1，rangelow＝0.5，rangehigh＝0.6，则新的 low、high、range 为：

low＝low＋range×rangelow＝0.2＋0.06×0.5＝0.23

high＝low＋range×rangehigh＝0.2＋0.06×0.6＝0.236

range＝high－low＝0.236－0.23＝0.006

④ 传送第四个字符“i”。已知新生成的范围在区间[0.23,0.236)，range＝0.006。i 的概率为 0.1，rangelow＝0.5，rangehigh＝0.6，则新的 low、high、range 为：

low＝low＋range×rangelow＝0.23＋0.006×0.5＝0.233

high＝low＋range×rangehigh＝0.23＋0.006×0.6＝0.2336

range＝high－low＝0.2336－0.233＝0.0006

⑤ 传送第五个字符“l”。已知新生成的范围在区间[0.233,0.2336)，range＝0.0006。l 的概率为 0.1，rangelow＝0.9，rangehigh＝1.0，则新的 low、high、range 为：

low＝low＋range×rangelow＝0.233＋0.0006×0.9＝0.233 54

high＝low＋range×rangehigh＝0.233＋0.0006×1.0＝0.2336

range＝high－low＝0.2336－0.233 54＝0.000 06

最后得到的该字符串的编码区间为[0.233 54,0.2336)，取区间中的任一数值均可作为字符串“eaiil”的算术编码，比如取 0.233 54 或 0.233 55 等。

解码时，只要得到 0.233 54 就可按表 2-5 和表 2-6 解码出源字符串。

(4) 解码过程。

① 0.233 54 落在区间[0.2,0.5),可以计算出第一个字符是 e。

② 消除 e 的影响,用 0.233 54 减 e 的下限,结果再除以 e 的概率(即 0.3)。实际是计算 0.2 到 0.233 54 占 e 的概率区间的比例,该值是下一个字符所在的概率区间。

$$0.233\,54 - 0.2 = 0.033\,54,\quad 0.033\,54/0.3 = 0.1118$$

结果 0.1118 在[0.0,0.2)是 a 的概率区间。所以,第二个字符是 a。

③ 再消除 a 的影响,用 0.1118 减 a 的下限,结果再除以 a 的概率(即 0.2)。

$$0.1118 - 0.0 = 0.1118,\quad 0.1118/0.2 = 0.559$$

结果 0.559 在[0.5,0.6)是 i 的概率区间。所以,第三个字符是 i。

……

以此进行下去就可以解码出全部字符。

算术编码有以下特点。

(1) 算术编码可较容易地定义自适应模式,即为各个符号设定相同的概率初始值,然后根据出现的符号做相应的改变,得到改变值。由于其编码和解码使用同样的初始值和改变值,因此概率模型保持一致。自适应模式适用于不进行概率统计的场合。

(2) 算术编码的实现相应地比霍夫曼编码复杂,但当信号源符号的出现概率接近时,算术编码的效率高于霍夫曼编码。在图像测试中表明,算术编码效率比霍夫曼编码效率高 5%左右。

4. LZW 编码

LZW(Lempel Ziv Welch)压缩编码是一种字典式无损压缩编码,主要用于图像数据的压缩。

1977 年,两位以色列教授 Lempel 和 Ziv 提出了查找冗余字符和用较短的符号标记替代冗余字符的概念,并以二人的名字命名这一概念,称为 Lempel Ziv 压缩技术。1985 年,美国人 Welch 将 Lempel Ziv 压缩技术从概念发展到实际运用阶段,命名为"Lempel Ziv Welch"压缩技术,简称"LZW"技术。该技术取得了 LZW 专利,被广泛用于图像压缩领域。

LZW 压缩技术把数据流中复杂的数据用简单的代码来表示,并把代码和数据的对应关系建立一个转换表,又叫"字符串表"。压缩过程中生成的转换表,记录了代码和数据的对应关系,并且只用于压缩过程。在解压缩过程中,LZW 压缩编码会生成另一个用于解压缩的转换表,该表与压缩时产生的转换表完全相同,数据以严格对应的无损方式被还原。

LZW 编码时除用到转换表,还用到一个称为"前缀"的变量,用于暂时存放将构成转换表中的词的前一部分符号。LZW 编码算法的具体执行步骤如下。

(1) 开始时的词典(转换表)包含所有可能的词根(Root),即基本符号的编码,而当前前缀 P 是空的。

(2) 当前字符 C=字符流中的下一个字符。

(3) 判断"前缀-当前字符"串 P+C 是否在词典中:

如果“是”：P＝P＋C；//P＋C 作为新的前缀

如果“否”：

① 把代表当前前缀 P 的码字输出到码字流； //输出前缀 P 的代码

② 把“前缀-当前字符”串 P＋C 添加到词典中；

③ 令 P＝C。 //当前字符 C 成为新的前缀并编码

(4) 判断输入字符流中是否还有码字要译：

如果“是”，就返回到(2)；

如果“否”：

① 把代表当前前缀 P 的码字输出到码字流；

② 结束。

例 2-17 设有输入字符流 ababcbababaaaaaaa，试对其进行 LZW 编码。

解：扫描字符流，其中只有 3 个独立字符 a、b、c，对其进行编码 1、2、3，将它们放在转换表中。

(1) P＝“”，C＝“a”，P＋C＝“a”在转换表中，P＝P＋C＝“a”。

(2) P＝“a”，C＝“b”，P＋C＝“ab”不在转换表中，输出 P＝“a”的代码“1”，P＋C＝“ab”加入转换表，代码为“4”，P＝C＝“b”。

以下步骤见表 2-7。

表 2-7 LZW 编码过程示例

步骤	P	C	P＋C	是否在转换表中？	入转换表的字符串及代码	新 P	输出
1		a	a	是		a	
2	a	b	ab	否	ab/4	b	1
3	b	a	ba	否	ba/5	a	2
4	a	b	ab	是		ab	
5	ab	c	abc	否	abc/6	c	4
6	c	b	cb	否	cb/7	b	3
7	b	a	ba	是		ba	
8	ba	b	bab	否	bab/8	b	5
9	b	a	ba	是		ba	
10	ba	b	bab	是		bab	
11	bab	a	baba	否	baba/9	a	8
12	a	a	aa	否	aa/10	a	1
13	a	a	aa	是		aa	
14	aa	a	aaa	否	aaa/11	a	10
15	a	a	aa	是		aa	
16	aa	a	aaa	是		aaa	
17	aaa	a	aaaa	否	aaaa/12	a	11
18	a						1

源码中有 17 个字节。最后输出的编码为 1，2，4，3，5，8，1，10，11，1，如果仍使用 8 位表示每个数据，也只需要 10 个字节。

LZW 压缩技术的处理过程比较复杂,该过程完全可逆(解压过程请参阅有关专门书籍),对于简单图像和平滑且噪声小的信号源具有较高的压缩比,并且有较高的压缩和解压缩速度。

LZW 压缩技术对于可预测性不大的数据具有较好的处理效果,常用于 GIF 格式的图像压缩,其平均压缩比在 2∶1 以上,最高压缩比可达到 3∶1。

除用于图像数据处理以外,LZW 压缩技术还被用于文本程序等数据压缩领域。对于数据流中连续重复出现的字节和字串,LZW 压缩技术具有很高的压缩比。

2.5.3 数字音频压缩标准

音频信号是多媒体信息的重要组成部分。音频信号分成电话质量的语音,调幅广播质量的音频信号和高保真立体声信号。针对不同的质量要求,制定了相应的压缩标准。

1. 电话质量的语音压缩标准

电话质量语音信号的频率范围是 300Hz～3.4kHz,用标准的 PCM 编码。当采样频率为 8kHz,量化位数为 8bit 时,所对应的数据率为 64Kbps。为了压缩音频数据,国际上从 ITU-TS 最初的 G.711 64Kbps A(μ)律 PCM 编码标准开始,制定了一系列的语音压缩编码的标准。

(1) 32Kbps ITU 标准化方案 G.721。

1984 年 10 月公布的使用 ADPCM 的标准 G.721,速率为 32Kbps。本方案针对 PCM(8kHz 采样,每个样点 8b)规定用其一半速率(8kHz 采样,每样点 4b 编码)完成。

G.721 方案最初是面向卫星通信、长距离通信以及信道价格很高的语音传输。目前的应用领域除了最初的用途外,还使用在包括电视会议的语音编码、为提高线路利用率的多媒体多路复用装置、数字录音电话的数字记录部件以及高质量的语音合成器等。

(2) 16Kbps ITU 语音标准化方案 G.728。

ITU 16Kbps 语音标准的使用领域包括可视电话、数字移动通信、无绳电话、卫星通信 DCME(Digital Circuit Multiplication Equipment)、ISDN 等。要求语音质量在 32Kbps ADPCM 的同等或以上,且编码延迟时间在 5ms 以下。

1992 年制定的基于短延时码本激励线性预测编码(Low Delay Code Excited Linear Prediction,LDCELP)的 G.728 标准是一种考虑了听觉特性的编码方法,准备用在 64Kbps 的 ISDN 线路的可视电话上,带宽分配为语音 16Kbps,图像 48Kbps。

有关电话质量的语音压缩标准见表 2-8。

表 2-8 ITU 建议的用于电话质量的语音压缩标准

标准编号	要　点
G.711	采用 PCM 编码,采样频率 8kHz,采样精度 8b,数据率 64Kbps,非线性量化
G.721	基于 ADPCM 编码,采样频率 8kHz,数值差分用 4 位量化,数据率 32Kbps
G.723	ADPCM 编码,数据率 24Kbps
G.728	LDCELP 编码技术,数据率 16Kbps,音质与 G.721 相当

2. 调幅广播质量的音频压缩标准

调幅广播质量音频信号的频率范围是50Hz～7kHz，又称"7kHz音频信号"，当使用16kHz的采样频率和14b的量化位数时，信号速率为224Kbps。1988年ITU制定了G.722标准，它可把信号速率压缩成64Kbps。

G.722标准基于子带ADPCM技术(SB—ADPCM)，将现有的带宽分成两个独立的子带信道，使输入信号进入滤波器组分成高子带信号和低子带信号，然后分别进行ADPCM编码，最后进入混合器形成输出码流。压缩信号的带宽范围为50Hz到7kHz。在标准模式下，采样频率为16kHz，采样精度为14b。利用G.722标准可在窄带ISDN的一个B信道上传输调幅广播质量的音频信号。由于这种压缩方法能够在每秒8KB的存储量下给出相当好的音乐信号，也很适合于需要存储大量高质量音频信号的多媒体系统使用。

3. 高保真立体声音频压缩标准 MPEG-1

高保真立体声音频信号的频率范围为50Hz～20kHz，在44.1kHz采样频率下用16b量化，信号速率为每声道1410Kbps。目前国际上比较成熟的高保真立体声音频压缩标准为MPEG音频。

MPEG-1 Audio是一个子带编码系统，声音数据压缩算法的根据是心理声学模型。心理声学模型中一个最基本的概念是听觉系统中存在一个听觉阈值电平，低于这个电平的声音信号就听不到。听觉阈值的大小随声音频率的改变而改变，各个人的听觉阈值也不同。大多数人的听觉系统对2kHz～5kHz之间的声音最敏感。一个人是否能听到声音取决于声音的频率，以及声音的幅度是否高于这种频率下的听觉阈值。

在MPEG-1标准的制定过程中，MPEG-Audio委员会作了大量的主观测试实验。实验表明，采样频率为48kHz、样本精度为16b的声音数据压缩到256Kbps时，即在6∶1的压缩率下，即使是专业测试员也很难分辨出是原始声音还是编码压缩后的声音。

MPEG-1声音(ISO/IEC 11172-3)压缩算法是世界上第一个高保真声音数据压缩国际标准，并且得到了极其广泛的应用。MPEG声音标准是MPEG标准的一部分，但它也完全可以独立应用。MPEG声音标准提供3个独立的压缩层次：层1(Layer 1)、层2(Layer 2)和层3(Layer 3)，用户对层次的选择可在复杂性和声音质量之间进行权衡。

(1) 层1的编码器最为简单，编码器的输出数据率为384 Kbps，主要用于小型数字盒式磁带(Digital Compact Cassette，DCC)。

(2) 层2的编码器的复杂程度属中等，编码器的输出数据率为256Kbps～192Kbps，其应用包括数字广播声音(Digital Broadcast Audio，DBA)、数字音乐、CD-I(Compact Disc-Interactive)和VCD(Video Compact Disc)等。

(3) 层3的编码器最为复杂，编码器的输出数据率为64Kbps，主要应用于ISDN上的声音传输。

MPEG-1声音可预先定义压缩后的数据率，不同数据率要求的质量和压缩比见表2-9。

表 2-9 MPEG 层 3 在各种数据率下的性能

音质要求	声音带宽/kHz	声道数	数据率/Kbps	压缩比
电话	2.5	单声道	8	96∶1
优于短波	5.5	单声道	16	48∶1
优于调幅广播	7.5	单声道	32	24∶1
类似于调频广播	11	立体声	56～64	26～24∶1
接近 CD	15	立体声	96	16∶1
CD	＞15	立体声	112～128	12～10∶1

4. 杜比 AC-3 简介

MPEG-1 的音频压缩算法是针对最多两声道音频开发的。随着技术的进步和人们生活水平的不断提高，原有的双声道立体声形式已不能满足人们对高质量音乐欣赏的要求。杜比 AC-3 环绕声系统提供共有 6 个完全独立的声音声道：3 个前方的左声道、右声道和中置声道以及 2 个后方的左、右环绕声道，这 5 个声道皆为全频带（20Hz～20kHz）声道，另外一个超低音声道，其频率范围为 20Hz～120Hz，所以将此超低音声道称为“0.1”声道，加上前面的 5 个声道，构成杜比数字（AC-3）的 5.1 声道。杜比 AC-3 可以把 5 个独立的全频带和 1 个超低音声道的信号统一编码成一个符合数据流。两个环绕声道相互独立实现了立体声化，超低音声道的音量可以独立控制。

杜比 AC-3 的数据压缩使用了感知编码技术，还利用了多声道立体声信号间的大量冗余性，所以可以获得很高的压缩比，同时具有很好的质量。杜比 AC-3 支持 32kHz、44.1kHz 和48kHz 的采样频率，码率可低至单声道的 32Kbps，高到多声道的 640Kbps，以适应不同的需要。

5. MPEG-2 音频压缩标准

MPEG-2 标准委员会定义了两种音频压缩编码算法，一种称为 MPEG-2 后向兼容多声道音频编码标准，简称为 MPEG-2BC（Backward Compatible）；另一种称为 MPEG-2 高级音频编码标准，简称为 MPEG-2 AAC（Advanced Audio Coding），因为它与 MPEG-1 音频压缩编码算法是不兼容的，所以也称为 MPEG-2 NBC（Non Backward Compatible，非后向兼容）标准。

由于 MPEG-2 BC 强调与 MPEG-1 的后向兼容性，不能以更低的数码率实现高音质。为了改进这一不足，后来就产生了 MPEG-2 AAC，现已成为 ISO/IEC 13818-7 国际标准。MPEG-2 AAC 是一种非常灵活的声音感知编码标准。就像所有感知编码一样，MPEG-2 AAC 主要使用听觉系统的掩蔽特性来压缩声音的数据量，并且通过把量化噪声分散到各个子带中，用全局信号把噪声掩蔽掉。

MPEG-2 AAC 支持的采样频率为 8kHz～96kHz，编码器的音源可以是单声道、立体声和多声道的声音，多声道扬声器的数目、位置及前方、侧面和后方的声道数都可以设定，因此能支持更灵活的多声道构成。MPEG-2 AAC 可支持 48 个主声道、16 个低频增强（LFE）声道、16 个配音声道（overdub channel）或者称为多语音声道（multilingual channel)和 16 个数据流。MPEG-2 AAC 在压缩比为 11 : 1,即每个声道的数码率为(44.1×16)/11=64Kbps、5 个声道的总数码率为 320Kbps 的情况下,很难区分解码还原后的声音与原始声音之间的差别。与 MPEG-1 的第 2 层相比,MPEG-2 AAC 的压缩比可提高 1 倍,而且音质更好;在质量相同的条件下,MPEG-2 AAC 的数码率大约是 MPEG-1 第 3 层的 70%。

6. MPEG-4 音频压缩编码标准

MPEG-4 标准的目标是提供未来的交互式多媒体应用,它具有高度的灵活性和可扩展性。与以前的音频编码标准相比,MPEG-4 增加了许多新的关于合成内容及场景描述等领域的工作,增加了诸如可分级性、音调变化、可编辑性及延迟等新功能。MPEG-4 将以前发展良好但相互独立的高质量音频编码、计算机音乐及合成语音等第一次合并在一起,在诸多领域内给予高度的灵活性。

为了实现基于内容的编码,MPEG-4 音频编码也引入了音频对象(Audio Object,AO)的概念。AO 可以是混合声音中的任一种基本音,例如交响乐中某一种乐器的演奏音或电影声音中人物的对白。通过对不同 AO 的混合和去除,用户就能得到所需要的某种基本音或混合音。

MPEG-4 支持自然声音(如语音、音乐)、合成声音以及自然和合成声音混合在一起的合成/自然混合编码(Synthetic/Natural Hybrid Coding,SNHC),以算法和工具形式对音频对象进行压缩和控制(如可以分级数码率进行回放,通过文字和乐器的描述来合成语音和音乐等)。

思考与练习

1. 音频信号频率范围是多少?
2. 声音的物理特性有哪些?与之对应的心理特性是什么?
3. 声音数字化的关键过程是什么?并加以解释。
4. 按频带宽度划分的声音信号的 4 个不同质量级别是什么?它们的带宽是多少?
5. 什么是信噪比?
6. 什么是 PCM 编码?
7. 什么是采样、量化和编码?
8. 对最高频率为 11.025kHz 的声音,按照 Nyquist 理论,采样频率至少为多少?
9. 什么是均匀量化和非均匀量化?
10. 什么是 μ 律压扩和 A 律压扩?
11. 数字音频的质量指标有哪些?它们怎样影响声音的质量?
12. 使用 32 位的样本精度记录声音,能提供的动态范围是多少?
13. 高保真质量的数字音频的采样频率、样本精度和声道数各是多少?
14. 简述数字音频的文件格式有哪些?
15. 选择采样频率为 11.025kHz 和样本精度为 16 位的录音参数。在不采用压缩技术的情况下，计算录制 5 分钟的立体声需要多少 MB(兆字节)的存储空间(1MB＝1024×1024B)。

16. 解释什么是 MIDI。

17. 介绍 MIDI 的基本术语。

18. MIDI 设备的连接端口有哪 3 种？功能是什么？

19. MIDI 的合成方式有哪两种，请简述。

20. MIDI 文件和波形文件有哪些差别？

21. 简述 Sound Forge 的功能。

22. 录制以下一段童话故事。

小猪照镜子

小猪的脸总是很脏。

小猪过生日那天，他的朋友小兔送给他一面镜子，要他每天出门前照一照，“这样你就能知道脸上哪儿有脏，就可以把脏擦掉。”

第二天一早，为了不让镜子照出脏来，小猪把脸洗得干干净净的。

但当他正要照镜子时，飞来一只苍蝇，把一点苍蝇屎掉到镜子上。这样，镜子里的小猪就成了一只脏小猪。

小猪赶紧拿毛巾来擦脸。擦一次，照一次镜子……怎么老是擦不掉？

然后将其剪辑成如下内容。

小猪照镜子

小猪过生日那天，小兔送给他一面镜子，要他每天出门前照一照。

第二天一早，小猪把脸洗得干干净净的。

但当他正要照镜子时，一只苍蝇把一点苍蝇屎掉到镜子上。这样，镜子里的小猪就成了一只脏小猪。

小猪赶紧拿毛巾来擦脸。擦一次，照一次镜子……怎么老是擦不掉？

23. 什么是频率均衡？

24. Sound Forge 设置混响的主要参数有哪些？

25. 频谱图描述的是哪些量之间的关系？

26. 语谱图描述的是哪些量之间的关系？

27. 模糊的声音是由于什么(主要)原因产生的？

28. 怎样使声音有力度？

29. 简述数据压缩的重要性。

30. 为什么数据可以压缩？

31. 数据冗余有哪些类型？

32. 总结 Huffman 编码方法的优点和缺点。

33. 设某信号源有 5 种符号 $X=\{A1、A2、A3、A4、A5\}$。在数据中出现的概率 $p=\{0.25、0.22、0.20、0.18、0.15\}$，试给出 Huffman 编码方案，并计算信号源的信息熵以及

Huffman 编码方案的平均编码长度。

34．假设信号源符号为{a，b，c，d}，这些符号出现的概率分别为{0.1，0.4，0.2，0.3}。在此概率分布下，计算字符串“cadacdb”的算术编码。

35．请给出数字串“888888866666555555222223333333”的不用提示符的行程编码。

36．试对下列矩阵的数据进行不用提示符的行程编码，并计算比使用字符方式存储节省多少存储空间。

$$\begin{bmatrix} 5 & 0 & 0 & 0 & 0 \\ 0 & 4 & 0 & 0 & 0 \\ 0 & 0 & 3 & 0 & 0 \\ 0 & 0 & 0 & 2 & 0 \\ 0 & 0 & 0 & 0 & 1 \end{bmatrix}$$

37．不同质量的音频压缩标准使用的编码方法是什么？它们分别面向什么样的应用？

第3章

图像是指绘制、摄制或印制的形象。图像处理是将已有的图像改变成一幅新的，更好的图像。而数字图像处理是指借助数字计算机处理数字图像。数字图像是由有限个元素组成的，每个元素有特定的位置和取值，有时称这些元素为像素。

3.1 图像色彩与色彩空间

我们生活的大千世界是一个彩色的世界。生气勃勃的大自然的色彩向人们展示着物质、生命、存在和运动状态。视觉是人们认识世界的窗口，客观世界作用于人的视觉器官，通过视觉器官形成信息，从而使人产生感觉和认识。由于人的视觉对于色彩有着特殊的敏感性，因此色彩所产生的美感魅力往往更为直接。“色彩的感觉是一般美感中最大众化的形式。”(《马克思恩格斯全集》第13卷，第145页)。人们在观察景物时，视觉的第一印象乃是色彩的感觉。显然，色彩在视觉艺术中具有十分重要的美学价值。现代色彩生理、心理实验结果表明，色彩能唤起人们各种不同的情感联想。

3.1.1 颜色的描述与度量

颜色是人的视觉系统对可见光的感知结果，感知到的颜色由光波的频率决定。也就是说，颜色是人的大脑对物体的一种反映，是人的一种感觉。世界之所以五彩缤纷，是因为有了光，而我们之所以能感受到世界的色彩，还不止因为我们天生一对眼睛，更因为我们有发达的视神经网络和大脑。

光波是一种具有一定频率范围的电磁波，其波长覆盖的范围很广。电磁波中只有一小部分能够引起眼睛的兴奋而被感觉，其波长大约在400nm～750nm的范围中。眼睛感知到的颜色和波长之间的对应关系如图3-1所示。

由上可知，颜色的实质是一种光波。它的存在是因为有3个实体：光线、被观察的对象以及观察者。颜色是观察对象吸收或者反射不同波长的光波形成的。例如，在一个晴朗的日子里，我们看到阳光下的某物体呈现红色时，是因为它吸收了其他波长的光，而把红色波长的光反射到人眼里的缘故。当然，人眼所能感受到的只是波长在可见光范围内的光波信号。当各种不同波长的光信号一同进入我们的眼睛的某一点时，视觉器官会将它们混合起来，作为一种颜色接收下来。

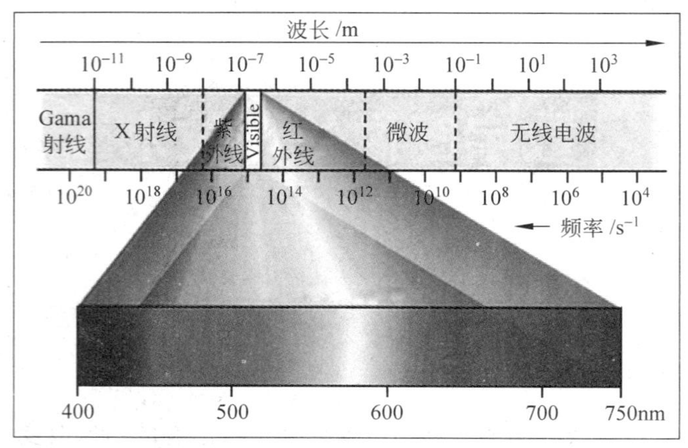

图 3-1 可见光光谱色

本身不发光的物体，不论透明的还是不透明的，都或多或少地反射投于其上的光，也都或多或少地吸收光。透明的物体对光的反射和吸收较少，大部分光通过折射和散射而透过。而不透明的物体则以反射和吸收为主，通过折射透过的光很少，甚至没有透射光。由于物体表面的光滑程度或物质成分不同，它们对于光反射、折射、散射和吸收的情况也有所不同，因而所呈现的颜色就有不同。

纯颜色通常用光的波长来定义，用波长定义的颜色叫做光谱色(spectral colors)。人们已经发现，用不同波长的光进行组合时可以产生相同的颜色感觉。

除了用波长来对颜色进行描述外，还可以通过大脑对不同颜色的感觉来描述颜色。这些感觉由国际照明委员会(Commission International de l' clairage，CIE)作了定义，用颜色的 3 个特性来区分颜色。这些特性是色调、饱和度和明度，它们是颜色所固有的并且是截然不同的特性。

1. 色调

引起视觉的色光，可能是由数种波长的光波混合而成，但正常人眼均能感受出它最接近红、橙、黄、绿、蓝、紫等纯光谱色中的哪一种，这种属性称为色调。而最接近的光谱色，一般也称为色光的色彩。太阳光谱中各色光的色彩，可以用其波长表示。因此单一波长的光，就称为单色光。黑色与白色都没有色彩，介于黑与白中间的灰色，也不具有色彩，或者说它们的色彩未定。色调有一个自然的顺序：红、橙、黄、绿、青、蓝、紫。在这个次序中，当人们混合相邻颜色时，可以获得在这两种颜色之间连续变化的色调。色调可以用如图 3-2 所示的色相环来表示。

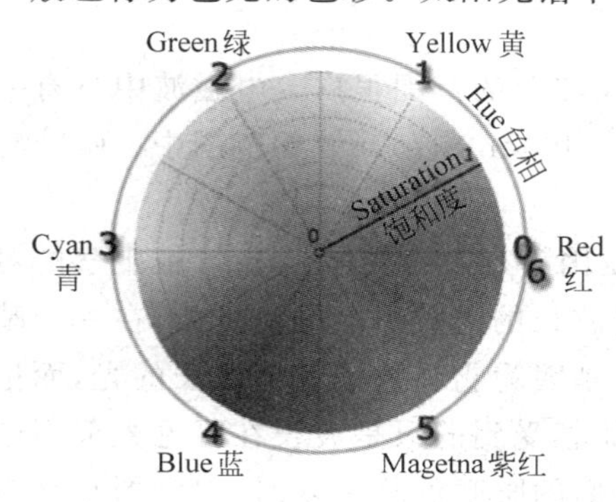

图 3-2 色相环

2. 饱和度

饱和度指的是颜色偏离灰色、接近纯光谱色

的程度。黑、白、灰色的饱和度最低(0%),而纯光谱色的饱和度最高(100%)。纯光谱色与白光混合,可以产生各种混合色光,其中纯光谱色所占的百分比就是该色光的饱和度。

3. 明度

明度指的是光所产生的亮暗感觉,是视觉系统对可见物体辐射或者发光多少的感知属性。就白、黑、灰色而言,白色最亮,黑色则最暗,灰色则居中。在不太严格的场合,明度也可以看作是亮度。如果由明到暗,制作一系列代表不同等级亮度(称为灰阶)的灰色方块,则某个有色方块的亮度,可以在同一白光照射下,忽略其色彩与饱和度属性,依靠视觉比较,找出亮暗感觉相近的灰色方块,而以该灰色方块的亮度为其亮度。

3.1.2 三基色原理

现代颜色视觉理论中的三色学说认为人眼的锥状细胞是由红、绿、蓝 3 种感光细胞组成的,自然界中的任何一种颜色都可以由 R、G、B 这 3 种颜色值之和来确定,它们构成一个三维的 RGB 矢量空间。这就是说,R、G、B 的数值不同混合得到的颜色就不同,也就是光波的波长不同。

人眼的颜色感觉取决于色光谱分布,但是并不能从看到的颜色来测断它们的光谱分布。也就是说,一定的光谱分布,对应着一种唯一确定的颜色;但是同一种颜色,可以由不同的光谱分布所组成,这种现象称为“同色异谱”现象。彩色电视正是利用这一现象进行颜色重现的。在颜色重现过程中,并非一定要求重现原景物辐射光的光谱成分,而重要的是应获得与原景物相同的彩色感觉。用什么方法才能实现这一目标呢?下面讨论的三基色原理与颜色混配规律为此问题的解决提供了理论依据。

1. 相加混色

从理论上讲,任何一种颜色都可用 3 种基本颜色按不同的比例混合得到。3 种颜色的光强越强,到达人眼的光就越多,它们的比例不同,看到的颜色也就不同,没有光到达眼睛,就是一片漆黑。当三基色按不同强度相加时,总的光强增强,并可得到任何一种颜色。某一种颜色和这 3 种颜色之间的关系可用下面的式子来描述:

颜色=R(红色的百分比)+G(绿色的百分比)
+B(蓝色的百分比)

当三基色等量相加时,得到白色;等量的红绿相加而蓝为 0 值时得到黄色;等量的红蓝相加而绿为 0 值时得到品红色;等量的绿蓝相加而红为 0 值时得到青色,混色关系如图 3-3 所示。三基色的大小决定彩色光的亮度,混合色的亮度等于各基色分量亮度之和。三基色的比例决定混合色的色调,当三基色混合比例相同时,是灰色。

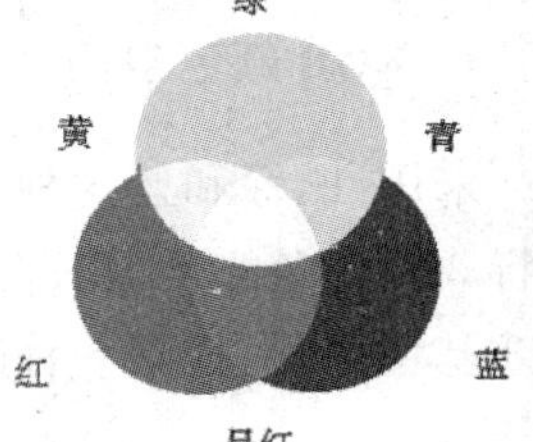

图 3-3 三原色加色混色

2. 相减混色

相减混色利用了滤光特性,即在白光中减去不需要的彩色,留下所需要颜色。如印染、颜料等采用的相减混色。相减混色关系式如：黄色＝白色－蓝色，青色＝白色－红色，红色＝白色－蓝色－绿色，黑色＝白色－蓝色－绿色－红色。当两种以上的色料相混和重叠时，白光就必须减去各种色料的吸收光，其剩余部分的反射色光混合结果就是色料混合或重叠产生的颜色。黄颜色之所以呈黄色，是因为它吸收了蓝光，反射黄光的缘故；青颜色之所以呈青色，是因为它吸收红光反射青光的缘故。如把黄与青两种颜料混合，实际上是它们同时吸收蓝光和红光，余下只有绿光能反射，因此呈绿色。相减混色关系如图 3-4 所示。

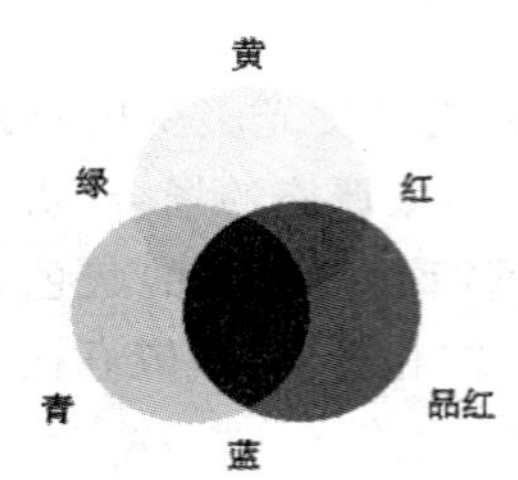

图 3-4　三原色相减混色

如果两种色光相加呈现白光，两种颜色相混呈现灰黑色，那么这种色光或颜色即互为补色。颜色的补色关系与色光是不同的。互为补色的色光是加色相混得到白光，互为补色的颜料是减色相混得到灰黑色。互为补色的颜色在色相环(图 3-2)上处于通过圆心的直径两端的位置上。

此外，相加混色不仅运用三基色原理，还进一步利用人眼的视觉特性，产生较相减混色更宽的彩色范围。常用的相加混色方法有以下 3 种。

(1) 时间混色法：将三基色按一定比例轮流投射到同一屏幕上，由于人眼的视觉惰性，只要交替速度足够快，产生的彩色视觉与三基色直接相混时一样。

(2) 空间混色法：将三基色同时投射到彼此距离很近的点上，利用人眼分辨力有限的特性而产生混色，或者使用空间坐标相同的三基色光的同时投射产生合成光。

(3) 生理混色法：利用两只眼睛分别观看两个不同颜色的同一景象，也可获得混色效果。

3.1.3 颜色空间

颜色空间是组织和描述颜色的方法之一，也可以称为颜色模型。颜色的光谱描述便是颜色模型的一个具体的例子。

1. RGB 颜色空间

采用红、绿和蓝 3 种基色来匹配所有颜色的模型称为 RGB 颜色空间。国际照明委员会将 3 种单色光的波长分别定义为红色(700nm)、绿色(546.1nm)和蓝色(453.8nm)。根据 3 基色原理，任意一种颜色可以由下式匹配：

$$C = rR + gG + bB$$

式中的系数 r、g 和 b 分别为 3 基色红、绿和蓝的比例系数。当 $r=g=b$ 时，颜色 C 为标准的灰色。

RGB 颜色模型通常用于彩色阴极射线管和彩色光栅图形显示器。各个原色的光能叠加在一起产生复合色。RGB 颜色模型通常用如图 3-5 所示的单位立方体来表示。在正方体的主对角线上，各原色的量相等，产生由暗到亮的白色，即灰度。(0,0,0)为黑，(255,255,255)为白。正方体的其他 6 个顶点分别为红、黄、绿、青、蓝和品红。

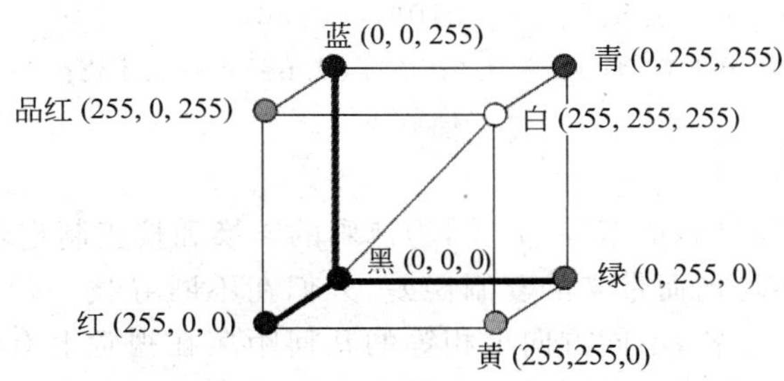

图 3-5　RGB 颜色空间的表示

2. CMYK 颜色空间

与 RGB 颜色模型不同，以红、绿、蓝的补色青(Cyan)、品红(Magenta)、黄(Yellow)为原色构成的 CMY 颜色系统，常用于从白光中滤去某种颜色，故称为减性原色系统。CMY 颜色模型对应的直角坐标系的子空间与 RGB 模型所对应的子空间几乎完全相同。区别仅在于前者的原点为白，而后者的原点为黑。前者是通过从白色中减去某种颜色来定义一种颜色，而后者是通过向黑色中加入某种颜色来定义一种颜色。

静电或喷墨绘图仪、打印机、复印机等硬复制设备将颜色画在纸张上时，使用的是 CMYK 颜色系统。当在纸面上涂上青色颜料时，该纸面就不反射红光：青色颜料从白光中滤去红光。也就是说，青色＝白色－红色。类似地，品红颜料吸收绿色，黄色颜料吸收蓝色。如果在纸面上涂了黄色和品红色，则由于纸面同时吸收蓝光和绿光，只能反射红光，所以该纸面呈红色。如果在纸面上涂了黄色、品红和青色的混合，则所有的红、绿、蓝色都被吸收，故表面呈黑色。由于彩色墨水和颜料的化学特性，用等量的三基色得到的黑色不是真正的黑色，因此在印刷术中经常加入一种真正的黑色(Black)。由于 B 已经用来表示蓝色，因此黑色用 K 表示，于是 CMY 颜色空间成为 CMYK 颜色空间。

3. XYZ 颜色空间

在 RGB 的颜色空间匹配式

$$C = rR + gG + bB$$

中，通过试验，发现当匹配一些颜色的时候，r 将取负值。这样一来既不利于计算也不好理解，于是使用 3 个理想的原色来代替实际的三原色，从而将 CIE-RGB 系统中 r、g、b 均变为正值。这 3 种颜色被命名为 X、Y、Z。因此，对任一颜色 C 有

$$C = xX + yY + zZ$$

并且 $x+y+z=1$，x、y、z 均大于 0。这样的颜色空间称为 XYZ 颜色空间，它和 RGB 颜色空间有如下的换算关系：

$$X = 0.490R + 0.310G + 0.20B$$
$$Y = 0.177R + 0.812G + 0.011B$$
$$Z = 0.010G + 0.990B$$

两组颜色空间坐标的相互转换关系为：

$$x = (0.490r + 0.310g + 0.200b)/(0.667r + 1.132g + 1.200b)$$

$$y = (0.117r + 0.812g + 0.010b)/(0.667r + 1.132g + 1.200b)$$
$$z = (0.000r + 0.010g + 0.990b)/(0.667r + 1.132g + 1.200b)$$

4. Lab 颜色空间

为了使色彩设计和复制更精确、完美，为色彩的转换和校正制定合适的调整尺度或比例，减少由于空间的不均匀而带来的复制误差，人们在不断寻找一种最均匀的色彩空间，这种色彩空间，在不同位置，不同方向上相等的几何距离在视觉上有对应相等的色差，把易测的空间距离作为色彩感觉差别量的度量。若能得到一种均匀颜色空间，那么色彩复制技术就会有更大进步，颜色匹配和色彩复制的准确性就得到加强。

1976 年 CIE 推出了新的颜色空间及其有关色差公式，即 CIE1976LAB(或 Lab)系统，现在已成为世界各国正式采纳、作为国际通用的测色标准。它适用于一切光源色或物体色的表示与计算。Lab 颜色空间可以由 XYZ 颜色空间通过数学方法转换得到。具体的转换公式可查阅相关的资料。

Lab 颜色空间既不依赖光线，也不依赖于颜料，它是一个理论上包括了人眼可以看见的所有色彩的色彩模式。Lab 颜色空间由 3 个量组成：一个是亮度，即 L；另外两个是色彩，用 A 和 B 来表示，A 包括的颜色是从深绿色(低亮度值)到灰色(中亮度值)再到亮粉红色(高亮度值)；B 则是从亮蓝色(低亮度值)到灰色(中亮度值)再到黄色(高亮度值)，如图 3-6 所示。

5. HSL 颜色空间

从心理学的角度出发，基于人类对色彩的感觉，使用本章第 3.1.1 节描述颜色的 3 个基本特征——色调 H、饱和度 S 和明度 L 可以构造出 HSL 颜色空间。HSL 颜色空间便是基于人对颜色的心理感受的一种颜色模式。它是由 RGB 三基色转换为 Lab 模式，再在 Lab 模式的基础上考虑了人对颜色的心理感受这一因素而转换成的。因此这种颜色模式比较符合人的主观感受，让人觉得更加直观一些。它可由底与底对接的圆锥体立体模型来表示。其中，轴向表示明度，自上而下由白变黑；径向表示色饱和度，自内向外逐渐变高；而圆周方向，则表示色调的变化，形成色环，如图 3-7 所示。

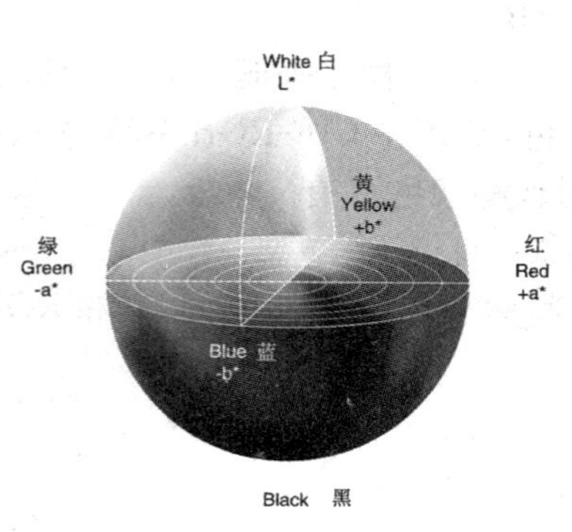

图 3-6 Lab 颜色模型

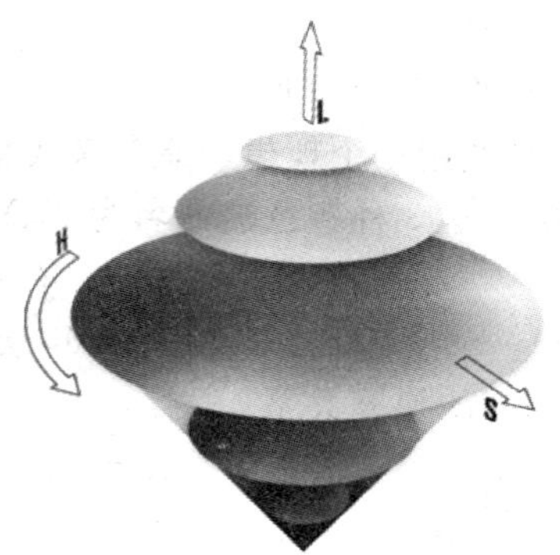

图 3-7 HSL 颜色空间

6. YUV 颜色空间

这是电视系统中常用的颜色模式，在现代彩色电视系统中，通常采用三管彩色摄像机或彩色 CCD(电耦合器件)摄像机，它把摄得的彩色图像信号，经分色、分别放大校正得到 RGB，再经过矩阵变换电路得到亮度信号 Y 和两个色差信号 $R-Y$、$B-Y$，最后发送端将亮度和色差 3 个信号分别进行编码，用同一信道发送出去。这就是人们常用的 YUV 颜色空间。

采用 YUV 色彩空间的重要性是它的亮度信号 Y 和色度信号 U、V 是分离的。其优点是可以利用人眼对亮度信号敏感而对色度信号相对不敏感的特点，将 RGB 颜色转换为一个亮度信号 Y 和两个色差分量信号 $U(R-Y)$、$V(B-Y)$，并对色差信号进行了频带压缩。如果只有 Y 信号分量而没有 U、V 分量，那么这样表示的图就是黑白灰度图。彩色电视采用 YUV 空间正是为了用亮度信号 Y 解决彩色电视机与黑白电视机的兼容问题，使黑白电视机也能接收彩色信号。YUV 颜色空间与 RGB 颜色空间的转换关系如下。

$$\begin{bmatrix} Y \\ U \\ V \end{bmatrix} = \begin{bmatrix} 0.30 & 0.59 & 0.11 \\ -0.15 & -0.29 & 0.44 \\ 0.61 & -0.52 & -0.096 \end{bmatrix} \begin{bmatrix} R \\ G \\ B \end{bmatrix}$$

如果要由 YUV 空间转化成 RGB 空间，只要进行相反的逆运算即可。YUV 色彩空间与 Lab 色彩空间是类似的，都是用亮度和色差来描述色彩分量。

3.2 图像数字化及数字图像的基本属性

以照片形式或视频记录介质保存的图像是连续的。计算机无法接收和处理这种空间分布和亮度取值均连续分布的图像。图像数字化就是将连续图像离散化，其工作包括两个方面：采样和量化。

3.2.1 图像数字化

采样就是把一幅连续图像在空间上分割成 $M\times N$ 个网格，每个网格用一亮度值来表示。图 3-8 示意了一幅这样的连续图像以及 $M\times N$ 个网格。由于结果是一个样点值阵列，故又叫点阵采样。采样使连续图像在空间上离散化，但采样点上图像的亮度值还是某个幅度区间内的连续分布，如图 3-8 所示。

图 3-8 对一幅连续的图像的采样

根据采样定义，每个网格上只能用一个确定的亮度值表示。如图 3-9 所示，每一个采样的小方块内的灰度值相同。把采样点上对应的亮度连续变化区间转换为有限个特定数的过程，称为量化，即样点亮度的离散化。图 3-10 是量化后的结果，使用了 8 个灰度值对图像进行了量化。

图 3-9　图像采样后的结果

图 3-10　图像量化后的结果

在采样和量化过程中，采样密度取多大合适？以多少个等级表示样本的亮度值为最好？这些都将影响到离散图像能否保持连续图像信息的问题。原则上，M 和 N 的取值主要取决于其是否满足采样定理(奈奎斯特定理)，如果满足采样定理重建图像就不会产生失真。灰度级(量化)的确定将根据图像的内容和要求来考虑。

设连续图像 $f(x,y)$ 经过等间隔采样以后，可以用一个离散量组成的矩阵来表示，如图 3-10 所示，在横向使用了 57 个采样点，而在纵向是 55 个采样点。这样该幅图像便可以由一个 57×55 的矩阵来表示。而在亮度数值方面，一般使用的灰度级是以 2 为底的幂。如图 3-10 使用了 $2^3=8$ 位，就说这幅图像的像素深度是 3 位。因此，这样的一幅图像便可以由一个 57×55 的矩阵来表示：

$$\begin{bmatrix} 000000000000012244222\cdots0000000000 \\ \cdots\cdots \\ \cdots\cdots \\ 0020222446677666676665\cdots66666666 \end{bmatrix}$$

矩阵和图像相对应，矩阵中每个元素 a_{ij} 取 0～7 中的任一位整数。i、j 为整数，$0<i<58$ 且 $0<j<56$。

以上数字化过程有以下几点补充说明。

(1) 矩阵中的每一个值代表该点图像的光强度，而光是能量的一种形式，故矩阵中的每一个值必须大于零，且为有限值。

(2) 例子中的数字化采样是按正方形点阵取样的，除此之外还有三角形点阵，正六角形点阵取样。

(3) 以上是用一幅灰度图做的例子，如果是一幅彩色图像，各点的数值还应当反映出色彩的变化。

(4) 数字化后的矩阵对各像素允许的最大灰度级数都要作出决定，一般来说，取为 2 的整次幂。

例 3-1　计算图 3-10 占用的存储空间。

解：图 3-10 使用了一个 57×55 的矩阵存储图像，假设矩阵中每个元素使用一个字节来存储，则存储空间为：

$$57\times55\times1=3135\text{B}$$

如果是存储彩色图像，则需要分别存储 R、G、B 这 3 个分量，则存储空间为：

$$3135 \times 3 = 9405\text{B}$$

3.2.2 图像的种类

计算机显示的图像主要有两大类：**矢量图(vector)**和**位图(bitmap)**。矢量图像，也称为面向对象的图像或绘图图像，在数学上定义为一系列由线连接的点。矢量图主要用于工程图、白描图、卡通漫画等，这些图形可以分解为单个的线条、文字、圆、矩形、多边形等单个的图形元素，再用一个代数式来表达每个被分解出来的元素。矢量文件中的图形元素称为对象。每个对象都是一个自成一体的实体，它具有颜色、形状、轮廓、大小和屏幕位置等属性。既然每个对象都是一个自成一体的实体，就可以在维持它原有清晰度和弯曲度的同时，多次移动和改变它的属性，而不会影响图例中的其他对象。例如：一个圆可以表示成圆心在(x_1，y_1)，半径为 r 的图形；一个矩形可以通过指定左上角坐标(x_1，y_1)和右下角坐标(x_2，y_2)的四边形来表示。

这些特征使基于矢量的程序特别适用于图例和三维建模，因为它们通常要求能创建和操作单个对象。基于矢量的绘图同分辨率无关。这意味着它们可以按最高分辨率显示到输出设备上。可以无限放大图形中的细节，不用担心会造成失真和色块。存盘后文件的大小与图形中元素的个数和每个元素的复杂程度成正比，而与图形面积和色彩的丰富程度无关。图 3-11 是 2 幅矢量图，其中第二幅是将第一幅中的局部进行了放大，放大后图像依然很清晰。

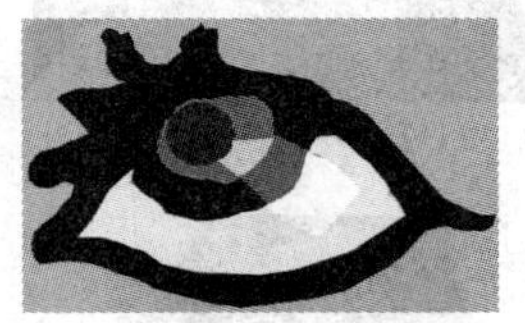

图 3-11 矢量图和局部放大

与上述基于矢量的绘图程序相比，位图图像，也称为点阵图像或绘制图像，是由称做像素的单个点组成的。这些点可以进行不同的排列和染色以构成图样。当放大位图时，可以看见赖以构成整个图像的无数单个方块。扩大位图尺寸的方法是增多单个像素，从而使线条和形状显得参差不齐。然而，如果从稍远的位置观看，位图图像的颜色和形状又显得是连续的。由于每一个像素都是单独染色的，可以通过以每次一个像素的频率操作选择区域而产生近似相片的逼真效果，诸如加深阴影和加重颜色。缩小位图尺寸也会使原图变形，因为它是通过减少像素使整个图像变小的。同样，由于位图图像是以排列的像素集合体的形式创建的，所以不能单独操作(如移动)局部位图。图 3-12 分别显示了同样一幅图像作为位图文件的显示和放大，放大后图像明显模糊不清。

通过软件，矢量图可以轻松地转化为点阵图，而点阵图转化为矢量图就需要经过复杂而庞大的数据处理，而且生成的矢量图的质量绝对不能和原来的图形相比。

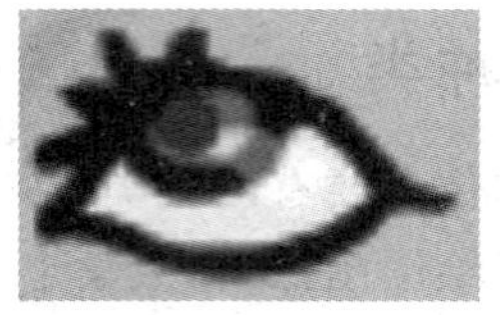

图 3-12　位图及其局部的放大

从色彩方面来讲，图像可以分为灰度图(grayscale image)和彩色图(color image)。灰度图按照灰度等级的数目来划分。只有黑白两种颜色的图像称为单色图像(monochrome image)，图中的每个像素值用 1 位存储，它的值只有"0"或者"1"，一幅 640×480 的单色图像需要占据 37.5KB 的存储空间。如果每个像素的像素值用一个字节表示，灰度值级数就等于 256 级，每个像素可以是 0～255 之间的任何一个值。

彩色图像可以按照颜色的数目来划分，如 256 色图表示该图像中颜色的总数目不超过 256 种。图 3-13 分别显示了一幅真彩色的图像以及将此图像的颜色数减少到 16 色时的效果。同时显示了该图转换为灰度图和单色图时的效果。

(a) 真彩色图　(b) 16 色图

(c) 灰度图　(d) 单色图

图 3-13　真彩色图像、16 色图像、灰度图和单色图

3.2.3　图像的基本属性

数字图像的属性之一是包含图像的像素数目(Pixel dimensions)，它是指位图图像的宽度和高度方向上含有的像素数目。一幅图像在显示器上的显示效果由像素数目和显示器的设定共同决定。

1. 图像分辨率(Image Resolution)

图像分辨率是指组成一幅图像的像素密度的度量方法,通常使用单位打印长度上的图像像素的数目多少,即用每英寸多少点(dot per inch,dpi)表示。对同样大小的一幅图,如果组成该图的图像像素数目越多,则说明图像的分辨率越高,看起来就越逼真。相反,图像显得越粗糙。在同样大小的面积上,图像的分辨率越高,则组成图像的像素点越多,像素点越小,图像的清晰度越高。

对于那些在扫描时采用低分辨率得到的图像,不能通过提高分辨率的方法来提高图像的质量,因为这种方法只是将一个像素的信息扩展成了几个像素的信息,并没有从根本上增加像素的数量。

例 3-2 计算 72dpi 和 300dpi 的 1 英寸×1 英寸的图像,它包含的像素数目为多少;在使用扫描仪扫描彩色图像时,如果用 300dpi 来扫描一幅 8 英寸×10 英寸的彩色图像,得到图像的像素数目是多少?

解:对于 72dpi 的 1 英寸×1 英寸的图像

$$总像素数 = 72 \times 1 \times 72 \times 1 = 5184(像素)$$

分辨率为 300dpi 时

$$总像素数 = 300 \times 1 \times 300 \times 1 = 90\ 000(像素)$$

用 300dpi 的分辨率扫描 8 英寸×10 英寸的彩色图像时

$$8 \times 300 = 2400, \quad 10 \times 300 = 3000$$

得到的图像大小为 2400×3000。

设定图像的分辨率时,应该考虑所制作的图像的最终发布媒体,如果制作的图像是用于网络的在线媒体,只需要使图像的分辨率和典型的显示器的分辨率(72dpi 或 96dpi)相匹配即可;如果制作的是打印图像,采用过低的分辨率会使打印出来的图像显得粗糙,而采用过高的分辨率,则会使图像的像素比打印装置所能够提供的像素小,导致文件的增大和打印时间的延长。而且,对于分辨率过高的图像,打印设备未必能够正常工作。

2. 显示分辨率

显示分辨率与图像分辨率是两个不同的概念。显示分辨率是确定显示图像的区域大小。如果显示屏的分辨率为 640×480,那么一幅 320×240 的图像只占显示屏的 1/4;相反,2400×3000 的图像在这个显示屏上就不能显示一个完整的画面。

3. 图像深度(Image Depth)

图像深度也称图像的位深,是指描述图像中每个像素的数据所占的二进制位数。图像的每一个像素对应的数据通常可以是 1 位(bit)或多位,用于存放该像素的颜色、亮度等信息,数据位数越多,可以表达的颜色数目就越多。

例 3-3 一幅图像的每个像素用 R、G、B 这 3 个分量表示,若每个分量使用 8 位,则一个像素需要 24 位来表示,此时图像深度为 24 位。该图像可以表达的颜色数目是多少?

解:可以表达的颜色数为 $2^{24}=16\ 777\ 216$。人的眼睛是很难分辨出这么多种颜色的。因此在许多场合将这样的图像称为**真彩色图像**，也称为全彩色图像。

3.2.4 数字图像文件格式

各种图像文件的制作方式有着共同的编码原理。一个图像文件若只存储图像数据，程序则难以解读出正确的图像数据。因此，在图像文件内部必须建立识别信息，用以定义图像的各项参数，如图像的宽度和高度、颜色种类、调色板数据等。这样可以避免程序读取数据时发生错误。识别信息通常为文件识别信息（如包括图像文件的识别码与版本代号识别码用以判断这个文件应为哪种文件格式）和图像识别信息（如图像的宽度和高度、颜色种类、调色板数据）。

通常图像文件内只要有识别信息和图像数据，就已经是个完整的图像文件，可以供程序任意存取。不过图像内容经常包含庞大的数据，若不经过压缩处理就直接存入文件，会占用很大的存储空间，所以图像文件多半会运用某种压缩方法，减少存储图像所需的数据，以达到节省存储空间的效果。所以在图像文件编码过程中图像数据和识别信息是必不可少的两项。

目前图像文件之所以会有种种不同的格式，主要在于在文件编码的过程中，定义了不同的识别信息和压缩方法。若能理解识别信息的用途和编码的规则就不难读写各类图像文件，甚至自行设计出一种图像文件格式。

下面介绍几种常见的文件格式。

1. BMP 图像文件

BMP(Bitmap-File)图形文件是 Windows 采用的图形文件格式，在 Windows 环境下运行的所有图像处理软件都支持 BMP 图像文件格式。Windows 系统内部各图像绘制操作都是以 BMP 为基础的。Windows 3.0 以前的 BMP 图文件格式与显示设备有关，因此把这种 BMP 图像文件格式称为设备相关位图 DDB(Device-Dependent Bitmap)文件格式。Windows 3.0 以后的 BMP 图像文件与显示设备无关，因此把这种 BMP 图像文件格式称为设备无关位图 DIB(Device-Independent Bitmap)格式。BMP 位图文件默认的文件扩展名是 BMP 或者 bmp。文件可以包含每个像素 1 位、4 位、8 位或 24 位的图像。其中 1、4 和 8 位图像有彩色表，而 24 位图像则是直接彩色。

位图文件由 4 个部分组成：位图文件头（bitmap-file header）、位图信息头（bitmap-information header）、颜色表（color table）和定义位图的字节阵列。下面以一幅 256 色（8 位）的 BMP 图像为例作一个简单的说明。一幅 256 色的 BMP 图像的文件头大致具有如下数据：

42 4D 40 04 00 00 00 00 00 00 36 04 00 00

文件头前两个字节 42 4D 是 ASCII 码的“BM”，标记文件类型。接下来是文件大小，单位是字节。文件大小占用 4 个字节，如 40 04 00 00 表示文件大小 0440B(16 进制)。接下来 4 个字节为保留字节，必须为 0。从偏移 0Ah 开始，即 36 04 00 00 表示图像信息部分在文件中的偏移。如文件头从 0x0000 到 0x0035，颜色表从 0x0036 到 0x0435，那么图像信息起始于 0x0436，低位在前，高位在后，就是现在的 36 04。

第二部分是位图信息头的长度，用来描述位图的颜色、压缩方法等。如：

28 00 00 00 02 00 00 00 02 00 00 00 01 00 08 00 00 00 …

开始的4个字节表示的是位图信息头的长度，在Windows中多为28h。接下来的2个4字节表示的是位图的宽度和高度，如本例中是02 00 00 00 02 00 00 00，表示该位图的宽和高各为2个像素。此外在位图信息头还有压缩编码的标志、分辨率的大小等信息。在此不逐一分析了。

位图信息头之后是颜色表（在本例中颜色表从36处开始），每3位表示一个颜色。顺序依次是B、G、R。如RGB(128,64,0)应当存为00 40 80。对于8位BMP最多使用256种颜色，因此，颜色表共有256项。

颜色表之后，便是定义位图的字节阵列，存储图像的信息。对于256色的图像，每个字节存放一个像素信息，其值是指对应的颜色表索引。计数从00开始。如00对应36h～38h定义的颜色，01对应39h～3Bh定义的颜色等。对于16位色的图像，用两个字节存放一个像素信息，读取颜色表的方式和上面类似。24位色则需要用3个字节存放一个像素信息，不需颜色表，3个字节直接存放RGB值。在储存中，所采用的坐标系是以图像左下角为原点，由左向右逐行扫描存储。

2. GIF文件格式

图形交换格式（Graphics Interchange Format，GIF）文件是由CompuServe公司开发的图形文件格式，任何商业目的使用均须CompuServe公司授权。最新版本为GIF89a，在1990年7月31日公布。

GIF图像是基于颜色列表的（存储的数据是该点的颜色对应于颜色列表的索引值），最多只支持8位（256色）。GIF文件内部分成许多存储块，用来存储多幅图像或者是决定图像表现行为的控制块，用以实现动画和交互式应用。GIF文件还通过LZW压缩算法压缩图像数据来减少图像尺寸。

GIF文件内部是按块划分的，包括控制块（Control Block）和数据块（Data Sub-blocks）两种。控制块是控制数据块行为的，根据不同的控制块包含一些不同的控制参数；数据块只包含一些8-bit的字符流，由它前面的控制块来决定它的功能，每个数据块大小从0到255个字节，数据块的第一个字节指出这个数据块的大小（字节数），计算数据块的大小时不包括这个字节，所以一个空的数据块有一个字节，那就是数据块的大小00H。

一个GIF文件的结构可分为文件头（File Header）、GIF数据流（GIF Data Stream）和文件终结器（Trailer）3个部分。文件头包含GIF文件署名（Signature）和版本号（Version）；GIF数据流由控制标识符、图像块（Image Block）和其他的一些扩展块组成；文件终结器只有一个值为0x3B的字符（‘;’）表示文件结束。

3. TIFF文件格式

TIFF是“Tag Image File Format”的缩写，TIFF文件是由Aldus公司与微软公司共同开发设计的图像文件格式。TIFF主要的优点是适合于广泛的应用程序，以及它与计算机的结构、操作系统和图形硬件无关。它可以处理黑白、灰度和彩色图像，允许用户针对扫描仪、监视器或打印机的独特性能进行调整。TIFF 格式不易过时，因此对媒体之间的数据交换，TIFF 是位图模式的最佳选择之一。TIFF 允许多达 48 位的色彩分辨(R、G、B 各 16 位)，可以作为全 RGB 色彩，也可以作为 64KB 色彩的调色板。TIFF 还允许使用像模糊度或清晰度这样的图像数据。TIFF 的全面性也产生了一些问题，它需要大量的编程工作来实现全面译码。例如，TIFF 数据可以用几种不同的方法压缩，为了达到有活力即功能全面，一个 TIFF 读出程序(用于读 TIFF 文件的一般程序代码)必须支持这些不同的压缩方法。总的来讲，TIFF 具有如下特点。

(1) 善于应用指针的功能，可以存储多幅图像。

(2) 文件内数据区没有固定的排列顺序，只规定表头必须在文件前端，对于标识信息区和图像数据区在文件中可以随意存放。

(3) 可制定私人用的标识信息。

(4) 除了一般图像处理常用的 RGB 模式之外，TIFF 图像文件还能够接受 CMYK、YcbCr 等多种不同的图像模式。

(5) 可存储多份调色板数据。

(6) 调色板的数据类型和排列顺序较为特殊。

(7) 能提供多种不同的压缩数据的方法，便于使用者选择。

(8) 图像数据可分割成几个部分分别存档。

TIFF 图像文件主要由 3 部分组成：表头、标识信息区和图像数据区。文件内固定只有一个表头，且一定要位于文件前端。表头有一个标志参数指出标识信息区在文件中的存储地址，而标识信息区也有一组标识信息，用于存储图像数据区的地址。

标识信息区内有多组标识信息，每组标识信息长度固定为 12 个字节。前 8 个字节分别代表标识信息的代号(2 字节)、数据类型(2 字节)、数据量(4 字节)。最后 4 个字节则存储数据值或标志参数。文件有时还存放一些标识信息区容纳不下的数据，例如调色板数据就是其中的一项。

由于应用了标志的功能，TIFF 图像文件才能够实现多幅图像的存储。若文件内只存储一幅图像，则将标识信息区内容置 0，表示文件内无其他标识信息区，只存储单幅的 TIFF 图像文件结构。若文件内存放多幅图像，则在第一个标识信息区末端的标志参数，将是一个值非 0 的长整数，表示下一个标识信息区在文件中的地址，只有最后一个标识信息区的末端才会出现值为 0 的长整数，表示图像文件内不再有其他的标识信息区和图像数据区。

4. PNG 格式

可移植的网络图像(Portable Network Graphic，PNG)文件格式是由 Thomas Boutell、Tom Lane 等人提出并设计的，名称来源于非官方的“PNG's Not GIF”，是一种位图文件(bitmap file)存储格式，读成“ping”。它是为了适应网络数据传输而设计的一种图像文件格式，用于取代格式较为简单、专利限制严格的 GIF 图像文件格式。而且，这种图像文件格式在某种程度上甚至还可以取代格式比较复杂的 TIFF 图像文件格式。它的特点主要有：压缩效率通常比 GIF 要高、提供 Alpha 通道控制图像的透明度、支持

Gamma 校正机制用来调整图像的亮度等。

PNG 文件格式支持 3 种主要的图像类型：真彩色图像、灰度级图像以及颜色索引数据图像。用来存储灰度图像时，灰度图像的深度可多到 16 位，存储彩色图像时，彩色图像的深度可多到 48 位，并且还可存储多到 16 位的 α 通道数据。PNG 使用从 LZ77 派生的无损数据压缩算法。PNG 文件格式保留 GIF 文件格式的一些特性，如：

(1) 使用彩色查找表(调色板)，可支持 256 种颜色的彩色图像。

(2) 逐次逼近显示(progressive display)：这种特性可使在通信链路上传输图像文件的同时就在终端上显示图像，把整个轮廓显示出来之后逐步显示图像的细节，也就是先用低分辨率显示图像，然后逐步提高它的分辨率。

(3) 透明性(transparency)：这个性能可使图像中某些部分不显示出来，用来创建一些有特色的图像。

(4) 辅助信息(ancillary information)：这个特性可用来在图像文件中存储一些文本注释信息。

(5) 独立于计算机软硬件环境。

(6) 使用无损压缩。

PNG 文件格式中增加了下列 GIF 文件格式所没有的特性，如：

(1) 每个像素为 48 位的真彩色图像。

(2) 每个像素为 16 位的灰度图像。

(3) 可为灰度图和真彩色图添加 α 通道。

(4) 使用循环冗余码(Cyclic Redundancy Code,CRC)检测破损的文件。

(5) 加快图像显示的逐次逼近显示方式。

PNG 图像格式文件(或者称为数据流)由一个 8 字节的 PNG 文件署名(PNG file signature)域和按照特定结构组织的 3 个以上的数据块(chunk)组成。PNG 定义了两种类型的数据块，一种是称为关键数据块(critical chunk)，这是标准的数据块，另一种叫做辅助数据块(ancillary chunks)，这是可选的数据块。关键数据块定义了 4 个标准数据块，每个 PNG 文件都必须包含它们，PNG 读写软件也都必须要支持这些数据块。虽然 PNG 文件规范没有要求 PNG 编译码器对可选数据块进行编码和译码，但规范提倡支持可选数据块。

5. PSD 格式

PSD 文件是 Photoshop 提供的自定义的格式，专门针对 Photoshop 的功能和特征进行优化的格式。PSD 格式保存了每个可以在 Photoshop 中应用的属性，包括：图层、额外通道和文件信息等，它与 Photoshop 3 及更高的程序版本兼容。

Photoshop 以自定义的格式打开和保存图像的速度比采用其他格式要快，这点是很自然的。自定义格式还提供了图像压缩功能。与 TIFF 的 Lzw 压缩一样，Photoshop 的压缩方案也不会丢失任何数据。但是，Photoshop 压缩和解压缩自定义格式的速度比处理 TIFF 格式更快。PSD 格式的缺点在于除了 Photoshop 之外，其他程序很少支持这种格式。而且，即使有些程序支持 PSD 格式，但实现得并不十分完善。自定义格式从未打算成为程序间的标准;它是供 Photoshop 自己使用的。所以,应该按照这种方式使用。如果要与其他程序交换图像,应该使用 TIFF、JPEG 或本章中介绍的其他通用格式。

6. PCX

PCX 是 PC Painthrush 所设定的保存文件时使用的自定义文件格式。虽然这种格式当前已经用得不多了,但今天一些 PCX 图像仍在使用。这可能是由于 PC Paintbrush 是 DOS 下最古老的画图程序。读者可能还会找到大量的艺术作品,特别是剪贴画是这种格式的。然而,除非有足够的理由,否则不要使用 PCX 格式保存图像,其他格式会更好。

7. PDF

可移植文档格式(Portable Document Format,PDF)是 Postscript 打印语言的变体,它使用户能够在屏幕上查看用电子方法产生的文档。这意味着可以在 QuarkxPress 或 PageMaker 中创建出版物,然后将它导出为 pdf,并进行分版而无须考虑分色、装订及其他印刷费用问题。使用 Adobe Acrobat 程序能够打开 pdf 文档进行放大或缩小,通过单击进行突出显示等操作。

3.2.5 图像格式的品质评估

为特定的应用场合选择一种图像格式通常要考虑几个方面的问题,包括质量、灵活性(计算、存储或发送的)、效率以及现有程序对它的支持情况。

1. 质量

为了获得高质量的图像,就需要高的分辨率,高的像素深度、色彩对于某个已知标准(如 CIE)的标定以及媒体特性的校正。最擅长表示高质量的图像或图形的格式是 Postscript。在只使用位图图像的场合,TIFF 可以优先考虑。因为它既简洁又具有较高的质量,而且 TIFF 阅读器在某种程度上比 Postscript 阅读器更易于实现。

2. 灵活性

一种格式的灵活性是指它适应各种变化的难易程度或可靠程度,这些变化包括跨越不同的平台使用,跨越不同类型的图形显示或其他输出媒体使用,或者在不同的放大尺度或外观比率的情况下使用等。如果按照绝对灵活性来说,Postscript 又是最强的,只不过它是一种依赖于一个复杂解释程序的复杂的语言。若按图像大小、分辨率和色彩校正度来说,TIFF 也是一种灵活性很高的格式,不过它可能存在各种实现不兼容的问题。

3. 效率

格式的效率与使用该格式时所用的计算、存储或发送设备有关。图像压缩技术降低了对存储和发送的要求,但在编码和解码的计算时间和计算量上却付出代价。而且在相同费用下，计算量的增长比存储或发送容量的增长要快。因此也表明数据抽象或压缩技术的使用会更广。一种格式的效率也和所用数据的类型和质量紧密相关。例如，如果要考虑效率问题，图像的存储就应该采用相应应用场合的最小的每像素位数深度。

3.3 静态图像压缩标准 JPEG

静态图像压缩标准(Joint Photographic Experts Group，JPEG)是一个由 ISO 和 IEC 两个组织机构联合组成的专家组，负责制定静态的数字图像数据压缩编码标准，这个专家组开发的算法称为 JPEG 算法，并且成为国际上通用的标准(ISO/IEC 10918 号标准"多灰度连续色调静态图像压缩编码")，又称为 JPEG 标准。JPEG 是一个适用范围很广的静态图像数据压缩标准，既可用于灰度图像又可用于彩色图像。

3.3.1 JPEG 压缩算法简介

JPEG 专家组开发了两种基本的压缩算法，一种是采用以离散余弦变换(Discrete Cosine Transform，DCT)为基础的有损压缩算法，另一种是采用以预测技术为基础的无损压缩算法。在 DCT 方式中，又分为基本系统和扩展系统两类。基本系统是实现 DCT 编码与解码所需的最小功能集，是必须保证的功能，大多数的应用系统只要用此标准，就能基本上满足要求。扩展系统是为了满足更为广阔领域的应用要求而设置的。

使用有损压缩算法时，在压缩比为 25∶1 的情况下，压缩后还原得到的图像与原始图像相比较，非图像专家难于找出它们之间的区别，因此得到了广泛的应用。例如，在 VCD 和 DVD-Video 电视图像压缩技术中，就使用 JPEG 的有损压缩算法来取消空间方向上的冗余数据。

JPEG 压缩是有损压缩，它利用了人的视觉系统的特性，使用量化和无损压缩编码相结合来去掉视觉的冗余信息和数据本身的冗余信息。压缩编码大致分成以下 3 个步骤。

(1) 正向离散余弦变换(Forward Discrete Cosine Transform，FDCT)把空间域表示的图像变换成频率域表示的图像。

(2) 加权函数对 DCT 系数进行量化，这个加权函数对于人的视觉系统是最佳的。

(3) 霍夫曼可变字长编码器对量化系数进行编码。

译码或者叫做解压缩的过程与压缩编码过程正好相反。

JPEG 算法与彩色空间无关，因此"RGB 到 YUV 变换"和"YUV 到 RGB 变换"不包含在 JPEG 算法中。JPEG 算法处理的彩色图像是单独的彩色分量图像，因此它可以压缩来自不同彩色空间的数据，如 RGB、HSB 和 CMYK。

3.3.2 DCT 变换

DCT 变换是一种实数域变换，其变换核为实数的余弦函数，计算速度较快，很适于做图像压缩。设一幅图像，或者一幅图像的某个彩色分量经过数字化后存为矩阵 **A**，并设 **A** 为 $M \times N$ 矩阵，则二维 DCT 变换定义为：

$$B(u,v)=\alpha_u\alpha_v\sum_{x=0}^{M-1}\sum_{y=0}^{N-1}A(x,y)\cos\frac{(2x+1)u\pi}{2M}\cos\frac{(2y+1)v\pi}{2N}$$

其中：$u,x=0,1,2,\cdots,M-1,v,y=0,1,2,\cdots,N-1$。

$$\alpha_u=\begin{cases}1/\sqrt{M}, & u=0\\ \sqrt{2/M}, & 1\leqslant u\leqslant M-1\end{cases},\quad \alpha_v=\begin{cases}1/\sqrt{N}, & v=0\\ \sqrt{2/N}, & 1\leqslant v\leqslant N-1\end{cases}$$

DCT 变换实际上是傅里叶变换的实数部分，它将一个空间域上的信号，变换为一个频域上的信号。

例 3-4 图像的 DCT 变换。

解：设有图像如图 3-14(a)所示。该图像为一幅数字彩色图像，高度为 645 像素，宽度为 600 像素。该图像在计算机中存储为 3 个矩阵，每个矩阵为 645×600，各存储了 R、G、B 这 3 个分量信息。分别对 3 个矩阵进行 DCT 变换，其中一个矩阵的变换结果如图 3-14(b)所示。

(a) 原图

(b) 进行 DCT 变换后的图

图 3-14 图像及 DCT 变换后的频谱图

变换后矩阵的左上角是图像的低频部分，越靠近右下角，频率越高。根据对人的视觉特性研究，人的眼睛对高频部分是不敏感的。也就是说，可以舍弃图像中的高频部分而基本上不影响图像质量。而舍弃掉大量的高频数据，则达到了数据压缩的目的，有效地减少了图片占用的存储空间。

例 3-5 使用不同压缩比率后图像质量的比较。

解：图 3-14(b)对应 645×600 的矩阵 **A**(每个颜色分量都有一个)，为了舍弃高频部分，将该矩阵的高频部分置为 0 值。在这里令：

$$A(i,j)=0,\quad 388\leqslant i\leqslant 645,\quad 361\leqslant j\leqslant 600$$

此时矩阵减小为 387×360，数据量是原来的(387×360)/(645×600)=36%。

用这个矩阵重新构建图像，方法是对该矩阵进行 DCT 逆变换，变换公式如下：

$$A(x,y)=\alpha_u\alpha_v\sum_{u=0}^{M-1}\sum_{v=0}^{N-1}B(u,v)\cos\frac{(2x+1)u\pi}{2M}\cos\frac{(2y+1)v\pi}{2N}$$

其中：$u,x=0,1,2,\cdots,M-1,v,y=0,1,2,\cdots,N-1$。

$$\alpha_u = \begin{cases} 1/\sqrt{M}, & u = 0 \\ \sqrt{2/M}, & 1 \leqslant u \leqslant M-1 \end{cases}, \quad \alpha_v = \begin{cases} 1/\sqrt{N}, & v = 0 \\ \sqrt{2/N}, & 1 \leqslant v \leqslant N-1 \end{cases}$$

高频部分的舍弃图和重构后的图像如图 3-15 所示。增大高频部分的舍弃范围(保留部分分别为 258×240、130×120、65×60),以及对应的重构图如图 3-16 所示。

(a) 重构图像

(b) 舍弃的高频示意图

图 3-15 保留的低频部分和重构的图

(a) 保留范围 258×240 及重构图像

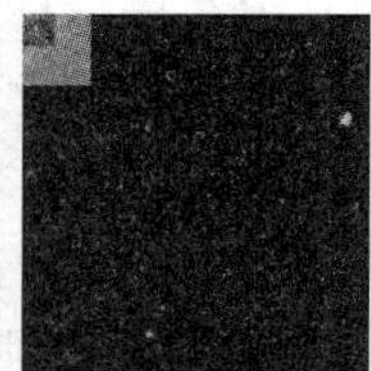

(b) 保留范围 130×120 及重构图像

图 3-16 不同压缩比的比较

(c) 保留范围 65×60 及重构图像

图 3-16 （续）

反之，仅去掉少量的低频部分，也会对图像形成很大的影响。图 3-17 是将矩阵 **A** 的前 15 行和列置为 0 的情形。

图 3-17　低频部分对图像的影响

3.3.3　JPEG 压缩流程

在实际的 JPEG 压缩过程中，具体进行了以下的运算。

(1) 将图像从 RGB 空间变换到 YUV 空间。

(2) 将图像矩阵分块，对每一块单独进行 DCT 变换。DCT 变换矩阵的大小为 8×8。根据人眼对亮度信号比对色度信号更加敏感的生理特性，将 Y 分量划分为 8×8 块，将 U、V 分量划分为 16×16 的块。U、V 分量的每一块舍弃 1/2 的信息后形成一个 8×8 的矩阵。

(3) 对变换后的 DCT 矩阵进行量化处理，即用表 3-1 和表 3-2 的量化矩阵分别对 Y 分量和 U、V 分量量化。量化的原则是低频部分用小的值量化，高频部分用大的值量化，量化的结果将会在高频部分出现大量的 0。表 3-1 和表 3-2 中的数值对 CCIR 601 标准电视图像已经是最佳的。如果不使用这两个表，也可以用自己的量化表替换它们。

表 3-1 JPEG 标准所推荐的亮度量化表

16	11	10	16	24	40	51	61
12	12	14	19	26	58	60	55
14	13	16	24	40	57	69	56
14	17	22	29	51	87	80	62
18	22	37	56	68	109	103	77
24	35	55	64	81	104	113	92
49	64	78	87	103	121	120	101
72	92	95	98	112	100	103	99

表 3-2 JPEG 标准所推荐的色度量化表

17	18	24	47	99	99	99	99
18	21	26	66	99	99	99	99
24	26	56	99	99	99	99	99
47	66	99	99	99	99	99	99
99	99	99	99	99	99	99	99
99	99	99	99	99	99	99	99
99	99	99	99	99	99	99	99
99	99	99	99	99	99	99	99

(4) 量化后的系数要重新编排，目的是为了增加连续的“0”系数的个数，就是“0”的游程长度，方法是按照 Z 字形的式样编排，如图 3-18 所示。这样就把一个 8×8 的矩阵变成一个 1×64 的矢量，频率较低的系数放在矢量的顶部。

(5) 在第(4)步得到的数据的一个特点就是有大量连续的零，因此对此数据采用行程编码。

(6) 对全部数据进行霍夫曼编码。

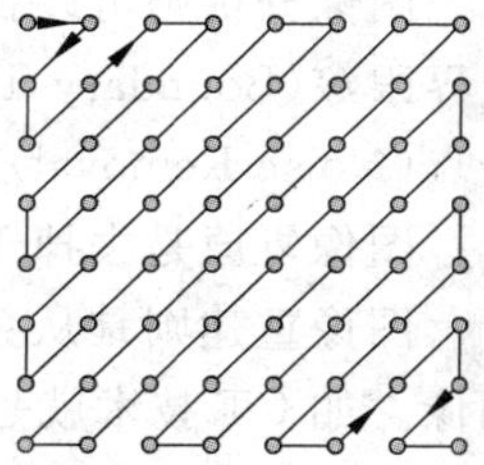

图 3-18 Z 字形编码

3.4 数字图像处理

数字图像处理的核心是矩阵运算。对于灰度图像而言，一幅 M 个像素高和 N 个像素宽的图像可以表示为一个 $M \times N$ 的矩阵。而对图像的处理，实质上是对该矩阵做各种运算。对彩色图而言，可以将彩色图像分为 R、G、B 共 3 个分量，对每个分量而言，都是一幅灰度图。这样使得处理灰度图和彩色图的方法是一样的。对图像的处理包括图像的平滑滤波、锐化处理等。

3.4.1 数字图像处理概述

数字图像的优点表现在具有良好的再现性，不会因图像的存储、传输或复制等一系列变换操作而导致图像质量的退化。图像处理精度较高，按目前的技术，几乎可将一幅模拟图像数字化为任意大小的二维数组，这主要取决于图像数字化设备的能力。现代扫描仪可以把每个像素的灰度等级量化为16位甚至更高，这意味着图像的数字化精度可以达到满足任一应用需求。图像的光学处理从原理上讲只能进行线性运算，这极大地限制了光学图像处理能实现的目标。而数字图像处理不仅能完成线性运算，而且能实现非线性处理，即凡是可以用数学公式或逻辑关系来表达的一切运算均可用数字图像处理实现。

数字图像处理(Digital Image Processing)又称为计算机图像处理，它是指将图像信号转换成数字信号并利用计算机对其进行处理的过程。早期的图像处理的目的是改善图像的质量，以改善人的视觉效果。图像处理中，输入的是质量低的图像，输出的是改善质量后的图像。

数字图像处理的内容包括：几何处理、算术处理、图像增强、图像分析、图像复原、图像重建、图像编码、图像分割、图像识别等。

几何处理主要包括坐标变换，图像的放大、缩小、旋转、移动，全景畸变校正，扭曲校正，周长、面积、体积计算等。

算术处理主要对图像施以加、减、乘、除等运算。该处理主要针对像素点处理，在医学图像的减影处理中有显著效果。

图像增强的目的是为了提高图像的质量，如去除噪声，提高图像的清晰度等。图像增强不考虑图像降质的原因，突出图像中所感兴趣的部分。如强化图像高频分量，可使图像中物体轮廓清晰，细节明显；如强化低频分量可减少图像中噪声影响。

图像分析则可以找出图像中感兴趣的部分。使用边缘检测(Edge Detection)技术和边界跟踪(Boundary Tracing)来检测图像中物体的边界；利用滤波技术来去除图像中的杂点(Noise Removal)。

图像复原是去掉干扰和模糊，恢复图像的本来面目。

图像重建则是从数据到图像的处理过程，即输入的是某种数据，而处理结果得到的是图像。如CT技术就是图像重建的典型应用。

图像编码主要是利用图像信号的统计特性以及人类视觉的生理学和心理学特性对图像信号进行高效压缩，以解决数据量大的问题。

图像分割是将图像中有意义的特征部分提取出来，其有意义的特征有图像中的边缘、区域等，这是进一步进行图像识别、分析和理解的基础。

图像识别是将图像经过某些预处理(增强、复原、压缩)后，进行图像分割和特征提取，从而对图像进行分类、描述和解释，用计算机代替人去识别图像中人们感兴趣的目标。

3.4.2 图像的增强

对于灰度图像，对应的图像矩阵中的每一个元素表示了图像在该点的亮度值，数值范围为0～255。统计每一亮度取值的像素个数，并将它们绘成直方图，可以得到图像中亮度与像素点数的关系图，称为亮度直方图或灰度直方图。

图3-19显示了一幅图像及其亮度直方图。直方图显示了每一种灰度在图中所占的比例，可以看出灰度集中在了大约70～180的区间范围内，这使得图片看起来对比度不高。而灰度扩展可以将感兴趣的灰度范围拉开，使得该范围内的像素亮的越亮，暗的越暗，从而达到增强对比度的目的。具体到图3-19中的图像，可以将20～180的灰度值区

间均匀拉伸到 0～255 的范围内。这样处理后，原图像中亮度的最小值映射为 0，最大值映射为 255，其余的中间值也同样变换。结果如图 3-20 所示。

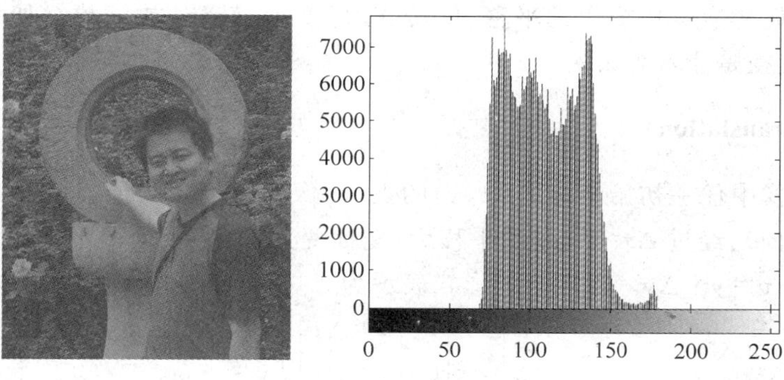

图 3-19 原始图像及其灰度直方图

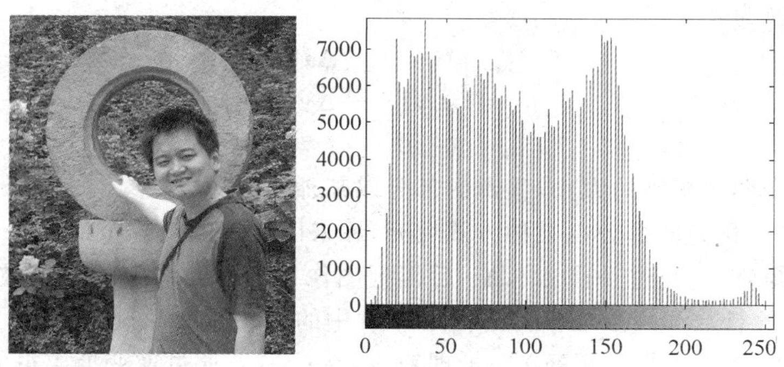

图 3-20 经过灰度扩展之后的图像与灰度直方图

直方图均衡化是一种常用的直方图修正，它是把给定图像的直方图分布改造成均匀直方图分布。由信息学的理论来解释，具有最大熵(信息量)的图像为均衡化图像。直观地讲，直方图均衡化导致图像的对比度增加。由于均衡化的算法较为复杂，在这就不详细介绍了。图 3-21 是经过均衡化之后的结果。

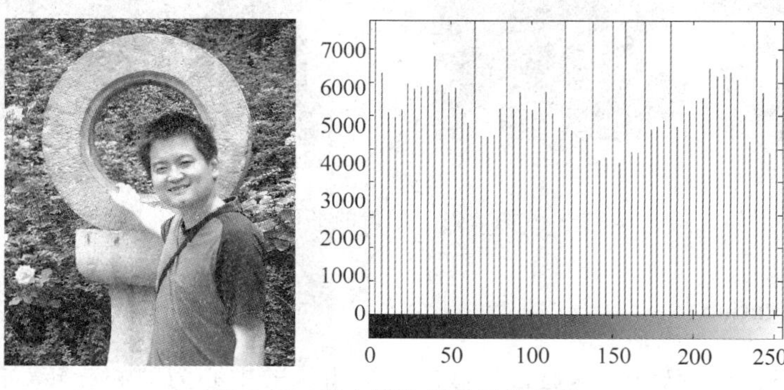

图 3-21 直方图均衡化后的结果

3.4.3 图像的几何变换

图像的几何变换包括图像的平移、旋转、镜像变换、转置、放缩等。如果熟悉矩阵运算,实现这些变换是非常容易的。

1. 平移(translation)

设原始图像中任一初始坐标为(x,y)的点(图像的左上角为原点,向右为 x 轴正向,向下为 y 轴正向),经过 Δx 和 Δy 的平移后,坐标变为(u,v)。这两个坐标点之间的关系是 $u=x+\Delta x$; $v=y+\Delta y$。以矩阵的形式表示为:

$$\begin{bmatrix} u \\ v \\ 1 \end{bmatrix} = \begin{bmatrix} 1 & 0 & \Delta x \\ 0 & 1 & \Delta y \\ 0 & 0 & 1 \end{bmatrix} \begin{bmatrix} x \\ y \\ 1 \end{bmatrix}$$

该变换的逆变换为:

$$\begin{bmatrix} x \\ y \\ 1 \end{bmatrix} = \begin{bmatrix} 1 & 0 & -\Delta x \\ 0 & 1 & -\Delta y \\ 0 & 0 & 1 \end{bmatrix} \begin{bmatrix} u \\ v \\ 1 \end{bmatrix}$$

如果不改变图像矩阵的大小,移走的部分以某种方式填充,移出的部分被截掉。也可以扩大图像矩阵,移走的部分以某种方式填充,原来图像中的内容全部保留。

设有图像矩阵 **A**,经过平移 Δx,Δy 后得到图像 **B**。假设移出的部分被裁减掉,则矩阵 **B** 和矩阵 **A** 的行数和列数是相等的。矩阵 **B** 中的任一元素 b_{uv} 通过平移公式的逆变换可以在矩阵 **A** 中找到相应的元素 a_{xy},此时有 $b_{uv}=a_{xy}$。若通过逆变换求得的 x、y 不在矩阵 **A** 中,则矩阵 **B** 中的元素以白色(或其他颜色)的背景填充。通过计算矩阵 **B** 中的每一个元素的值便可以得到平移后的图像。如图 3-22(a)、(b)所示。

(a) 原图像

(b) 平移后的图像

图 3-22 图像的平移

2. 旋转(rotation)

旋转需要有一个旋转中心,通常的做法是以图像的中心为圆心旋转,如图 3-23(b)所示为图 3-23(a)旋转 30°(顺时针方向)后的图像。可以看出,旋转后图像尺寸变大了。另一种做法是不让图像变大,超出的部分被裁剪掉,如图 3-23(c)所示。

从图 3-23(a)到图 3-23(b)的变换矩阵(推导从略)为:

(a) 原图

(b) 旋转

(c) 旋转，图像矩阵大小不变

图 3-23 图像的旋转

$$\begin{bmatrix} u \\ v \\ 1 \end{bmatrix} = \begin{bmatrix} \cos(a) & 1/2\times\cos(a)\times \text{wnew}-\sin(a) & 1/2\times\cos(a)\times\text{hnew}-1/2\times\text{wsource} \\ \sin(a) & 1/2\times\sin(a)\times\text{wnew}+\cos(a) & 1/2\times\sin(a)\times\text{hnew}+1/2\times\text{hsource} \\ 0 & 0 & 1 \end{bmatrix}\begin{bmatrix} x \\ y \\ 1 \end{bmatrix}$$

其中 a 是旋转的角度，wsource 和 hsource 是原图像的宽度和高度，wnew 和 hnew 是旋转后图像的宽度和高度。该变换的逆变换为：

$$\begin{bmatrix} x \\ y \\ 1 \end{bmatrix} = \begin{bmatrix} \cos(a) & \sin(a) & 1/2\times\text{wsource}\times\cos(a)-1/2\times\sin(a)\times\text{hsource}-1/2\times\text{wnew} \\ -\sin(a) & \cos(a) & -1/2\times\sin(a)\times\text{wsource}-1/2\times\cos(a)\times\text{hsource}+1/2\times\text{hnew} \\ 0 & 0 & 1 \end{bmatrix}\begin{bmatrix} u \\ v \\ 1 \end{bmatrix}$$

3. 镜像(mirror)和转置(transpose)

镜像分水平镜像和垂直镜像两种。水平镜像是将矩阵的第一列和最后一列对调，第二列和倒数第二列对调，依次类推；垂直镜像则是交换行值；转置就是矩阵的转置。转置和旋转 90°是有区别的，转置后图像的宽高对换了。图 3-24 分别表示了水平镜像、垂直镜像和转置的效果。

(a) 原图

(b) 水平镜像

图 3-24 图像的镜像和转置

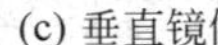

(c) 垂直镜像

(d) 转置

图 3-24 （续）

除上述变换外，图像的几何变换还有图像的缩放、扭曲、3D变换等，在此不一一详述。

3.5 Photoshop 图像处理

Photoshop 是 Adobe 公司旗下最为出名的图像处理软件之一。Adobe 公司成立于1982年，是美国最大的个人计算机软件公司之一。1985年，美国 Apple 计算机公司率先推出图形界面的 Macintosh 系列计算机。1987年秋天，Michigan 大学的一位研究生 Thomas Knoll 编制了一个程序，在 Macintosh Plus 机上显示灰阶图像。最初他将这个软件命名为 display，后来这个程序被他哥哥 John Knoll 发现了，他哥哥就职于工业光魔（此公司曾给《星战》做特效），John 建议 Thomas 将此程序用于商业。

在一次演示产品的时候，有人建议 Thomas 这个软件可以叫 Photoshop，Thomas 很满意这个名字，后来就保留下来了，后来被 Adobe 公司收购后，这个名字仍然被保留。

在众多图像处理软件中，Adobe 公司推出的专门用于图像处理的软件 Photoshop 以其强大的功能、集成度高、适用面广和操作简便而著称于世。它不仅提供强大的绘图工具，可以直接绘制艺术图形，还能直接从扫描仪、数码相机等设备采集图像，并对它们自发进行修改、修复，调整图像的色彩、亮度，改变图像的大小，而且还可以对图像增加特殊效果，使现实生活中很难遇见的景象十分逼真地展现；同时可以改变图像的颜色模式，并能在图像中制作艺术文字等。

从功能上看，Photoshop 可分为图像编辑、图像合成、校色调色及特效制作部分。图像编辑是图像处理的基础，可以对图像做各种变换如放大、缩小、旋转、倾斜、镜像、透视等，也可进行复制、去除斑点、修补、修饰图像的残损等，这在婚纱摄影、人像处理制作中有非常大的用场，它通过去除人像上不满意的部分，进行美化加工，得到让人非常满意的效果。

图像合成则是将几幅图像通过图层操作、工具应用合成完整的、传达明确意义的图像，这是美术设计的必经之路。Photoshop 提供的绘图工具让外来图像与创意很好地融合成为可能，使图像的合成天衣无缝。

校色调色是 Photoshop 中深具威力的功能之一，可方便快捷地对图像的颜色进行明暗、色偏的调整和校正,也可在不同颜色模式间进行切换以满足不同领域如网页设计、印刷、多媒体等方面的应用。

特效制作在 Photoshop 中主要由滤镜、通道及工具综合应用来完成,包括图像的特效创意和特效字的制作,如油画、浮雕、石膏画、素描等,常用的传统美术技巧都可由 Photoshop 特效完成。

本节介绍如何使用 Photoshop 软件来处理图像,使用的 Photoshop 为 CS3 版本(CS 是 Ctreative Suite 的缩写),运行环境为 Vista。

3.5.1 Photoshop 使用概述

首次启动 Adobe CS3 时,会看到默认工作区如图 3-25 所示。Photoshop 默认工作区是一种典型的工作区:位于顶部的菜单栏用于组织菜单下面的命令。"工具"面板包含用于创建和编辑图像、图稿、页面元素等的工具,相关工具将编为一组。"控制"面板(在 Photoshop 中称为选项栏)显示当前所选工具的选项。"文档"窗口显示正在使用的文件。面板可帮助监视和修改工作。示例包括 Photoshop 中的"图层"调板,可以通过从"窗口"菜单中选择任何面板来添加该面板。很多面板都具有菜单,其中包含特定于面板的选项。可以对面板进行编组、堆叠或停放。

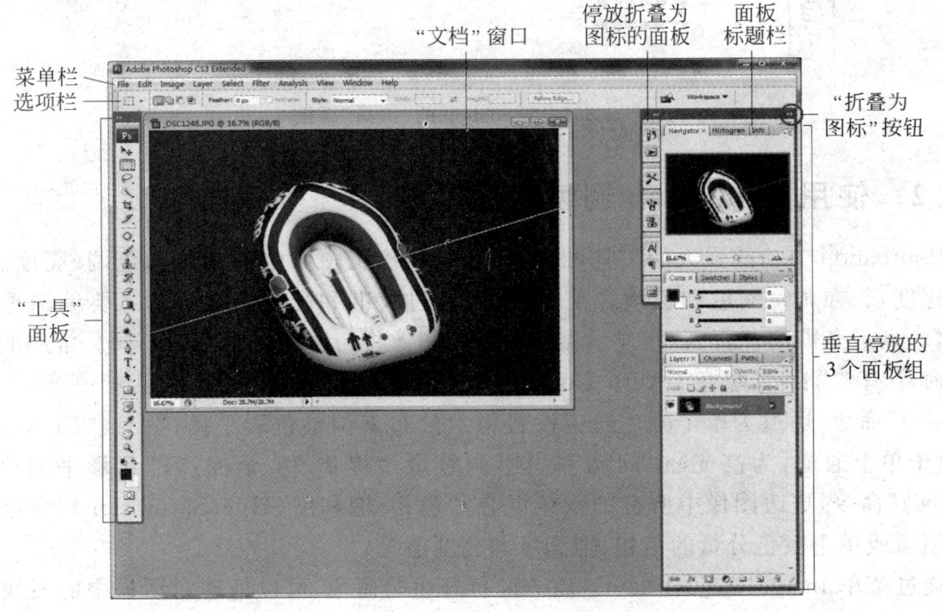

图 3-25 默认 Photoshop 工作区

启动 Photoshop 时,"工具"面板将显示在屏幕左侧。"工具"面板中的某些工具会在上下文相关选项栏中提供一些选项。通过这些工具,可以选择、绘制、取样、编辑、移动、注释和查看图像,编辑文字。其他工具可以更改前景色或背景色。可以展开某些工具以查看后面的隐藏工具。工具图标右下角的小三角形表示存在隐藏工具。将指针放在任何工具上,可以查看有关该工具的信息,工具的名称将出现在指针下面的工具提示中。某些工具提示包含指向有关该工具的附加信息的链接。图 3-26 是“工具”面板及其简单的说明。

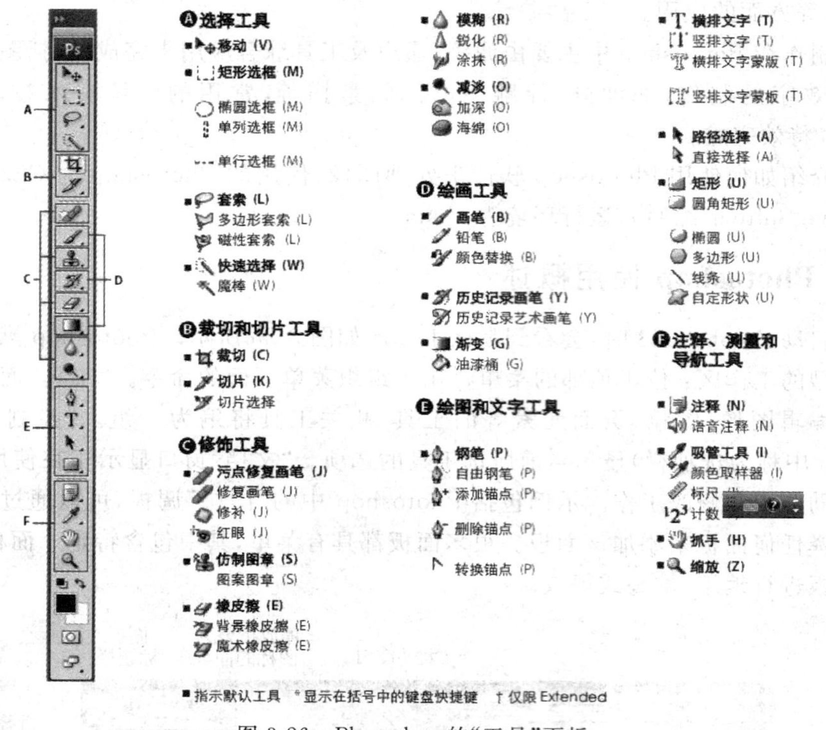

图 3-26 Photoshop 的“工具”面板

3.5.2 使用 Photoshop 调整图像

Photoshop 中功能强大的工具可增强、修复和校正图像中的颜色和色调（亮度、暗度和对比度）。在调整颜色和色调之前，应使用经过校准和配置的显示器。要编辑重要图像，这一点是必需的。否则，在显示器上看到的图像将与印刷时看到的不同。常用的色彩调整命令有：“自动颜色（Auto Color）”命令，快速校正图像中的色彩平衡；“色阶（Levels）”命令，通过为单个颜色通道设置像素分布来调整色彩平衡；“曲线（Curves）”命令，对于单个通道，为高光、中间调和阴影调整最多提供 14 个控点；“色彩平衡（Color Balance）”命令，更改图像中所有的颜色混合；“色相/饱和度（Hue/Saturation）”命令调整整个图像或单个颜色分量的色相、饱和度和亮度值等。

通过菜单 Image|Adjustments|Levels 打开色阶命令，可以拖动对话框中的滑块来调整颜色的分布。色阶对话框及待调整的图像如图 3-27 所示。重新调整色阶的图像变化及相应的色阶滑块位置如图 3-28 所示。

使用“色相/饱和度”命令，可以调整图像中特定颜色分量的色相、饱和度和亮度，或者同时调整图像中的所有颜色。此命令尤其适用于微调 CMYK 图像中的颜色，以使它们处在输出设备的色域内。在菜单 Image|Adjustments|Hue/Saturation 中启动该命令，出现的对话框和调整后的示例如图 3-29 所示。

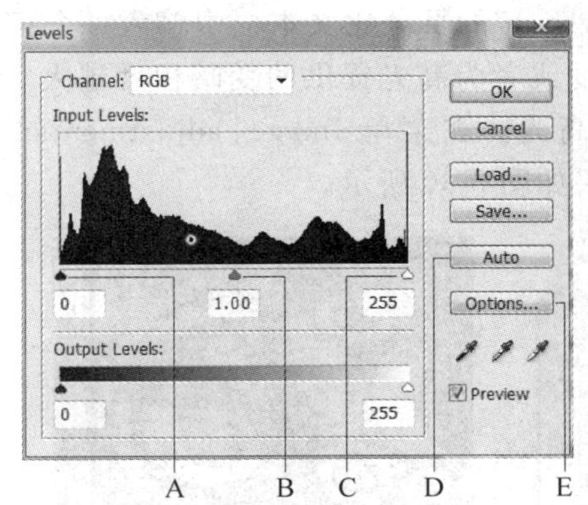

A. 阴影 B. 中间调 C. 高光 D. 应用自动颜色校正 E. 打开“自动颜色校正选项”对话框

图 3-27 色阶以及样图

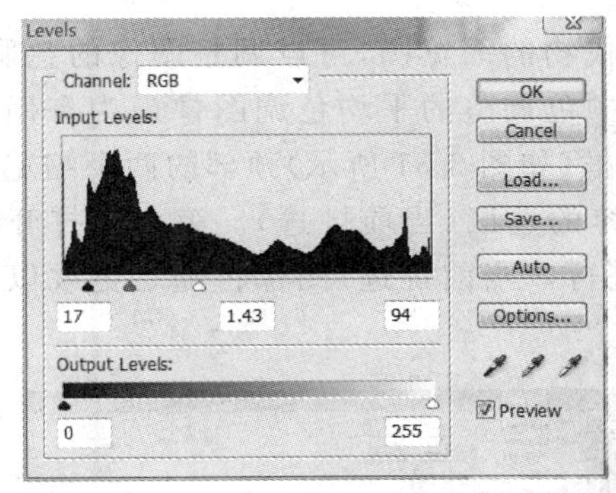

图 3-28 调整色阶，重新分布色彩

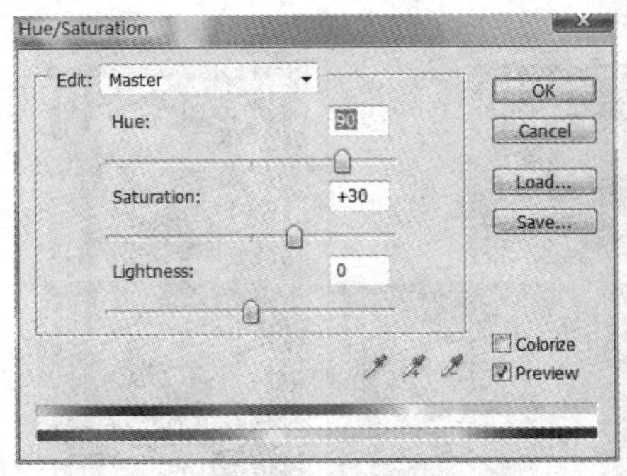

图 3-29 色相和饱和度的调整以及色相改变+90 度和饱和度增加 30%后的结果

“阴影/高光(Shadows/Highlights)”命令适用于校正由强逆光而形成剪影的照片，或者校正由于太接近相机闪光灯而有些发白的焦点。在用其他方式采光的图像中，这种调整也可用于使阴影区域变亮。“阴影/高光”命令不是简单地使图像变亮或变暗，它基于阴影或高光中的周围像素(局部相邻像素)增亮或变暗。正因为如此，阴影和高光都有各自的控制选项。默认值设置为修复具有逆光问题的图像。通过移动“数量(Amount)”滑块

或者在“阴影(Shadows)”或“高光(Highlights)”的百分比文本框中输入一个值来调整光照校正量。值越大,为阴影提供的增亮程度或者为高光提供的变暗程度越大。既可以调整图像中的阴影,也可以调整图像中的高光。在菜单 Image | adjustments | Shadows/Highlights 中启动该命令,示例的调整结果如图 3-30 所示。

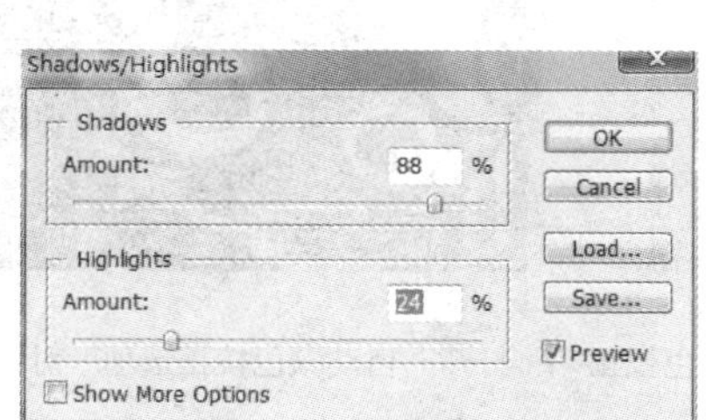

图 3-30 “阴影/高光”的调整

“变化(Variations)”命令通过显示替代物的缩览图,可以调整图像的色彩平衡、对比度和饱和度。此命令对于不需要精确颜色调整的平均色调图像最为有用。选择菜单项 Image| Adjustments| Variations,对话框(如图 3-31 所示)顶部的两个缩览图显示原始选区(原图)和包含当前选定的调整内容的选区(当前挑选)。第一次打开该对话框时,这两个图像是一样的。随着调整的进行,“当前挑选”图像将随之更改以反映所进行的处理。

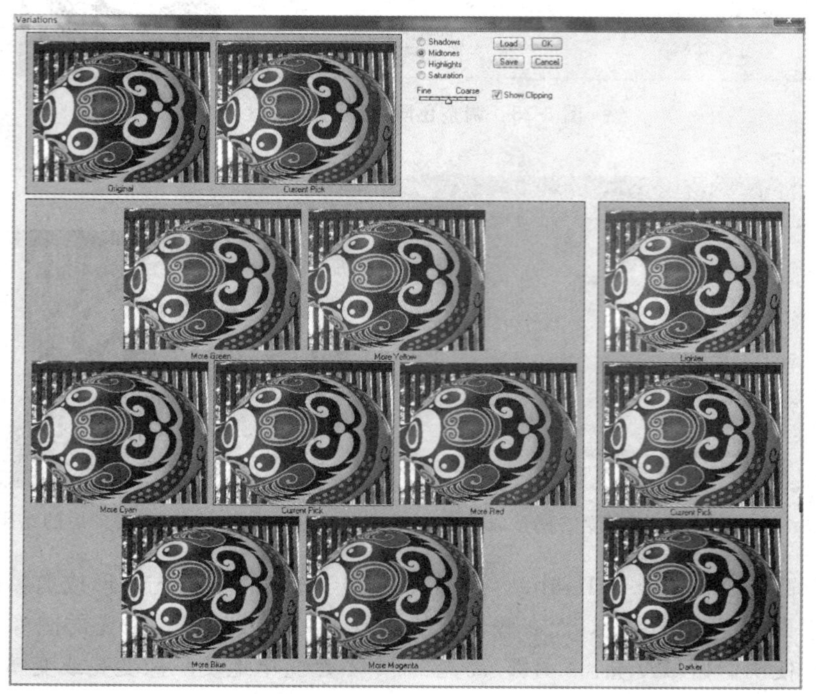

图 3-31 “变化”命令及对话框预览

单击缩览图产生的效果是累积的。例如，单击"加深红色(More Red)"缩览图两次将应用两次调整。每单击一个缩览图时，其他缩览图都会更改。3个"当前挑选"缩略图始终反映当前的选择情况。

3.5.3 使用 Photoshop 的图层

Photoshop 图层如同堆叠在一起的透明纸，可以透过图层的透明区域看到下面的图层；可以移动图层来定位图层上的内容；也可以更改图层的不透明度以使内容部分透明；可以使用图层来执行多种任务，如复合多个图像、向图像中添加文本或添加矢量图形等；可以应用图层样式来添加特殊效果，如投影或发光。

图 3-32 显示了一个具有多个图层的图以及对应的图层面板和简单的介绍。图层的不透明度确定它遮蔽或显示其下方图层的程度。不透明度为 1% 的图层看起来几乎是透明的，而不透明度为 100% 的图层则显得完全不透明。要改变透明度，在"图层"调板的"不透明度"文本框中输入值，或拖动"不透明度"弹出式滑块。

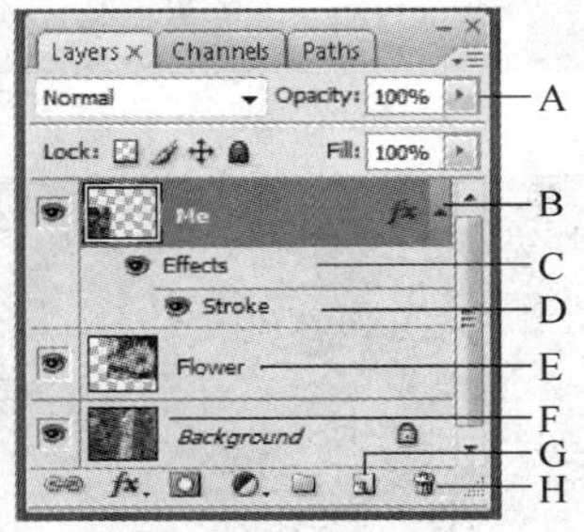

A.透明度 B.展开/折叠图层效果 C.效果显示 D.图层效果 E.图层名
F.图层 G.新建图层 H.删除图层

图 3-32 图层及图层面板

图 3-33 是一个透明度改变的例子，其中 Me 图层的透明度为 40%，Flower 图层的透明度为 80%。

图 3-33 图层透明度的改变

图层的混合模式确定了其像素如何与图像中的下层像素进行混合。使用混合模式可以创建各种特殊效果。在默认情况下，图层组的混合模式是"穿透"，这表示组没有自己的混合属性。为组选取其他混合模式时，可以有效地更改图像各个组成部分的合成顺序。首先会将组中的所有图层放在一起。然后，这个复合的组会被视为一幅单独的图像，并利用所选混合模式与图像的其余部分混合。因此，如果为图层组选取的混合模式不是"穿透"，则组中的调整图层或图层混合模式将都不会应用于组外部的图层。要应用混合模式，在"图层"调板中，从"混合模式"弹出式菜单中选取一个选项。图 3-34 是一些模式的示例，在混合过程中，去掉了 Me 图层，在 Flower 图层上改变了混合模式。

图 3-34 不同的图层混合模式

3.5.4 Photoshop 的选区和文字

如果要对部分图像进行更改，则首先需要选择待修改的图像区域。选区用于分离图像的一个或多个部分。通过选择特定区域，可以编辑效果和滤镜并将其应用于图像的局部，同时保持未选定区域不会被改动。通过使用“工具”面板中的选择工具或通过在蒙版上绘画并将此蒙版作为选区载入，可以在 Photoshop 中选择像素区域，还可以使用“选择(Select)”菜单中的命令选择全部像素、取消选择或重新选择。

可以复制、移动和粘贴选区，或将选区存储在 Alpha 通道中。Alpha 通道将选区存储为称作蒙版的灰度图像中。蒙版类似于反选选区，它将覆盖图像的未选定部分，并阻止对此部分应用任何编辑或操作。通过将 Alpha 通道载入图像中，可以将存储的蒙版转换成选区。

选框工具允许选择矩形、椭圆和宽度为 1 个像素的行或列。矩形选框可以建立一个矩形选区(配合使用 Shift 键可建立正方形选区)。椭圆选框工具建立一个椭圆形选区(配合使用 Shift 键可建立圆形选区)。单行或单列选框将边框定义为宽度为 1 个像素的行或列。在选择的同时,可以在选项栏中指定一个选区选项,以说明新选区域与原来区域的关系。如图 3-35 所示。

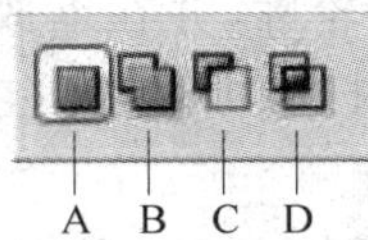

A. 新选区 B. 添加到选区 C. 从选区减去 D. 与选区交叉

图 3-35 选区选项

在使用矩形选框工具或椭圆选框工具时,按住 Shift 键拖动可将选框限制为正方形或圆形。

可以通过羽化来平滑选区边缘。羽化通过建立选区和选区周围像素之间的转换边界来模糊边缘。该模糊边缘将丢失选区边缘的一些细节。可以在使用工具时为选框工具、套索工具、多边形套索工具或磁性套索工具定义羽化,也可以向现有的选区中添加羽化。图 3-36 中的 4 幅小图分别显示了使用矩形选框工具选择部分图像,然后粘贴到新图像以

(a) 背景图

(b) 前景图

(c) 矩形选区,不羽化

(d) 矩形选区,羽化 30像素

(e) 不规则选区,不羽化

(f) 不规则选区,羽化 30像素

图 3-36 选取及羽化的示例

及使用套索工具选择不规则的图像粘贴时的情形。在用这两个工具选择时，分别使用了不羽化和30像素的羽化。

Photoshop保留基于矢量的文字轮廓，并在缩放文字、调整文字大小、存储PDF或EPS文件或将图像打印到Postscript打印机时使用它们。因此，将可能生成带有与分辨率无关的犀利边缘的文字。

当创建文字时，“图层”调板中会添加一个新的文字图层。创建文字图层后，可以编辑文字并对其应用图层命令。可以对文字图层进行更改并且仍能编辑文字，如更改文字的方向，应用消除锯齿，在点文字与段落文字之间转换，基于文字创建工作路径等。在对文字图层进行了栅格化的更改之后，Photoshop将基于矢量的文字轮廓转换为像素。栅格化文字不再具有矢量轮廓并且再也不能作为文字进行编辑。

在“工具”面板中选择横排文字工具或直排文字工具，在图像中单击，为文字设置插入点。光标中的小线条标记的是文字基线（文字所依托的假想线条）的位置。对于直排文字，基线标记的是文字字符的中心轴。在选项栏、字符调板或段落调板中选择其他文字选项后开始输入字符。要开始新的一行，按Enter键。图3-37是两幅文字的示例。

(a) 在图像上标注文字

(b) 标注变形文字

图3-37 文字的例子

3.5.5 使用 Photoshop 中的滤镜

通过使用滤镜（Filter），可以清除图像中的斑点和修饰照片，为图像增添素描或印象派绘画外观的特殊艺术效果，还可以使用扭曲和光照效果创建独特的变换。Adobe提供的滤镜显示在“滤镜（Filter）”菜单中。第三方开发商提供的某些滤镜可以作为增效工具使用。在安装后，这些增效工具滤镜出现在“滤镜”菜单的底部。要使用滤镜，从“滤镜”菜单中选取相应的子菜单命令。

图 3-38 展示了一些滤镜的效果，分别是原图、模糊滤镜、锐化滤镜、扭曲滤镜、素描\炭笔滤镜、光照效果。

(a) 原图　(b) 模糊　(c) 锐化　(d) 扭曲　(e) 素描/炭笔　(f) 光照

图 3-38　滤镜及其效果

思考与练习

1. 什么是矢量图？什么是位图？两者之间有何异同点？

2. 什么是 256 色图？什么是真彩色图？在实际运用中，你认为应该根据哪些因素来选择颜色的数目？

3. 什么是色调、饱和度和明度？

4. 简述加色原理和减色原理。

5. 简述 RGB 颜色空间、Lab 颜色空间、YUV 颜色空间是对颜色如何进行描述的。

6. 举例说明图像数字化的过程，并估算数字化后图像文件的大小。

7. 谈谈你对不同图像文件格式的看法，在实际运用中，如何选择格式？

8. 简述 JPEG 的压缩过程。

9. 分别将一幅图像以 jpg、bmp、tiff、png、pdf、psd 的格式保存，比较它们占用空间的大小和画面的质量。再将这些图像用压缩软件压缩，如(rar 或 zip)，比较压缩后的大小。选择不同画面的图像，如风景画、屏幕抓图等，重复上述过程，你认为画面和文件的大小有什么关系？

10. 在一幅图像中选择一个局部，如一个花瓣、蓝天等单一景物。求出在这一局部中，红、绿和蓝颜色分量的最大亮度值是多少？最小亮度值是多少？

11. 打开一幅图像，指出这幅图像最亮的地方在哪里，最暗的地方在哪里？

12. 将一幅图像镜像后和原图拼合成一幅图像。

13. 运用你熟悉的某种编程语言和编程环境，完成一种图像变换的算法。

第4章 视频信息处理

视频是运动的图像，既可提供高速信息传送，也可显示瞬间的相互关系。视频是由相继拍摄并存储的图像组成的。除了有图像的高速信息传送特性外，由于加入了随同图像的时间因素，因而视频有更多的信息。和动画和音频一样，视频也是动态的。例如，可自始至终地观看到整个设备的运作顺序，并显示出每个步骤。观众可准确地看到每个零部件的位置，准确地看到如何调整，并准确地知道它要花多长时间。这是用任何形式的书面材料都不可能完全表达的信息。

4.1 电视技术基础

电视广播在我国开始于1958年7月1日。当时及以后的约20年的时间内，播出的是黑白电视，采用的多是直播方式，也就是用一台或几台摄像机在演播室内将播音员或演出的节目即时地拍摄下来，使现场的活动画面转换成电信号，经导演切换后实时地选送出一路图像信号送往电视发射台，由发射台通过高处的发射天线以电磁波形式辐射向四面八方，供电视机接收。

20世纪70年代有了磁带录像机，于是，电视广播出现了录播方式，也就是可以提前将各种节目录制下来，通过编辑加工等后期处理工艺，制作出完好的节目磁带，而后依照编排的节目顺序按时播出。录播方式使电视广播节目的内容不受时间、空间的限制。现在，电视台的极大部分节目都是用录播方式播出的。

在电视信号的传输方面，最初都是依靠无线开路方式实现的，随着技术的发展，相继出现了卫星广播方式和有线电视网广播方式。以后，星网结合的电视广播方式会成为供用户接收电视信号的基本手段。

4.1.1 电视信号

电视信号主要由图像信号（视频信号）和伴音信号（音频信号）两大部分组成。图像信号的频带为0MHz～6MHz，伴音信号的频带一般为20Hz～20kHz。为了能进行远距离传送，并避免两种信号的互相干扰，在发射台将图像信号和伴音信号分别采用调幅和调频方式调制在射频载波上，形成射频电视信号从电视发射天线发射出去，供各电视机接收。

电视屏幕上之所以能显现出活动图像，是因为利用了人的眼睛的视觉暂留特性。我国电视每秒放送 25 幅图像，此时，仍会感到光亮度的闪烁，眼睛容易疲劳。但再增加幅频，则电视发射和接收的结构变化太复杂，故而把每幅图分先后两次来放送，这样，光亮度变化的次数就增加到 50 次/秒，人眼看上去就舒服多了。具体的做法就是隔行扫描(Interlaced Scanning)，如图 4-1(a)所示。即把一幅图像分成两步扫，第一步先扫 1、3、5…行，第二步扫 2、4、6…行(共 625 行)，每两步扫完一个完整的画面。最后使眼睛感觉到是连续活动的景象。

传送电视图像时，将每幅图像分解成很多像素，按照一个一个像素、一行一行的方式顺序传送或接收称为扫描。扫描过程是按水平扫描和垂直扫描两种方式综合进行的。水平扫描是水平方向的扫描，又叫做行扫描。垂直扫描是垂直方向的扫描，也叫做场扫描。

电视图像的扫描行数通常指水平行的数目。扫描行数越多，电视清晰度越高。我国的电视制式规定水平扫描行数为 625。扫描行数也称为垂直分辨率(Vertical Resolution)。

隔行扫描需要从上到下扫描两遍才能完成一幅图像的显示，第一遍扫描奇数行，称为奇数场(Odd Field)；第二遍扫描偶数行，称为偶数场(Even Field)。所以隔行扫描需要两场。

除了隔行扫描外，还有逐行扫描(Progressive Scanning)。当电视摄像管或显像管中的电子束沿水平方向从左到右、从上到下以均匀速度依照顺序一行紧跟一行地扫描显示图像时，称为逐行扫描，如图 4-1(b)所示。从上到下扫描一幅完整的画面，称为一帧(Frame)。每秒钟传送的电视图像帧数(即图像的张数)称为帧频。由于电视采用隔行扫描，即将一帧(张)图像分成两次来传递，传一次即称为一场。因此场频是帧频的二倍，对应于 25Hz 帧频时的场频为 50Hz。

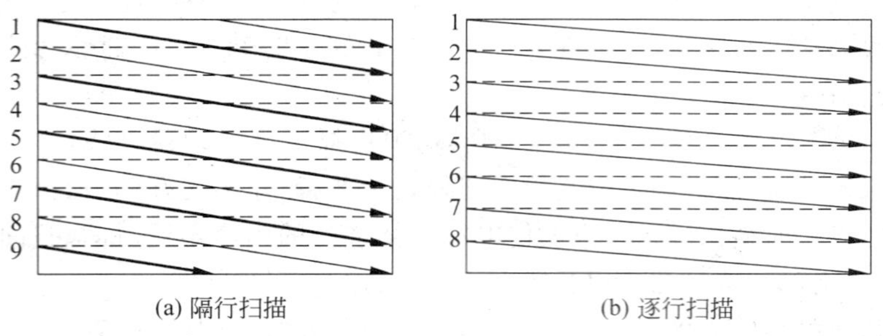

(a) 隔行扫描　　(b) 逐行扫描

图 4-1　隔行扫描和逐行扫描

逐行扫描简单、可靠、图像清晰，但是为了保证得到高质量的图像，必须要求传输通道具有很宽的频带，因此，目前在广播电视系统中采用的是隔行扫描方式，而在计算机中采用逐行扫描方式。

在电视机显像管的荧光屏上涂有荧光物质，高速运动的电子束轰击荧光屏时，就能发出光来。当电子束受水平和垂直两个方向的综合控制而迅速扫描荧光屏时，即可出现由一行一行的亮线组成的矩形发光图案，通常称为光栅。

在传送电视节目的过程中，接收端与发送端按照相同的步调(顺序)扫描像素时，才能重显完整而稳定的图像，这叫做收发两端同步。接收与发送两端同步包含水平和垂直两个方向的扫描同步。当扫描时,在每一行使收发两端同步称为水平同步或叫做行同步,在每一场使其同步称为垂直同步也叫做场同步。

上面考虑的是单色视频信号。电视中使用亮度(Luminance,用符号 Y 表示)和色差(Chrominance,用 $C1/C2$ 表示)表示彩色图像。用 $Y/C1/C2$ 表示的彩色视频信号称为分量信号(Component signal)。分量信号可以获得非常好的图像质量,但它需要 3 个分量信号很好的同步,而且需要 3 倍的带宽。

视频中采用 Y、$C1$、$C2$ 表示彩色有两个优点:一是 Y 和 $C1$、$C2$ 是独立的,即色差信号 $C1$、$C2$ 仅包含色度信息,不包含亮度信息;亮度信号 Y 仅包含亮度信息,而不含色度信息。因此,彩色电视和黑白电视可以同时接收彩色电视信号,并且在黑白电视接收机中 Y 信号可以直接使用,不必做任何处理;二是可以利用人眼对亮度较为敏感,而对色度相对不够敏感的视觉特性,降低 $C1$、$C2$ 信号的采样频率,使 $C1$、$C2$ 的带宽明显低于 Y 的带宽,而又不明显影响重显彩色图像的观看。

不同的电视标准 $C1$ 和 $C2$ 的定义不同。在 NTSC(见第 4.1.2 节)彩色电视中,$C1$、$C2$ 分别表示 I、Q 两个色差信号。

$$I = 0.60R + 0.28G - 0.32B$$
$$Q = 0.21R + 0.52G + 0.31B$$
$$Y = 0.30R + 0.59G + 0.11B$$

在 PAL 彩色电视中,$C1$,$C2$ 分别表示 U、V 两个色差信号。

$$U = B - Y$$
$$V = R - Y$$
$$Y = 0.30R + 0.59G + 0.11B$$

复合视频信号(Composite Video Signal)将色差信号在亮度信号之上进行编码,作为单个信号与亮度信号拥有相同的带宽。由于亮度信号和色差信号是穿插在一起的,在信号重放时很难完全恢复出原来的色彩。这种信号一般可通过电缆输入或输出到家用录像机上,其信号带宽较窄,一般只有水平 240 线左右的分辨率。复合视频信号中不包含伴音,一般与视频输入、输出端口配套的还有音频输入、输出端口(Audio-In、Audio-Out),以便同步传输伴音。因此,有时复合视频接口也称为 AV(Audio Video)接口,如图 4-2(a)所示。

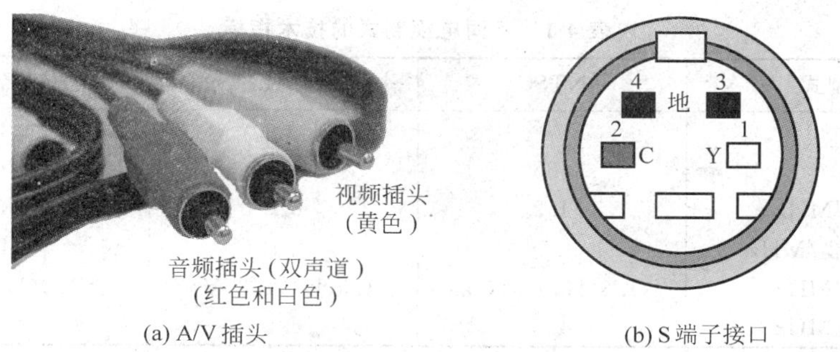

(a) A/V 插头　　(b) S 端子接口

图 4-2　复合视频接口和 S 端子接口

分离电视信号 S-Video(Separated Video-VHS)是一种两分量的视频信号，它把亮度和色度信号分成两路独立的模拟信号，一条用于亮度信号，另一条用于色差信号，这两个信号称为 Y/C 信号。这种信号不仅其亮度和色度都具有较宽的带宽，而且由于亮度和色度分开传输，可以减少其互相干扰，水平分解率可达 420 线。与复合视频信号相比，S-Video 可以更好地重现色彩，S-Video 使用 4 针连接器，通常称为 S 端子(图 4-2(b))。

在无线或有线电视中，将视频的亮度信号、色度信号、同步信号和伴音信号复合在一起，称为全电视信号，为了在空中传播，需将它们调制成高频信号，也叫射频(RF-Radio Frequency)信号，每个信号占用一个频道。电视接收机能够将所接收到的高频电视信号还原成视频信号和低频伴音信号，并能够在其荧光屏上重现图像，在其扬声器上重现伴音。射频信号的接口形式就是常见的天线接口或有线电视接口。

4.1.2 电视制式

实现电视的特定方式，称为电视的制式。在黑白电视和彩色电视发展过程中，分别出现过许多种不同的制式。目前各国的电视制式不尽相同，制式的区分主要在于其帧频(场频)、分解率、信号带宽以及载频、色彩空间的转换关系不同等。世界上现行的彩色电视制式有 3 种：NTSC(National Television System Committee)制、PAL(Phase Alternation Line)制和 SECAM 制。

NTSC 是 1952 年由美国国家电视标准委员会指定的彩色电视广播标准，它采用正交平衡调幅的技术方式，故也称为正交平衡调幅制。美国、加拿大等大部分西半球国家以及中国的台湾、日本、韩国、菲律宾等均采用这种制式。

PAL 制式是西德在 1962 年指定的彩色电视广播标准，它采用逐行倒相正交平衡调幅的技术方法，克服了 NTSC 制相位敏感造成色彩失真的缺点。西德、英国等一些西欧国家、新加坡、中国大陆及香港、澳大利亚、新西兰等国家和地区采用这种制式。

SECAM 制式是法文的缩写，意为顺序传送彩色信号与存储恢复彩色信号制，是由法国在 1956 年提出、1966 年制定的一种新的彩色电视制式。它也克服了 NTSC 制式相位失真的缺点，但采用时间分隔法来传送两个色差信号。使用 SECAM 制的国家主要集中在法国、东欧和中东一带。

3 种制式的主要参数见表 4-1。

表 4-1 不同电视制式的技术指标

TV 制式	NTSC	PAL	SECAM
帧频/Hz	30	25	25
行/帧	525	625	625
亮度带宽/MHz	4.2	6.0	6.0
彩色幅载波/MHz	3.58	4.43	4.25
色度带宽/MHz	1.3(I),0.6(Q)	1.3(U),1.3(V)	>1.0(U),>1.0(V)
声音载波/MHz	4.5	6.5	6.5

4.2 数字视频

数字视频结合了图像和音频的特征，为数字媒体产品创建了动态的内容。数字视频的内容是被计算机捕捉并数字化了的摄像机或电影的胶片。通过把图形图像放在一起创建动画也可以获得数字视频。

4.2.1 视频数字化

视频内容从摄像机或者录像带上转到计算机上的过程叫做资料的数字化或者采集。这个过程包括把视频内容录制到计算机中的同时将它播放出来。播放和转录既可以使用专门的采集软件，也可以使用视频编辑软件。当采集完所有所需的内容后，就可以开始编辑了。采集的流程如图 4-3 所示。

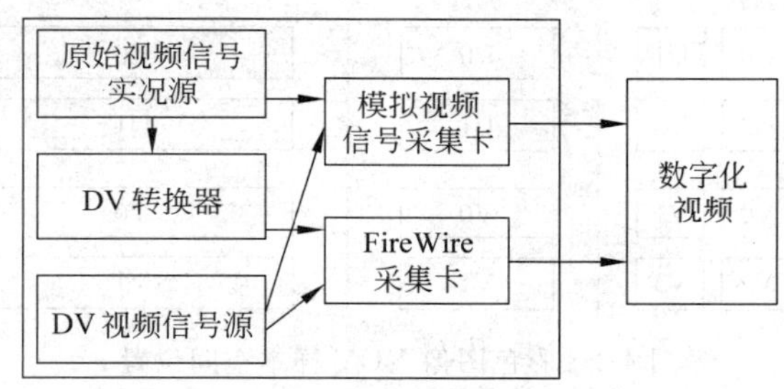

图 4-3 采集的流程

在对视频信息进行编辑编码时，视频信息首先需要被转换到硬盘上变成可以操作的形式。可以使用模拟视频信号源和一块采集卡来完成这个工作，这个过程叫做视频采集。视频采集卡接收模拟视频信号，然后把它转化成数字视频数据。

如果有 1394 接口（FireWire/iLink），那么只需要数字化传输信息就可以了。通过 IEEE 1394 接口采集视频信号其实完全不是“采集”，这只是传输数据而已。1394 设备，例如兼容摄像机，会被看做是连接到计算机的设备。1394 标准包括设备控制在内，因此多数情况下可以通过视频编辑软件控制摄像机。

从摄像机传输数字视频数据到硬盘上就是使用采集软件的控制功能找到需要传输的片段，然后单击 record（录制）按钮。通过 DV 编码器，视频数据以整幅图片大小、25fps 的速度传送到硬盘上。

4.2.2 数字视频子采样

对彩色电视图像进行采样时，可以采用两种采样方法。一种是使用相同的采样频率对图像的亮度信号和色差信号进行采样，另一种是对亮度信号和色差信号分别采用不同的采样频率进行采样。如果对色差信号使用的采样频率比对亮度信号使用的采样频率低。这种采样就称为图像子采样（subsampling）。主要的子采样方法有以下 3 种。

(1) $Y:U:V=4:1:1$　这种方式是在每 4 个连续的采样点上，取 4 个亮度 Y 的样本值，而色差 U、V 分别取其第一点的样本值，共 6 个样本。

(2) $Y:U:V=4:2:2$　这种方式是在每 4 个连续的采样点上，取 4 个亮度 Y 的样本值，而色差 U、V 分别取其第一点和第三点的样本值，共 8 个样本。这种方式能给信号的转换留有一定余量，效果更好一些。这是通常所用的方式。

(3) $Y:U:V=4:4:4$　在这种方式中，对每个采样点，亮度 Y，色差 U、V 各取一个样本。这种方式对于原本就具有较高质量的信号源，可以保证其色彩质量，但信息量大。

图 4-4 是 3 种子采样方式的示意图。

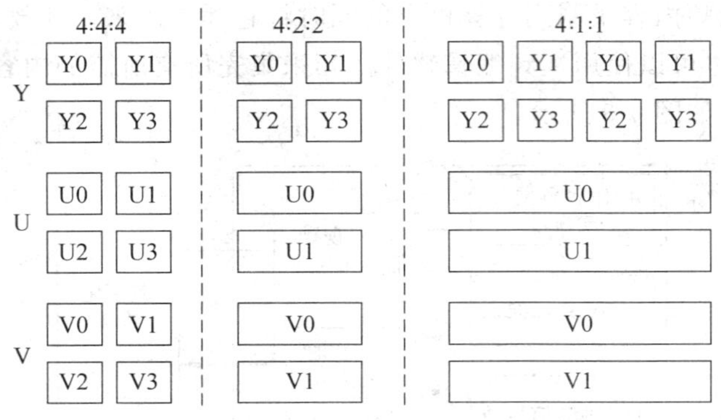

图 4-4　彩色图像 YUV 样本空间位置

与静态图像的数字化不同，视频的数字化不仅要在空间上进行采样，还要在时间上进行采样，即每隔一定的时间进行一次空间上（帧）的采样。PAL 制式的采样帧速率是 25 帧/秒，NTSC 制式的文件采样帧速率是 29.97 帧/秒，在数字视频中，帧速率是可以更改的，如一般动画的帧速率是 12 帧/秒或更低。通常用时间码(Time Coder)来识别和记录视频数据流中的每一帧，从一段视频的起始帧到终止帧，其间的每一帧都有一个唯一的时间码地址。根据动画和电视工程师协会 SMPTE(Society of Motion Picture and Television Engineers)使用的时间码标准，其格式是：小时：分钟：秒：帧，或 hours：minutes：seconds：frames。一段 PAL 制式时间码标记为 00：02：31：15 的视频片段的播放时间为 2 分钟 31 秒 15 帧，如果以每秒 25 帧的速率播放，则播放时间为 2 分钟 31.5 秒。在录制和制作视频节目时要求时间码是连续的，否则播放会中断。

4.3　视频编码

视频编码是将视频数据压缩转换后，存储位为某种特定格式的视频文件。目前视频制作中最为重要的编解码标准有国际电联的 H.261、H.263，国际标准化组织运动图像专家组的 MPEG 系列标准，此外在互联网上被广泛应用的还有 Real-Networks 的 RealVideo、微软公司的 WMV 以及 Apple 公司的 QuickTime 等。

4.3.1 MPEG-1 编码标准

运动图像专家小组(Moving Picture Experts Group,MPEG)的活动开始于 1988 年,其目标是要在 1990 年建立一个标准的草案。MPEG 和 JPEG 两个专家小组都是在 ISO 领导下的专家小组,其小组成员也有很大的交叠。MPEG 专家小组的研究内容,不仅限制于数字视频压缩,音频及音频和视频的同步问题都不能脱离视频压缩独立进行。MPEG-1 视频是面向比特率大约为 1.5Mbps 的视频信号的压缩,MPEG-1 音频是面向每通道速率为 64Kbps、28Kbps 和 192Kbps 的数字音频信号的压缩,MPEG-1 的最终目标还得解决数字视频和数字音频等多样压缩数据流的复合和同步的问题。所以,MPEG-1 是将数字视频信号和与其相伴随的音频信号在一个可以接受的质量下,能被压缩到比特率约 1.5Mbps 的一个 MPEG 单一比特流。

MPEG-1 的标准号为 ISO/IEC 11172,标准名称为"信息技术-用于数据速率高达大约 1.5Mbps 的数字存储媒体的电视图像和伴音编码(Information technology-Coding of moving pictures and associated audio for digital storage media at up to about 1.5Mbps)"。它已于 1992 年底正式被 ISO/IEC 采纳,由以下 5 个部分组成:

(1) MPEG-1 系统(MPEG-1 Systems),规定电视图像数据、声音数据及其他相关数据的同步,标准名是 ISO/IEC 11172-1:1993 Information technology-Coding of moving pictures and associated audio for digital storage media at up to about 1.5Mbps-Part 1:Systems。

(2) MPEG-1 电视图像(MPEG-1 Video),规定电视数据的编码和解码,标准名是 ISO/IEC 11172-2:1993 Information technology-Coding of moving pictures and associated audio for digital storage media at up to about 1.5Mbps-Part 2:Video。

(3) MPEG-1 声音(MPEG-1 Audio),规定声音数据的编码和解码,标准名是 ISO/IEC 11172-3:1993 Information technology-Coding of moving pictures and associated audio for digital storage media at up to about 1.5Mbps-Part 3:Audio。

(4) MPEG-1 一致性测试(MPEG-1 Conformance testing),标准名是 ISO/IEC 11172-4:1995 Information technology-Coding of moving pictures and associated audio for digital storage media at up to about 1.5Mbps-Part 4:Conformance testing。这个标准详细说明了如何测试比特数据流(bit streams)和解码器是否满足 MPEG-1 前 3 个部分(Part1、Part2 和 Part3)中所规定的要求。这些测试可由厂商和用户实施。

(5) MPEG-1 软件模拟(MPEG-1 Software simulation),标准名是 ISO/IEC TR 11172-5 Information technology-Coding of moving pictures and associated audio for digital storage media up to about 1.5Mbps-Part 5:Software simulation。实际上,这部分的内容不是一个标准,而是一个技术报告,给出了用软件执行 MPEG-1 标准前 3 个部分的结果。

4.3.2 MPEG 视频压缩算法

动态图像是由一序列静态图像构成的,对静态图像的压缩方法同样适用于动态图像的压缩。例如，使用 JPEG 的压缩算法来压缩每一幅静态图像。但动态视频图像的数据量相当巨大，JPEG 能达到的压缩比仍不能满足需要。

动态图像在帧与帧之间表现出以下几个特点。

(1) 动态图像以每秒 25 帧播放，在如此短的时间内，画面通常不会有大的变化。

(2) 在画面中变化的只是运动的部分，而且所占比例较小，静止的部分往往占有较大的面积。

(3) 即使是运动的部分，也多为简单的平移。

因此，一个直观的想法是用 JPEG 的方式记录某一帧，如第 1 帧。在随后的帧中，仅记录该帧和前一帧不同的地方，相同的则不再记录。在播放的时候，根据前一帧的画面和这两帧之间的不同构造出当前的画面。

在实际的 MPEG 压缩中，考虑到以下两个问题。

(1) 如果只保留第一帧，其他帧采用差异帧，那么后面的每一帧都需要从前一帧计算出来，恢复时也必须一帧帧顺序进行。这样就无法随机跳到一点进行播放。一旦某一帧数据出了差错，后面的帧就无法恢复。

(2) 由于差异帧的压缩是有损的，上述方式在压缩和解压缩时将发生误差的积累，积累到一定程度势必造成很大的失真。

因此，可以每隔若干帧之后就记录一幅原始的帧，这样就解决了上面两个问题。同时，差异帧只能揭示活动图像中静止部分的相关性，对于运动的部分，则采用了运动补偿的矢量算法。MPEG-Video 图像压缩技术的基本思想和方法可以归纳成以下两个要点。

(1) 在空间方向上，图像数据压缩采用 JPEG 压缩算法去掉冗余信息。

(2) 在时间方向上，图像数据压缩采用运动补偿(motion compensation)算法去掉冗余信息。

在 MPEG 中将图像分为 3 种类型：I 图像(Intra picture)、P 图像(Perdicted picture)和 B 图像(Bidirectional picture)。I 图像也称为帧内图像，I 帧不参照任何过去的或者将来的其他图像帧，压缩编码采用类似 JPEG 的压缩算法。也就是如果电视图像是用 RGB 空间表示，则首先把它转换成 YCrCb 空间表示的图像。每个图像平面分成 8×8 的图块，对每个图块进行离散余弦变换(DCT)。DCT 变换后经过量化的交流分量系数按照 Z 字型的形状排序，然后再使用行程长度编码进行编码。DCT 变换后经过量化的直流分量系数用差分脉冲编码(DPCM)，最后再用霍夫曼编码或者用算术编码进一步压缩。

P 图像为预测帧，采用预测编码，利用相邻帧的一般统计信息进行预测。也就是说，它考虑运动特性，提供帧间编码。P 帧预测当前帧与前面最近的 I 帧或 P 帧的差别。在预测中使用了运动补偿算法，运动补偿是以视频帧间运动的估算为基础的，也就是说，若视频帧中所有物体均在空间上有一位移，那么可用有限的运动参数(如对于像素的平移运动，可用运动矢量来描述)对帧间的运动加以描述。基于帧序列的相邻画面之间的运动部分具有连续性，即当前画面上的图像可以看成是前面某时刻画面上图像的位移，位移的幅度值和方向在画面各处可以不同。利用运动位移信息与前面某时刻的图像对当前画面图像进行预测，从而得到当前的画面，称为前向预测。反之，根据某时刻的图像与位移信息预测该时刻之前的图像，称为后向预测。MPEG 的运动补偿预测方法将画面分成若干

16×16 的子图像块(称为补偿单元或宏块),并根据一定的条件分别进行前向预测和后向预测。

B 图像称为双向预测帧,它从前面和后面的 I 帧或 P 帧中提取数据。B 帧基于当前帧与前一帧和后一帧图像之间的差别进行压缩。双向预测编码也称为插值运动补偿算法。一个典型的 MPEG 图像帧的排列如图 4-5 所示。

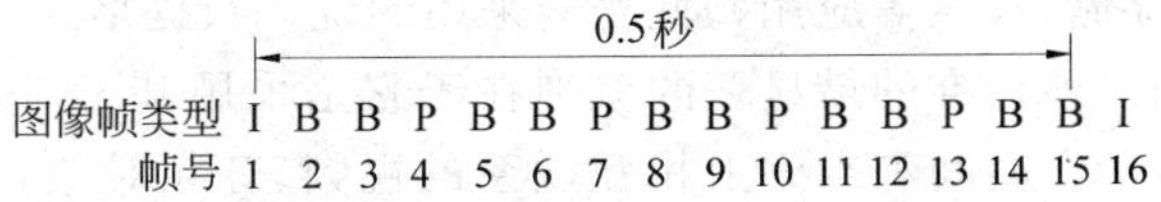

0.5秒

图像帧类型	I	B	B	P	B	B	P	B	B	P	B	B	P	B	B	I
帧号	1	2	3	4	5	6	7	8	9	10	11	12	13	14	15	16

图 4-5 典型的 MPEG 图像帧排列

在图 4-5 中,两个 I 帧之间相隔了 15 帧,这样的排列记为 GOP-15。GOP 是 Group Of Picture(图像群)的缩写。也可以使用其他的 GOP 结构,如 GOP-1 则表示所有图像均是 I 帧。

4.3.3 其他 MPEG 标准

运动图像专家组自 1988 年以来,已经制定了一系列国际标准,其中 MPEG-1、MPEG-2 已为人们所熟知,这两个标准为 VCD、DVD 及数字电视等产业的发展奠定了基础。MPEG-4、MPEG-7 和 MPEG-21 将为多媒体数据压缩和基于内容检索的数据库应用提供一个更为通用的平台,将对下一代视、音频系统和网络应用产生深远的影响。

1. MPEG-2 标准

MPEG 组织于 1994 年推出 MPEG-2 压缩标准,以实现视/音频服务与应用互操作的可能性。MPEG-2 标准是针对标准数字电视和高清晰度电视在各种应用下的压缩方案和系统层的详细规定,编码码率从每秒 3Mbps～100Mbps,标准的正式规范在 ISO/IEC 13818 中。MPEG-2 不是 MPEG-1 的简单升级,它在系统和传送方面作了更加详细的规定和进一步的完善。MPEG-2 特别适用于广播级的数字电视的编码和传送,被认定为 SDTV 和 HDTV 的编码标准。MPEG-2 还专门规定了多路节目的复分接方式。MPEG-2 标准目前分为 9 个部分,统称为 ISO/IEC 13818 国际标准。

MPEG-2 的编码码流分为 6 个层次。为更好地表示编码数据,MPEG-2 用句法规定了一个层次性结构,自上到下分别是:图像序列层、图像组(GOP)、图像、宏块条、宏块、块。MPEG-2 标准的主要应用如下。

(1) 视音频资料的保存。

(2) 非线性编辑系统及非线性编辑网络。

(3) 卫星传输。

(4) 电视节目的播出。

2. MPEG-4 标准

运动图像专家组于 1999 年 2 月正式公布了 MPEG-4(ISO/IEC 14496)标准第一版

本，同年年底推出 MPEG-4 第二版，且于 2000 年年初正式成为国际标准。

MPEG-4 与 MPEG-1 和 MPEG-2 有很大的不同。MPEG-4 不只是压缩算法，它是针对数字电视、交互式绘图应用（影音合成内容）、交互式多媒体（WWW、资料收集与分散）等整合及压缩技术的需求而制定的国际标准。MPEG-4 标准将众多的多媒体应用集成于一个完整的框架内，旨在为多媒体通信及应用环境提供标准的算法及工具，从而建立起一种能被多媒体传输、存储、检索等应用领域普遍采用的统一数据格式。

MPEG-4 标准同以前标准的最显著的差别在于它是采用基于对象的编码，即在编码时将一幅景物分成若干在时间和空间上相互联系的视频、音频对象，分别编码后，再经过复用传输到接收端，然后再对不同的对象分别解码，从而组合成所需要的视频和音频。这样既方便对不同的对象采用不同的编码方法和表示方法，又有利于不同数据类型间的融合，并且这样也可以方便地实现对于各种对象的操作及编辑。与 MPEG-1、MPEG-2 相比，MPEG-4 具有如下独特的优点。

(1) 基于内容的交互性。MPEG-4 提供了基于内容的多媒体数据访问工具，如索引，超级链接，上、下载，删除等。利用这些工具，用户可以方便地从多媒体数据库中有选择地获取自己所需的与对象有关的内容，并提供了内容的操作和位流编辑功能，可应用于交互式家庭购物、淡入淡出的数字化效果等。

(2) 高效的压缩性。MPEG-4 基于更高的编码效率，同已有的或即将形成的其他标准相比，在相同的比特率下，它基于更高的视觉、听觉质量，这就使得在低带宽的信道上传送视频、音频成为可能。同时 MPEG-4 还能对同时发生的数据流进行编码。一个场景的多视角或多声道数据流可以高效、同步地合成为最终数据流，可用于虚拟三维游戏、三维电影、飞行仿真练习等。

(3) 通用的访问性。MPEG-4 提供了易出错环境的鲁棒性，来保证其在许多无线和有线网络以及存储介质中的应用。此外，MPEG-4 还支持基于内容的可分级性，即把内容、质量和复杂性分成许多小块来满足不同用户的不同需求，支持具有不同带宽、不同存储容量的传输信道和接收端。

MPEG-4 主要应用在因特网视音频广播、无线通信、静止图像压缩、电视电话、计算机图形、动画与仿真和电子游戏等领域。

3. MPEG-7

针对现有的国际标准中还没有能够解决多媒体信息定位问题的工具，运动图像专家组决定发展一个新的国际标准——MPEG-7，旨在解决对多媒体信息描述的标准问题，并将该描述与所描述的内容相联系，以实现快速有效的搜索。只有首先解决了多媒体信息的规范化描述之后，才能更好地实现信息定位。该标准不包括对描述特征的自动提取，它的正式名称是“多媒体内容描述接口（Multimedia Content Description Interface）”。该标准于 1998 年 10 月提出，2001 年最终完成并公布。

MPEG-7 标准可以独立于其他 MPEG 标准使用，但 MPEG-4 中所定义的音频、视频对象的描述适用于 MPEG-7。MPEG-7 的适用范围广泛，既可应用于存储（在线或离线），也可以用于流式应用（如广播、将模型加入互联网等），还可在实时或非实时的环境下应用,实时环境指的是当信息被捕获时是与所描述的内容相联系的。

MPEG-7 的目标是根据信息的抽象层次,提供一种描述多媒体材料的方法,以便表示不同层次上的用户对信息的需求。以视觉内容为例,较低抽象层将包括形状、尺寸、纹理、颜色、运动(轨道)和位置的描述。对于音频的较低抽象层包括音调、调式、音速、音速变化、音响空间位置。最高层将给出语义信息,如“这是一个场景:一只鸭子正躲藏在树后并有一辆汽车从旁边通过。”抽象层与提取特征的方式有关:许多低层特征能以完全自动的方式提取,而高层特征需要更多与人的交互。MPEG-7 还允许依据视觉描述的查询去检索声音数据,反之也一样。

MPEG-7 标准的应用领域十分广泛,包括数字图书馆、多媒体目录服务、广播媒体选择、多媒体编辑、教育、娱乐、医疗应用和地理信息系统等领域都有潜在的应用价值。

4. MPEG-21

MPEG-21 的正式名称为 Multimedia Framework,其目的是建立一个规范且开放的多媒体传输平台,让所有的多媒体播放装置都能透过此平台接收多媒体资料,使用者可以利用各种装置、透过各种网络环境去获取多媒体内容,而无须知道多媒体资料的压缩方式及使用的网路环境。同样地,多媒体内容提供者或服务业者也不会受限于使用者的装置及网络环境,针对多种不同压缩方法来提供多媒体内容。该标准致力于在大范围的网络上实现透明的传输和对多媒体资源的充分利用。

4.3.4 视频文件

广义的视频文件可分为两类:动画片文件和影像文件。动画文件指由相互关联的若干静止图像所组成的图像序列,这些静止图像连续播放便形成一组动画。影像文件主要指那些包含了实时的音频、视频信息的多媒体文件,其多媒体信息通常来源于视频输入设备。下面主要介绍影像视频文件。

1. Windows Media 视频

Windows Media 视频文件主要有两种不同的扩展名:asf(ASF)和 wmv(WMV)。ASF 是 Advanced Streaming Format 的缩写,是 Microsoft 公司 Windows Media 的核心。ASF 定义为同步媒体的统一容器文件格式。ASF 是一种数据格式,包括音频、视频、图像以及控制命令脚本等多媒体信息。通过这种格式,以网络数据包的形式传输,实现流式多媒体内容发布。

ASF 最大优点就是体积小,因此适合网络传输,使用微软公司的媒体播放器(Microsoft Windows Media Player)可以播放该格式的文件。用户可以将图形、声音和动画数据组合成一个 ASF 格式的文件,也可以将其他格式的视频和音频转换为 ASF 格式,而且用户还可以通过声卡和视频捕获卡将诸如麦克风、录像机等外设的数据保存为 ASF 格式。另外,ASF 格式的视频中可以带有命令代码,用户指定在到达视频或音频的某个时间后触发某个事件或操作。

Windows Media 视频(.wmv)文件是包括使用 Windows Media 音频(WMA)和

Windows Media 视频(WMV)编码解码器压缩的音频、视频或这两者的“高级系统格式”(.asf)文件。通过使用不同的扩展名,可以在自己的计算机上安装多个播放器,并使某些播放器与 wmv 扩展名关联以播放音频和视频源。

2. RealMedia 视频

RealNetworks 公司的 RealMedia 包括 RealAudio、RealVideo 和 RealFlash 这 3 类文件,其中 RealAudio 用来传输接近 CD 音质的音频数据,RealVideo 用来传输不间断的视频数据,RealFlash 则是 RealNetworks 公司与 Macromedia 公司联合推出的一种高压缩比的动画格式。RealMedia 文件格式使得 RealSystem 可以通过各种网络传送高质量的多媒体内容。第三方开发者可以通过 RealNetworks 公司提供的 SDK 将它们的媒体格式转换成 RealMedia 文件格式。

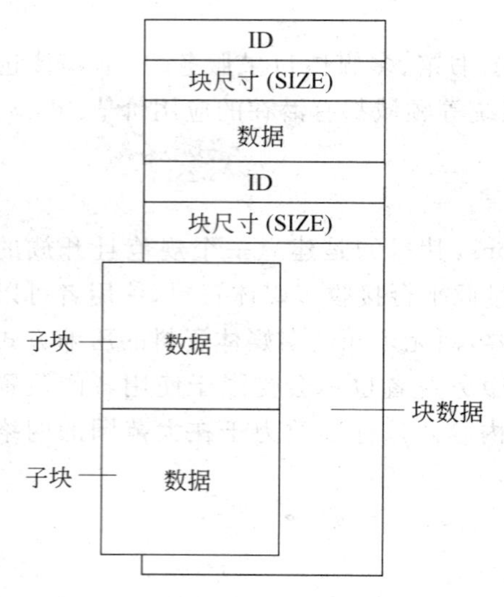

图 4-6　RealMedia 文件块示意图

RealMedia 文件格式是标准的标志文件格式,它使用四字符编码来标识文件元素。组成 RealMedia 文件的基本部件是块(chunk),它是数据的逻辑单位,如流的报头,或一个数据包。图 4-6 是RealMedia 文件块示意图,每个块包括下面的字段。

(1) 指明块标识符的四字符编码。

(2) 块中限定数据大小的 32 位数值。

(3) 数据块部分。

(4) 依类型的不同,上层的块可以包含子对象。

RealMedia 文件格式中块的顺序没有明确规定,但 RealMedia 文件报头必须是文件的第一个块。

3. AVI 文件格式

AVI 是音频视频交错(Audio Video Interleaved)的英文缩写,是 Microsoft 公司开发的一种符合 RIFF 文件规范的数字音频与视频文件格式,原先用于 Microsoft Video For Windows (简称 VFW)环境,现在已被 Windows、OS/2 等多数操作系统直接支持。AVI 格式允许视频和音频交错在一起同步播放,支持 256 色和 RLE 压缩,但 AVI 文件并未限定压缩标准,因此,AVI 文件格式只是作为控制界面上的标准,不具有兼容性,用不同压缩算法生成的 AVI 文件,必须使用相应的解压缩算法才能播放出来。

AVI 有两个主要的版本,即 AVI 1.0(也称为标准 AVI 文件)和 AVI 2.0。两个版本的主要区别是 1.0 使用 32 位数来存储信息,使得 AVI 文件的大小被限制在 2GB 之内。而 2GB 的文件大约只能存储 9 分钟的视频。而 AVI 2.0 使用 64 位数来存储信息,这样在理论上文件的最大长度可达 1.8×10^{10}GB,足够存 150 000 年的 DV 视频。

AVI文件的结构为：一个表头＋两个列表(一个用于描述媒体流格式、一个用于保存媒体流数据）＋一个可选的索引块。第一个列表的名字为“hdrl”用于描述AVI文件中各个流的格式信息(AVI文件中的每一路媒体数据都称为一个流)。“hdrl”列表嵌套了一系列块和子列表——首先是一个“avih”块，用于记录AVI文件的全局信息，比如流的数量、视频图像的宽和高等。更进一步的具体分析在这就不多讲述了，需要的读者可参阅其他相关书籍。

AVI格式是专业人员最常采用的一种视频格式，可以说从DV带转换到计算机视频文件众多格式中，AVI文件的画面损失是最小的。这种视频格式的优点是图像质量好，可以跨多个平台使用，但是其缺点是体积过于庞大，而且压缩标准不统一，因此经常会遇到高版本Windows媒体播放器播放不了采用早期编码编辑的AVI格式视频，而低版本Windows媒体播放器又播放不了采用最新编码编辑的AVI格式视频的情况。因此AVI格式的编码不统一是造成AVI格式播放问题的主要因素，如果自己的计算机系统中没有安装相应的视频编码，那么就无法播放该编码对应的视频文件。在AVI文件中，经常采用的编码有以下几种。

(1) DV-AVI文件格式。DV的英文全称是Digital Video Format，是由索尼、松下、JVC等多家厂商联合提出的一种家用数字视频格式。目前流行的数码摄像机就是使用这种格式记录视频数据的。它可以通过计算机的IEEE 1394端口传输视频数据到计算机，也可以将计算机中编辑好的视频数据回录到数码摄像机中。这种视频格式的文件扩展名一般也是.avi，习惯上称为DV-AVI格式。

(2) DivX和Xvid。它们都是基于MPEG-4压缩算法并使用AVI的格式存储的视频格式。几年以前，在PC上能用的唯一MPEG-4编码器是由微软所开发的，包括MS MPEG-4 V1、MS MPEG-4 V2、MS MPEG-4 V3的系列编码内核，其中，前面两种都可以用来制作AVI文件，目前作为Windows的默认组件。V1和V2的编码质量都较差，直到MS MPEG-4 V3开始，画面质量有了显著的改进。不过微软却决定仅将这个MS MPEG-4 V3的视频编码内核封闭在Windows Media流媒体，也就是ASF文件之中，不能再用于AVI文件。于是很快便有小组修改了微软的MS MPEG-4 V3，解除了不能用于AVI文件的限制，并开放了其中一些压缩参数，由此，诞生了今天所熟悉的MPEG-4编码器DivX 3.11。

DivX的视频部分采用微软的MPEG-4技术进行压缩，而音频部分则是采用MP3或WMA进行压缩，然后把视频和音频部分进行组合形成AVI文件，就是DivX影片。DivX影片画质高、压缩比高、音质好、节省存储空间。

DivX广泛流行，但技术属于微软。一家名为DivX Networks Inc.的公司(简称DXN)发起了一个开放源码项目Project Mayo，目标是开发一套全新的、开放源码的MPEG-4编码软件，特别是完全符合ISO MPEG-4标准的Open DivX CODEC吸引了许多软件高手参与，并很快开发出Open DivX编码器和解码器原型，之后又开发出更高性能的编码器Encore 2等。然而，2001年7月，就在Encore 2基本成型，差不多可以产品化的时候，DXN另搞了一个DIVX.COM网站，封闭了源码，发布了自己的DivX 4。由于DXN不再参与，Project Mayo陷于停顿，Encore 2的源码也被DXN从服务器上撤下。

DXN 虽然承认 Encore 2 在法律上是开放的，但仍然拒绝把它放回服务器。为此，0day 组织永远地拒绝了 DXN 公司的 DivX4\5，而原 Open DivX 开发组中的幸存者，逐渐重新聚拢开发力量，在最后一个 Open DivX 版本的基础上，发展出了 XviD。XviD 继承并发展了 Open DivX Encore 2，性能得到极大提高，被认为是目前世界上速度最快的 MPEG-4 CODEC。

4. MPEG 文件

MPEG 是压缩视频的基本格式。以这种压缩算法记录的视频称为 MPEG 文件，通常有. mpg 的文件后缀名。MPG 还有两个变体 MPV 和 MPA。MPV 只有视频不含音频，MPA 则是只记录了音频没有视频。VCD 是较为流行的家用视听设备，VCD 中的 DAT 文件，实际上是在 MPG 文件头部加上了一些运行参数形成的变体，可以使用软件将其转换成标准的 MPEG 文件。

4.3.5 H. 261/263

1980 年，国际电报电话咨询委员会 CCITT（现改为国际电信联盟 ITU）所属的视频编码专家组的 H. 261 建议被通过，该建议是 CCITT 制定的国际上第一个视频压缩标准，成为了可视电话和电话会议的国际标准。H. 261 标准的名称为“视听业务速率为 P×64Kbps 的视频编译码”，因此 H. 261 又称 P×64 标准，其中 P 为可变参数，取值范围是 1～30，它最初是针对在 ISDN 上实现电信会议应用特别是面对面的可视电话和视频会议而设计的。

实际的编码算法类似于 MPEG 算法，但不能与后者兼容。H. 261 在实时编码时比 MPEG 所占用的 CPU 运算量少得多，此算法为了优化带宽占用量，引进了在图像质量与运动幅度之间的平衡折中机制，也就是说，剧烈运动的图像比相对静止的图像质量要差。因此这种方法是属于恒定码流可变质量编码而非恒定质量可变码流编码。

根据图像传输清晰度的不同，码率变化范围在 64Kbps～1. 92Mbps 之间，编码方法包括 DCT 变换，可控步长线性量化，变长编码及预测编码等。由于 H. 261 所针对的可视电话信号最初考虑是在一般电话网中传输的，带宽和码率是其考虑的核心问题。其每帧取样点数比较低，且采取抽帧传输的方法，无法满足数字电视压缩编码的要求，但 H. 261 是此前压缩编码数十年研究的结果，成为以后 JPEG 和 MPEG 编码方法的重要基础。

H. 263 关于低于 64Kbps 的窄带通道视频编码建议，其目的是能在现有的电话网上传输活动图像。H. 263 是在 H. 261 建议的基础上发展起来的，其信源编码算法仍然是帧间预测和 DCT 混合编码。在 H. 261 建议的基础上，H. 263 将运动矢量的搜索增加为半像素点搜索，同时又增加了无限制运动矢量、基于语法的算术编码、高级预测技术和 PB 帧编码等 4 个高级选项，从而达到了进一步降低码速率和提高编码质量的目的。

H. 263 采用运动视频编码中常见的编码方法，将编码过程分为帧内编码和帧间编码两个部分。帧内用改进的 DCT 变换并量化，在帧间采用 1/2 像素运动矢量预测补偿技术，使运动补偿更加精确，量化后使用改进的变长编码表（VLC）对量化数据进行熵编码，得到最终的编码系数。H. 263 的编码速度快，其设计编码延时不超过 150ms；码率低，在

512Kbps 乃至 384Kbps 带宽下仍可得到相当满意的图像效果，适用于需要双向编、解码并且传输的场合如可视电话和网络条件不是很好的场合。

H.263 建议草案于 1995 年 11 月完成。虽然在低比特率、低分辨率的应用中，H.263 有它的优点，但也有一定的局限性。对此，ITU-T 对 H263 进行了修改，于 1998 年 1 月提出了 H.263＋建议。H.263＋又称为 H.263 版本 2，它是 H.263 协议的扩展，增加了 12 种新的协商模式和附加特性，以扩大协议的应用范围，提高重建图像的主观质量以及加强对编码比特率的控制。

H.263 提供了两种编码模式。帧内编码和帧间编码，相当于 MPEG 编码的 I 帧和 P 帧。

4.4 数字视频处理

数字视频编辑、数字音频制作与数字特技制作构成了计算机影视后期制作的三部曲。传统的视频编辑是在磁带编辑机上进行的。由于磁带记录画面是顺序的，无法在已有的画面之间插入一个镜头，也无法删除一个镜头，除非把这之后的画面全部重新录制一遍。尽管这种电子编辑的方法有其局限性，但比过去电影剪辑的原始方法还是一个长足的进步，因为它不用破坏原始的素材带，相对人工剪辑来说也更加便捷。所以，在影视制作的一个较长时期内，这种传统的线性编辑方式被影视制作界广泛采用。

在多媒体影视后期制作中，基于计算机的数字非线性编辑技术令视频编辑焕然一新。这种技术将素材记录到计算机中利用计算机进行剪辑。它采用了电影剪辑的非线性模式，但用简单的鼠标和键盘操作代替了剪刀加胶水式的手工操作，剪辑结果可以马上回放，所以大大提高了效率。同时它还可以通过软件和硬件的扩展，提供编辑机也无能为力的复杂特技效果。数字非线性剪辑综合了传统电影和视频编辑的优点，是影视制作技术的重大进步。目前，数字非线性编辑在影视制作中已取代了传统方式，成为影视后期制作中数字视频编辑的标准。

4.4.1 数字非线性编辑

进入数字视频时代后，计算机非线性编辑的出现，彻底动摇了传统电子编辑的霸主地位。传统的线性编辑方法只能在电视节目播放时才能看到编辑的效果，也就是所有的编辑特技、音响效果都需要加入时间因素。基于时间线模式的非线性编辑的特点使编辑者在编辑的过程中能直观地看到一段电视节目的全部效果。编辑者能从纵向和横向看到在某一时间单位上的画面、特技效果、叠加的字幕和音响持续的时间等，从而可以想象出整个电视节目的效果。

在传统的模拟视频图像的处理中，视频图像的处理通常称为视频图像编辑或线性编辑。随着数字影像技术和多媒体计算机技术的融入，在传统的视频图像编辑的基础上又产生了一门全新的编辑技术——基于计算机的数字非线性编辑技术。非线性编辑是数字视频技术与多媒体计算机技术相结合的产物。计算机数字化地记录所有视频片段并将它们存储在硬盘上，人们可以对存储的数字文件反复更新和编辑。从本质上讲这种技术提供分别存储许多单独素材的方法，使得任何片段都可以立即观看并随时修改。用这种方法可以高效率地完成“原始编辑”，如剪辑、切换、划像等，再由计算机完成数字视频的生成计算，并将生成的完整视频回放到视频监视设备或转移到录像带上。

1. 非线性编辑系统

计算机非线性编辑系统包括数字化硬件和视频编辑软件两个主要部分。在计算机进行视频编辑时，先把源视频信号即来自于摄像机、录像机、影碟机等设备的视频信号转换成计算机要求的数字形式并存放在磁盘上，再使用非线性编辑软件进行加工。

数字非线性编辑系统是以计算机为硬件平台，完成对视频、音频信号的非线性编辑，在编辑过程中完成多通道数字特技、字幕叠加、配音配乐的影视节目制作系统。其具体实现过程是首先把模拟视频信号通过视频图像采集卡采集到高速硬盘中，通过数字特技卡等视频硬件和软件来完成对视频信号各种效果的产生，最后输出到录像带上或视频服务器上。

非线性编辑方式减少了为反复查找节目素材的入点/出点和编辑过程中预卷磁带的时间，可以减轻影视制作人员在后期编辑加工阶段的工作强度，同时提高了编辑效率。此外，使用非线性编辑系统还可以把切换台、特技台、调音台、字幕机和编辑录像机等多种设备集中在一台计算机当中，大大减少了设备投资，并减少了设备之间由于连线造成的故障。随着多媒体非线性编辑技术的日臻完善，影视节目制作中的传统的线性编辑方式将被多媒体非线性编辑所取代。

2. 数字视频节目制作过程

(1) 素材准备。

使用非线性编辑系统编辑节目之前，需要向系统中输入素材。大多数非线性编辑系统需要把磁带上的视音频信号转录到磁盘上，这比传统编辑增加了额外的操作时间。目前在多数 PC 上使用 1394 接口将摄录机中的数据传输到计算机中。

除了视频素材之外，还应将其他需要用到的素材如图像、动画、声音等也通过适当的方法导入计算机中。

(2) 节目制作。

节目制作通常包含有以下内容。

① 素材浏览。通过编辑系统的播放器可以播放、浏览素材，可以用正常速度播放，也可以快速重放、慢放和单帧播放，播放速度可无级调节，也可以反向播放。

② 编辑点定位。在确定编辑点时，可以手动操作进行粗略定位，也可以使用时码精确定位编辑点。

③ 素材剪辑。可以直接对参考编辑点前后的画面进行剪接或手工剪辑。

④ 素材组接。非线性编辑系统中各段素材的相互位置可以随意调整。在编辑过程中，可以在任何时候删除节目中的一个或多个镜头，或向节目中的任意位置插入一段素材。

⑤ 特技。在非线性编辑系统中制作特技时，一般可以在调整特技参数的同时观察特

技对画面的影响。

⑥ 字幕。字幕与视频画面的合成方式有软件和硬件两种。软件字幕实际上使用了特技抠像的方法进行处理,生成的时间较长,一般不适合制作字幕较多的节目。但它与视频编辑环境的集成性好,便于升级和扩充字库;硬件字幕实现的速度快,能够实时查看字幕与画面的叠加效果,但一般需要支持双通道的视频硬件来实现。

⑦ 声音编辑。大多数基于 PC 的非线性编辑系统能直接从 CD、MIDI 文件中录制波形声音文件,波形声音文件可以非常直接地在屏幕上显示音量的变化,使用编辑软件进行多轨声音的合成时,一般也不受总的音轨数量的限制。

⑧ 动画(图像)制作与合成。由于非线性编辑系统的出现,动画的逐帧录制设备已基本被淘汰.非线性编辑系统除了可以实时录制动画以外,还能通过抠像实现动画或图像与实拍画面的合成,极大地丰富了节目制作的手段。

(3) 节目输出。

制作好的节目可以输出到硬盘上,保存为指定格式的文件,也可以输出到录像带或 DV 磁带上,还可以制作成为 VCD 或者 DVD。

3. 常用视频处理软件

(1) Adobe Premiere。

Adobe Premiere 是 Adobe 公司的产品,集捕获、编辑、字幕制作、过渡及特效制作于一体,为视频编辑带来全新的革命,还可结合该公司的其他软件(如:Photoshop、AfterEffects),方便地制作出所需的视频产品。Adobe Premiere 配备强大的实时视频和音频编辑工具,可以对制作的各个方面进行精确的虚拟控制。Adobe Premiere 不仅适合初学者使用,而且可以完全满足专业用户的各种要求,是简单易用的专业软件代表。现在的最新版本是 Adobe Premiere Pro CS3。

Adobe 公司声称最新版本的 Premiere 除继续提供已往版本的专业视频编辑以外,还可以“花费更少的渲染时间,具有更多的编辑功能”。下面列出一些主要的功能。

① 全解析度画面。以 NTSC、PAL 格式,或者对 VGA monitors 提供编辑时的实时全解析度画面,以及多重、可套用的时间线。

② 内置上百种实时音视频特效以供选择使用。关键帧控制以及内建子像素定位,生成更加流畅准确的运动路径;校正色调、饱和度、亮度以及其他色彩要素都可以得到实时的画面预览;以实时、全解析度方式生成广播级质量的字幕。

③ 5.1 声道环绕立体声支持,增加制作多声道音频信号支持功能。增强音频混音器特性,直接录制音频信号到时间线上,对整个音频轨,音频子轨或者更多音频素材添加混音器特效。允许以 1/96 000 秒为单位精确调节音频片段。可以进行更为精确的降噪工作。

④ 音频注解录制。监视话筒,按照顺序把制作者的话音录制到专门的叙述轨中,自动产生音频注解,不用再费力书写编辑注解。

⑤ 波谱图与矢量监视器。内建波谱图与矢量监视器,提供广播级的色彩监视效果。观察色彩光谱及衰减。

⑥ 使用增强的交互式项目窗口调整入点与出点，生成定制的列表选择区域。还有通过缩略图指示的文件编辑细节、故事板以及标准的定位栅格。

(2) Adobe AfterEffects。

Adobe AfterEffects 是流行的影视后期合成软件，与 Premiere 不同的是它侧重于视频特效加工和后期包装，用于电影、录像、DV、DC 和 Web 的动画图形和视觉效果设计。AfterEffects 拥有先进的设计理念，可与 Adobe 公司的其他产品如 Photoshop、Premiere 和 Illustrator 等结合使用。《少林足球》等很多电影的特效都是由 AfterEffects 完成的。AfterEffects 提供了动画跟踪和稳定化功能、先进的索引和变形工具、30 多种附加视觉效果、粒子系统、脚本、网络成像、每信道 16 位彩色、额外的音频效果等。通过插件桥接可以与 3ds Max、Flash 等软件联合使用。现在的最新版本是 AfterEffects CS3。

AfterEffects 能够使用快速、精确的方式制作出具有视觉创新革命的运动图像和特效，并将其运用到电影、视频、DVD 和网络上。AfterEffects 优化了 OpenGL，这使得整个软件运行速度提高了不少。而且由于 OpenGL 的支持，可以轻松利用内部缓存来预览影片。支持最新的 Photoshop CS 文件，在 Photoshop CS 中制作一幅具有路径和文字的图片，保存源文件后，可以直接导入 AfterEffects。AfterEffects 还与 Premiere 进行了完美的结合，可以在这两个软件间任意复制和粘贴文件或特效，或者将 Premiere 的工程文件导入，并进行自定义的编辑。在 AfterEffects 6.5 中，所有自定义的创意，包括特效、转场、遮罩和文字动画均可以赋予关键帧，并保存一个新的的特效模板供以后使用。当然还可以创建一个运动路径并应用在其他的工程或合成中。文字的动画也比前续版本简单许多，并具备了 250 个文字动画模板。对于文字路径特效，有下落字符效果、360 度环路、无规则运动和挤压等效果。AfterEffects 有色彩校正和纹理管理工具，使画面中特定部分是自定义的颜色，如某些影片中的回忆场景，主人公是原来的颜色，而画面中的其他部分都是黑白的。

(3) 绘声绘影。

绘声绘影是一套专为个人及家庭所设计的影片剪辑软件。入门新手或高级用户都可轻松体验快速操作、专业剪辑、完美输出的影片剪辑乐趣！使用影片制作向导模式，只要 3 个步骤就可快速制作出 DV 影片，即使是入门新手也可以在短时间内体验影片剪辑乐趣。使用绘声绘影编辑模式，从捕获、剪接、转场、特效、覆叠、字幕、配乐到刻录，可以全方位剪辑出好莱坞级的家庭电影。

绘声绘影的成批转换功能与捕获格式完整支持，让剪辑影片更快、更有效率；画面特写镜头与对象创意覆叠，可随意制作出新奇百变的创意效果；配乐大师与杜比 AC3 支持，让影片配乐更精准、更立体；同时酷炫的 128 组影片转场、37 组视频滤镜、76 种标题动画等丰富效果，让影片精彩有趣。

(4) Sony Vegas。

Sony Vegas 是 PC 上的入门级视频编辑软件。剪辑、特效、合成、输出一气呵成。结合高效率的操作界面与多功能的优异特性，让用户更简易地创造出丰富的影像。Vegas 为一整合影像编辑与声音编辑的软件，提供了视频合成、进阶编码、转场特效、修剪及动画控制等功能。不论是专业人士或是个人用户，都可因其简易的操作界面而轻松上手。

Sony Vegas 提供了全面的 HDV、SD/HD-SDI 采集、剪辑、回录支持，通过 Blackmagic DeckLink 硬件板卡实现专业 SDI 采集支持；真 14 比特模拟 4∶4∶4HDTV 和 SD 监视器输出；支持 DVI/VGA/1394 外接监视器；支持广播级 AAF、BWF 输入输出；提供 VST 音频插件支持等。其中"超级帧率转换"功能提供 HDV 1080-60i 到 SD 24p MPEG-2 和 HDV 1080-60i 到 720-24p and 1080-24p WMV HD 格式的转换；DVD Architect 3 支持双层 DVD-9、DLT、DDP、CMF 等工业出版级格式；智能项目文件修补功能提供更多容错设计；支持多角度视频、多语言字幕。

4.4.2 使用 Premiere 处理视频

Premiere 是基于时间线的视频编辑软件，其主要思想是将素材按时间顺序排放，然后从头至尾依次进行播放。

1. Premiere 界面介绍

Premiere 启动后的界面如图 4-7 所示（Adobe Premiere Pro CS3），其中，左上角是 Project(项目)窗口，Premiere 制作中所需的素材全部在此窗口内管理组织；Project 窗口的右边的窗口有多个页，分别是效果控制（Effect Controls）、混音器（Audio Mixers Sequence）和素材监视（Sources）窗口；在最右边是监视器（Program Sequence）窗口，用于观察编辑的影片。下方的 Timeline(时间线)窗口便是对素材进行加工的主要工作窗口。Timeline 窗口的左边是各类音、视频效果和过渡效果（Effects）。Timeline 右边是一个音量监视器和一个工具箱面板。

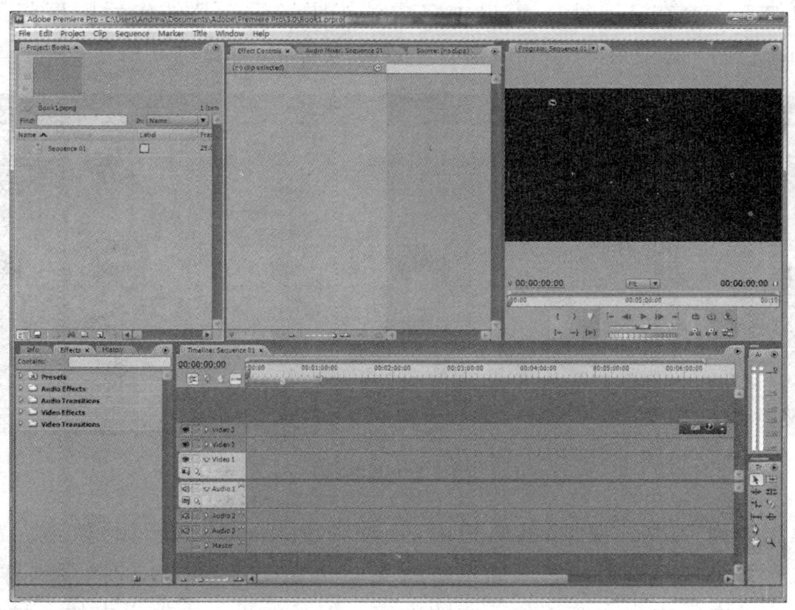

图 4-7 Premiere 的启动界面

2. 导入素材

从数码摄录机中导入影像，可能需要使用 IEEE 1394 线将数码摄录机和计算机连接（计算机上需要有 IEEE 1394 接口）或使用 USB 接口。当使用 1394 接口时，将数码摄录机置于播放状态。在 Premiere 的 File 菜单中选择 Capture。此时出现捕捉窗口，通过窗口中的按钮便可以控制摄录机的播放操作。单击捕捉窗口中的“录制”按钮，便可以将摄录机 DV 带上的影像以 AVI 格式存储到计算机上（注意，该 AVI 是标准 DV 的格式，每 10 分钟的影像会占用 2GB 左右的空间，需要准备足够的硬盘空间）。

也可以导入 Premiere 支持的其他音像格式，如 MPEG 格式的视频、多种静态的图像，wav、mp3 音频文件等。从 File 菜单中选择 Import 命令，然后浏览选择希望导入的文件。所有导入的素材全部在 Project 窗口中排放，如图 4-8 所示。选择某个素材，可以在窗口上方的一个小的播放器中播放，播放器的右边是对该素材格式的简单说明。

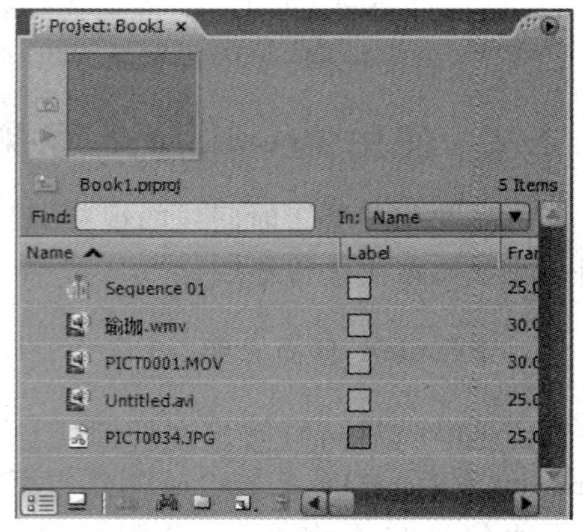

图 4-8　Project 窗口

3. 在时间线窗口编辑影片

素材的加工主要在 Timeline 窗口中完成。按照最后影片的先后顺序将需要的素材直接从 Project 窗口拖动到 Timeline 窗口依次摆放即可，如图 4-9 所示。

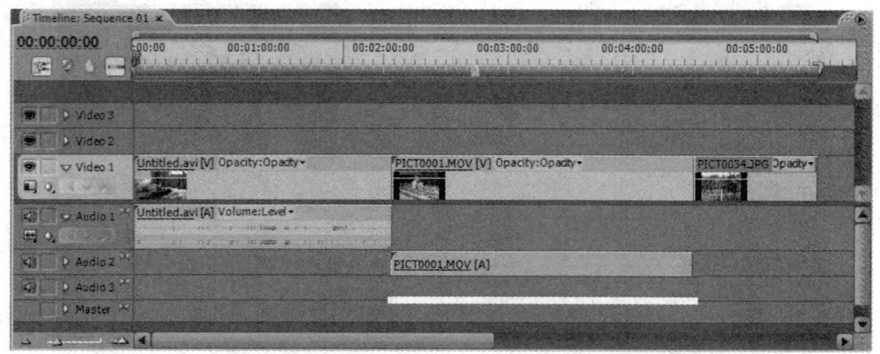

图 4-9　Timeline 窗口

将视频添加到 Video（视频）的轨道上，音频则放入 Audio（音频）轨道。在 Timeline 窗口中可以有多个视频轨道和音频轨道。视频轨道如 Photoshop 的图层一样是叠加的，上方 Video 轨道中的内容会遮挡住下方的内容。但是如果上方轨道中的素材含有透明部分，则下方轨道的视频会显示出来，形成一种叠加效果。而所有的音频轨道是一起混音后输出的。如果只需要素材中的某些片段，可以使用工具箱中的工具对素材进行裁减、分割等操作。最后的作品将按时间线的顺序播放。

可以在视频之间添加过渡效果(转场特效),Premiere 提供了多种过渡效果,要添加过渡效果,只需将某种过渡效果从 Effects 面板拖动到两个视频之间即可。效果面板默认在 Timeline 窗口的左侧,如图 4-10 所示。

在该页上除了视频和音频的过渡效果,还可以使用其他效果,如对某段视频的亮度和对比度进行调整、模糊和锐化等。选择了某种效果后还可以对该效果提供的参数进行设置,调节效果作用的力度或方式,这可以在 Project 窗口右边的 Effect Controls 页上完成。

4. 混音和字幕

对于音频,Premiere 还提供了混音器,可以控制多个音轨的混合,也可以录制音频。在和 Effect Controls 相同的一个窗口中,切换到 Audio Mixer(混音器)标签(选项卡),可以调出 Premiere 的 Audio Mixer 窗口,如图 4-11 所示。通过混音器,可以调整各个音轨输出音量的大小、总音量的大小等。

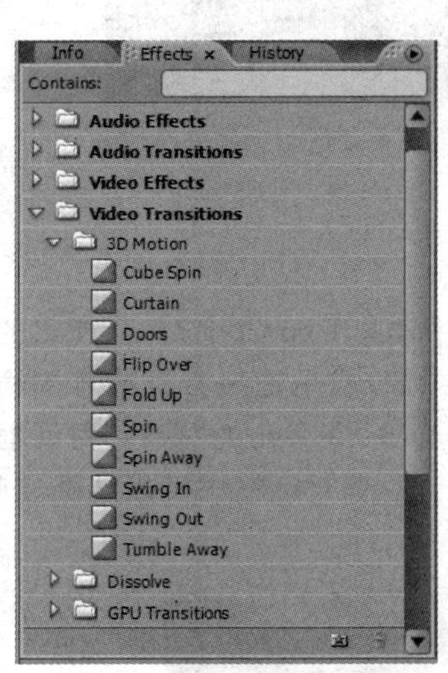

图 4-10 过渡和其他效果

图 4-11 混音器

对于字幕,Premiere 提供了字幕制作窗口。在 File 菜单中选择 New 命令,在弹出的子菜单中选择 Title 命令,会出现如图 4-12 所示的字幕编辑窗口。从窗口左边的工具栏中选择"文字"工具在画面上单击,便可以输入文字。注意,后面的画面仅是相对位置的参考,并不意味着字幕将出现在这幅画面上。在字幕编辑窗口的右边的 Title Properties 标签中可以选择字体、颜色等设置,完成了字幕之后关闭字幕编辑窗口。关闭时会提示将字幕保存为一个字幕文件(以 ptrl 为文件扩展名)。保存后字幕文件自动加入工程,此时可以在 Project 窗口看到刚才保存的字幕文件。该字幕文件可以直接拖动到 Timeline 窗口的视频轨道上加入到视频上。

图 4-12　字幕窗口

5. 影片的输出

制作完成的作品可以以多种格式输出。在 File 菜单中选择 Export 命令，从弹出的子菜单中可以看到作品可以输出为电影、输出当前某一帧(图像)或是输出音频或直接输出为 DVD。在 File 菜单中选择 Export 命令，再选择 Movie 命令，在弹出的“保存”对话框中单击 Setting 按钮，弹出如图 4-13 所示的输出选项对话框。在该对话框中可以选择音频、视频的输出格式、压缩方式等。

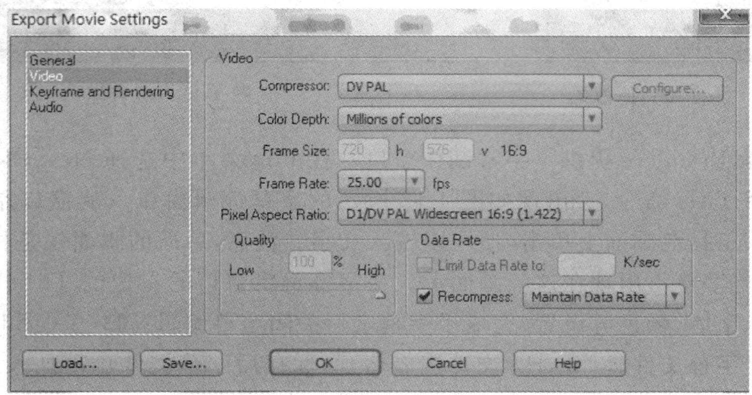

图 4-13　输出选项设置

如果选择 Export/Adobe Media Encoder，则可以输出为多种 MPEG 编码格式，或者 QuickTime、RealMedia、Windows Media 等多种媒体或流媒体格式，如图 4-14 所示。

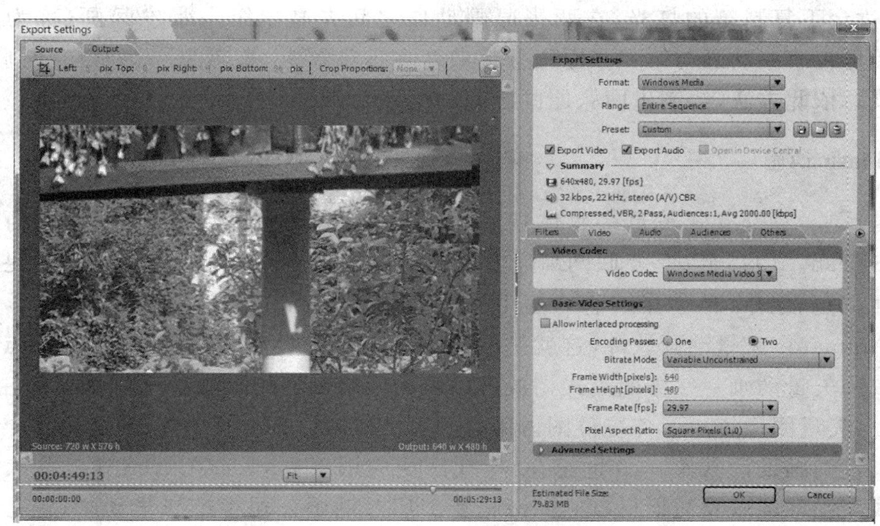

图 4-14　更多的输出格式

4.4.3　Flash 动画及 Flash 视频

动画是将静止的画面变为动态的艺术。实现由静止到动态，主要是靠人眼的视觉残留效应。利用人的这种视觉生理特性可制作出具有高度想象力和表现力的动画影片。动画与动画设计(即原画)是不同的概念。原画设计是动画影片的基础工作。原画设计的每一个镜头的角色、动作、表情，相当于影片中的演员，所不同的是设计者不是将演员的形体动作直接拍摄到胶片上，而是通过设计者的画笔来塑造各类角色的形象并赋予它们生命、性格和感情。

动画片中的动画一般也称为“中间画”，是对两张原画的中间过程而言的。动画片动作的流畅、生动，关键要靠“中间画”的完善，如图 4-15 所示。一般先由原画设计者绘制出原画，然后动画设计者根据原画规定的动作要求以及帧数绘制中间画。

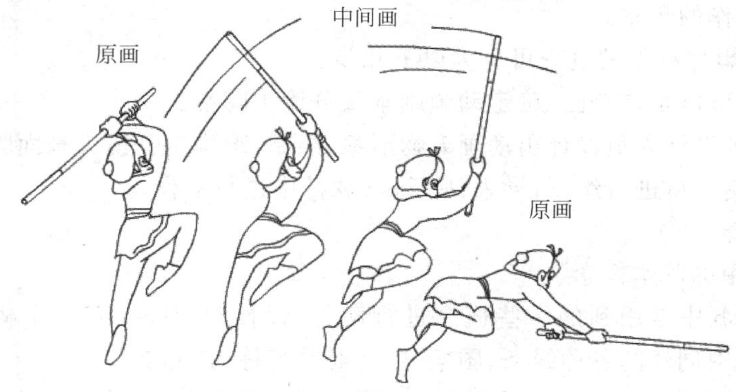

图 4-15　动画中的原画和中间画

动画绘制需要的工具一般有：复制箱工作台、定位器、铅笔、橡皮、颜料、曲线尺等。绘制方法是：按原画顺序将前后两张画面套在定位器上，然后再覆盖一张同样规格的动画纸，通过台下复制箱的灯光，在两张原画动作之间先画出第一张中间画（称为第一动画），然后再将第一动画与第一张原画叠起来套在定位器上，覆盖另一张空白动画纸画出第二动画。依此方法，绘制出两张原画之间的全部动作。

1. Flash 动画

Flash 是一种交互式矢量多媒体技术，又是一个动画制作软件的名称，它的前身是 Future Splash。1995 年，是互联网高速发展的一年，但同时，大部分人已经不满足于互联网的平面浏览模式，于是乔纳森·盖伊凭借着敏锐的市场观察力，设计出了 Future Splash Animator 矢量动画软件，这就是 Flash 的前身。这个软件最为称道的优点是它的流式播放和矢量动画。一方面流式播放可以解决网络带宽的影响，一边下载一边播放；而另一方面，矢量图像解决了传统位图占用空间大的缺陷。Future Splash 是世界上第一个商用的矢量动画设计软件。20 世纪 90 年代广泛应用于 microsoft.com 这样的大型网站部署在线交互动画以及迪斯尼（Disney）和梦工厂等动画公司生产二维动画，正是因为这种高端应用，Flash 的创造者们为 Flash 提供了一些可执行的脚本指令与扩展接口以适应不同公司工业级动画制作和网络上的用户交互，这为 Flash 成为一款既具备开发能力又具备设计能力的软件奠定了基础。

后来 Macromedia 公司收购了 Future Splash，1996 年 11 月，Future Splash Animator 正式更名为 Flash 1.0。Macromedia 公司陆续推出了 Flash 的 3.0、4.0、…、8.0 等版本。2006 年，Macromedia 被 Adobe 收购，由此带来了 Flash 的巨大变革。2007 年 3 月 27 日发布的 Flash 9.0 成为了 Adobe Creative Studio CS 3.0 中的一个成员，与 Adobe 公司的矢量图形软件 Illustrator 和被称为业界标准的位图图像处理软件 Photoshop 完美地结合在一起，三者之间不仅实现了用户界面上的互通，还实现了文件的互相转换。当然更重要的是，Flash 9.0 支持全新脚本语言 ActionScript 3.0，这是 Flash 历史上的第二次飞跃，从此以后，ActionScript 终于被认可为一种“正规的”、“完整的”、“清晰的”面向对象语言。新的 ActionScript 包含上百个类库，这些类库涵盖了图形、算法、矩阵、XML、网络传输等诸多范围，为开发者提供了一个丰富的开发环境基础。

(1) 动画制作的步骤。

Flash 动画影片制作的过程可分为以下几步。

① 由编导（可以是你自己）确定动画剧本及分镜头脚本。

② 美术动画设计人员设计出动画人物形象，绘制、编排出分镜头画面脚本。

③ 动画绘制人员进行绘制；导入到 Flash 软件中进行制作。

④ 剪辑配音。

(2) Flash 中的基本概念。

下面对 Flash 中常用到的一些概念进行解释，以便对 Flash 有一个概念性的了解。以下将在 Flash 中创建的各种线条、图案、声音对象统称为“元素”。

① 帧（Frame）和帧速。一段动画（电影）是由一幅幅静态、连续的图片所组成的，称每

一幅静态图片为一“帧”。一个个连续的“帧”快速地切换就形成了一段动画。动画的流畅真实程度取决于单位时间内(1 秒)构成这段动画的帧的多少(也就是播放帧的多少),帧越多则动画看起来就比较流畅自然;反之,则显得生硬不连贯。单位时间内播放帧的多少称为“帧速”。在 Flash 中,“帧”一般分为 3 种:关键帧、空白关键帧和过渡帧。

② 层(Layer)。在 Flash 中,层可分为两种:一种为“图层”,这和 Photoshop 中的概念一样;另一种是“动画层”,它是图层的扩展。“动画层”中的元素是以动态的形式存在的,这种层中包含了“帧”以形成动画。

③ 场景(Scene)。在 Flash 中“场景”可以看作是舞台,是容器。构成 Flash 影片的所有元素都被包含在场景中。所以场景在一段 Flash 影片中是不可缺少的(至少要有一个场景)。当一段动画包含多个场景时,播放器会在播放完第一个场景后自动播放下一个场景的内容直至最后一个场景播放完毕。

④ 符号(Symbol)。符号是 Flash 中极其重要并且经常要用到的概念。在开发 Flash 影片的时候,通过引用符号可以有效地减少所生成影片的大小,也可以在开发小组各成员之间方便地交换使用。在 Flash 中符号可分为 3 类,分别是:MovieClip(影片夹),Button(按钮),Graphic(图形)。

⑤ 运动(Motion)和外形(Shape)。Flash 的一切非交互内容都是建立在 Motion 和 Shape 的变形之上。Motion 变形是指元素的位置发生变化的变形;而 Shape 变形要在元素的形状发生变化时使用。

⑥ 逐帧动画和关键帧动画。它们是 Flash 中生成动画的两种方式。逐帧动画要求制作者在影片的每一帧中逐帧绘制动作连续的图像以形成动画,早期看到的动画片大都是以这种形式制作的。制作这种动画的工作量非常大但能够表达出复杂的动作变形。而关键帧动画只需分别绘制两个图形(分别是起始状态和最终状态),分别插入到两个帧中(两帧不相连)设定 Shape 变形即可,中间的变形部分就由 Flash 来完成了。不过它不适合表现较复杂的变形。

⑦ 动作脚本(AS,ActionScript)。它是 Flash 中内嵌的一种用以开发交互式界面、动画的脚本语言,使用 AS 可以方便快捷地开发出各种炫目的动画效果和精彩的互动游戏。特别是自 Flash 5.0 以来,AS 已经越来越完善,构成了 Flash 不可或缺的一部分。

2. Flash 视频

Flash 视频即 Flash Video,简称 FLV。FLV 格式是一种新的视频格式,由于它形成的文件极小、加载速度极快,使得网络观看视频文件成为可能,它的出现有效地解决了视频文件导入 Flash 后,使导出的 SWF 文件体积庞大,不能在网络上很好使用的缺点。

Flash 格式最初其实只是图像文件。如果要在 Flash 中导入视频文件,在 Flash MX 之前,实际将转换为一帧帧位图,文件巨大,应用范围狭窄。到了 Flash MX 之后,Adobe 公司采用了 Sorenson 公司的压缩算法,形成 FLV(Flash Video)格式。

FLV 是一种新兴的网络视频格式,体积小、加载快、视频质量良好,适合网络观看。丰富、多样的资源也是 FLV 视频格式成为在线播放视频格式的一个重要因素。

3. Flash 的工作流程

要构建 Flash 应用程序，通常需要执行下列几个基本步骤。

(1) 计划应用程序。确定应用程序要执行哪些基本任务。

(2) 添加媒体元素。创建并导入媒体元素，如图像、视频、声音、文本等。

(3) 排列元素。在舞台上和时间轴中排列这些媒体元素，以定义它们在应用程序中显示的时间和显示方式。

(4) 应用特殊效果。根据需要应用图形滤镜(如模糊、发光和斜角)、混合和其他特殊效果。

(5) 使用 ActionScript 控制行为。编写 ActionScript 代码以控制媒体元素的行为方式，包括这些元素对用户交互的响应方式。

(6) 测试并发布应用程序。进行测试以验证应用程序是否按预期工作，查找并修复所遇到的错误，在整个创建过程中应不断测试应用程序。将 FLA 文件发布为可在网页中显示并可使用 Flash Player 回放的 SWF 文件。

4. 工作区、舞台和时间轴

在不打开文档的情况下启动 Flash 时，会显示“欢迎”屏幕。“欢迎”屏幕包含以下 4 个区域：①打开最近项目，用于打开最近的文档(单击“打开”图标)。②创建新文件，列出了 Flash 文件类型，如 Flash 文档和 ActionScript 文件。③从模板创建，列出创建 Flash 文档最常用的模板。④扩展，链接到 Flash Exchange 网站，可以在其中下载助手应用程序、扩展功能以及相关信息。

选择了某种类型，如“新建 Flash 文件”后将看到如图 4-16 所示的 Flash 工作区。

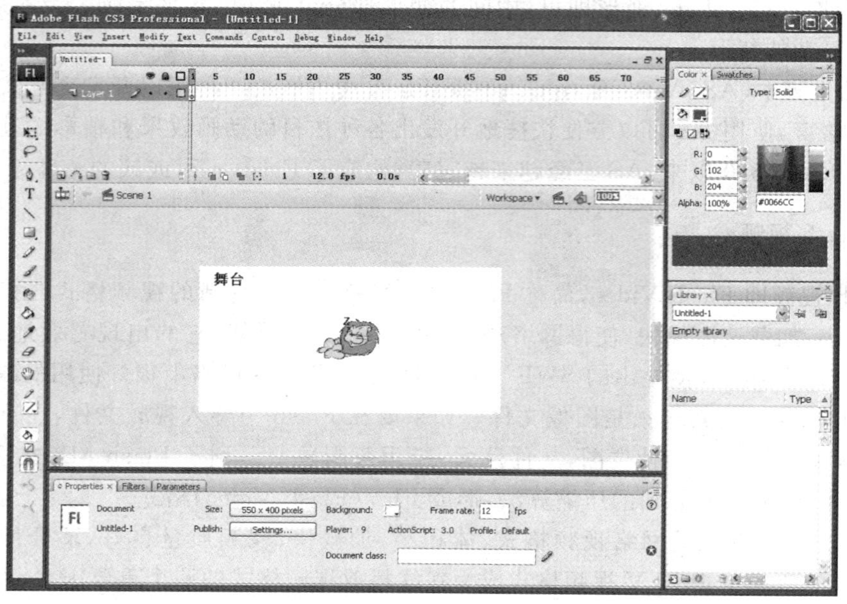

图 4-16 Flash 的工作区

舞台是创建 Flash 文档时放置图形内容的矩形区域。创作环境中的舞台相当于 Flash Player 或 Web 浏览器窗口中回放、显示文档的矩形空间。要在工作时更改舞台的视图，可以使用放大和缩小功能。若要帮助在舞台上定位项目，可以使用网格、辅助线和标尺。

时间轴用于组织和控制一定时间内的图层和帧中的文档内容。与胶片一样，Flash 文档也将时长分为帧。图层就像堆叠在一起的多张幻灯胶片一样，每个图层都包含一个显示在舞台中的不同图像。时间轴的主要组件是图层、帧和播放头。

文档中的图层列在时间轴左侧的列中，每个图层中包含的帧显示在该图层名右侧的一行中。时间轴顶部的时间轴标题指示帧编号，播放头指示当前在舞台中显示的帧。播放文档时，播放头从左向右通过时间轴。时间轴状态显示在时间轴的底部，它指示所选的帧编号、当前帧频以及到当前帧为止的运行时间。图 4-17 显示了一个带有内容的舞台和时间轴。

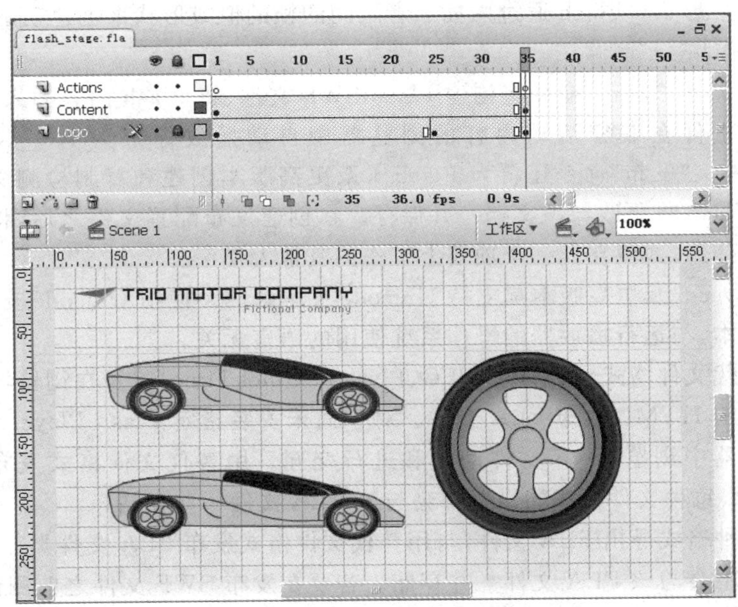

图 4-17 带有内容的舞台和时间轴

5. 创建动画及发布作品

Flash CS3 提供了多种方式用来创建动画和特殊效果，例如时间轴特效、补间动画、在时间轴中更改连续帧的内容以及逐帧动画，所有的一切为创作精彩的动画内容提供了多种可能。

(1) 创建动画。

动画中的变化是在关键帧中定义的。当创建逐帧动画时，每个帧都是关键帧。在补间动画中，可以在动画的重要位置定义关键帧，Flash 会创建关键帧之间的帧内容。

逐帧动画在每一帧中都会更改舞台内容，它最适合于图像在每一帧中都在变化而不是在舞台上移动的复杂动画。逐帧动画增加文件大小的速度比补间动画快得多。在逐帧动画中，Flash 会存储每个完整的帧。

时间轴上补间动画的插补帧显示为浅蓝色或浅绿色，并会在关键帧之间绘制一个箭头。由于 Flash 文档会保存每一个关键帧中的形状，所以只需在插图中有变化的点处创建关键帧。

补间动画是创建随时间移动或更改的动画的一种有效方法，并且可以最大程度地减小所生成的文件大小。在补间动画中，仅保存在帧之间更改的值。Flash 可以创建以下两种类型的补间动画。

① 运动补间动画。在补间动画中，在一个特定时间定义一个实例、组或文本块的位置、大小和旋转等属性，然后在另一个特定时间更改这些属性。也可以沿着路径应用补间动画。

② 形状补间动画。在一个特定时间绘制一个形状，然后在另一个特定时间更改该形状或绘制另一个形状。Flash 通过内插二者之间的帧的值或形状来创建动画。

(2) 发布作品。

在默认情况下，“发布”命令将创建 Flash SWF 文件、将 Flash 内容插入 HTML 文档以及使 SWF 文件在兼容活动内容的浏览器中自动播放标记为 AC_OETags.js 的 JavaScript 文件。“发布”命令还将为 Flash 4 及更高版本创建和复制检测文件。如果更改发布设置，Flash 将更改与该文档一并保存。在创建发布配置文件之后，将其导出以便在其他文档中使用，或供在同一个项目上工作的其他人使用。

Flash Player 6 及更高版本都支持 Unicode 文本编码。使用 Unicode 支持，用户可以查看多语言文本，与运行播放器的操作系统使用的语言无关。

可以用替代文件格式(如 GIF、JPEG、PNG 和 QuickTime)以及在浏览器窗口中显示这些文件所需的 HTML 发布 FLA 文件。对于尚未安装指定 Flash Player 的用户，替代格式可在浏览器中浏览 SWF 文件动画和进行交互。用替代文件格式发布 Flash 文档(FLA 文件)时，每种文件格式的设置都会与该 FLA 文件一并存储。

可以用多种格式导出 FLA 文件，与用替代文件格式发布 FLA 文件类似，只是每种文件格式的设置不会与该 FLA 文件一并存储。若要在发布 SWF 文件之前测试 SWF 文件的运行情况，请使用“测试影片”(“控制”|“测试影片”)和“测试场景”(“控制”|“测试场景”)命令。

思考与练习

1. 什么是隔行扫描？什么是逐行扫描？
2. 什么是分离电视信号？什么是全电视信号？
3. 比较世界上主要的 3 种电视信号制式之间的异同点。
4. 试对主要的数字信号采样的方法进行比较。
5. 简述 AVI 文件的格式。
6. 简述 RealMedia 文件的格式。

7. 简述 Windows Media 文件的格式。

8. 试对本书所介绍的视频格式的性能、优缺点进行比较。

9. 简述 MPEG-1 视频标准。

10. 简述 MPEG-1 的视频压缩算法。

11. 试讨论不同的 MPEG 标准,具体应用在何种场合?

12. 什么是数字非线性编辑?

13. 简述数字非线性编辑的过程。

14. 创建 3 个 MPEG 视频,控制它们的帧速率分别为 25 帧/秒、20 帧/秒、15 帧/秒。比较 3 者之间的画面连贯程度,是否有明显的跳跃或停顿?

15. 保持一段视频的原有长宽比例,将其中心的 50%的画面抽出形成一段新的视频。

16. 制作一段 Flash 动画,分别以 SWF 和 FLV 的格式输出。

第5章 多媒体存储技术

多媒体信息的内容包括文本、图形、图像、数字化声音、数字化视频。由于多种形式的信息同时存在，计算机需要处理的信息量很大，尤其对动态的声音和视频图像更为明显。这些信息即使经过压缩，所需的存储空间仍然十分可观。使用传统的计算机存储设备如软磁盘、磁带等，无法满足信息量的要求。在过去的半个世纪中，科学家和工程技术人员开发了许多的记录技术，从电子管到半导体存储器，从磁记录到光记录，都取得了瞩目的成就。

5.1 多媒体存储的种类

多媒体技术中使用了多种存储介质，其中主要的有半导体、磁和光盘 3 种介质。半导体存储器是速度最快的介质。磁介质历史悠久，存储容量大。光盘存储器存储容量大、工作稳定、存储密度高、寿命长、介质可换、便于携带、价格低廉。

5.1.1 磁盘存储

最早的硬盘出现在 20 世纪 50 年代，1956 年出现第一个由 IBM 公司研制的商品化硬盘。1973 年，IBM 3340 硬盘应用了一种叫“温彻斯特(Winchesters)硬盘”的技术。这种简称“温盘”的硬盘直径有 50.8cm，容量只有几兆字节(MB)。由于它有一个用于支撑磁介质的硬底盘，所以后来改称“硬盘”，以区别于“软盘”。

1. 磁盘的基本工作原理

磁盘存储系统由磁盘驱动器和磁盘片组成。磁盘片是固定在驱动轴上带有磁性介质的圆盘，驱动器上有控制机构和磁头，磁头被固定在能向磁盘圆心方向伸缩的磁头臂上。当磁盘在传动系统的驱动轴上旋转时，在定位驱动器控制下，通过磁头臂的伸缩和盘片的旋转，磁头可以读写出盘片上每一处的数据。

写入数据时，磁头产生一定方向和强度的磁场，将对应磁头下方的微小区域(磁化单元)磁化。根据写入驱动器电流的不同方向，使磁层表面被磁化的极性方向不同，从而记录下二进制的信息“0”或“1”。

读出数据时，磁头相对于已经被磁化的磁化单元作切割磁力线运动，从而在磁头的读线圈中产生感应电势。由于磁化单元的极性方向不同，产生的电势方向也不同，这样便可以读出记录在磁盘上的数据“0”或“1”。

逻辑上，数据以文件的形式存储在磁盘上；物理上，数据以磁道(Tracks)和扇区(Sectors)的方式存储在盘面的表面。磁道是一些同心圆，而扇区是磁道上的扇形区域。每个扇区通常可记录512字节的数据。一张盘片有多个磁道，一个磁道上有多个扇区。

硬盘有多个盘片和多个磁头，而软盘只有一张盘片、两个磁头(上下面各一个)，盘片装在一个保护套中。软盘虽然携带方便，但由于容量较小，可靠性差，随着新的存储技术和产品的出现，软盘几乎已经被淘汰。

2. 硬盘的性能指标

(1) 记录密度。

记录密度指单位长度内所存储的二进制信息量。包括道密度和位密度。道密度是指沿磁盘半径方向单位长度的磁道数，单位是“道/英寸”(TPI)。磁道与磁道保持一定的距离以防止磁道之间的干扰。位密度是指单位长度的磁道上记录的二进制位数，又称线密度，单位为bpi。各磁道是磁盘圆心的同心圆，各磁道上所记录的信息量是相同的，但位密度不同。也就是说，磁盘最内圈磁道上的位密度最大，用以代表整个磁盘的位密度。

(2) 存储容量。

存储容量是指存储器所能存储的二进制信息总量。若磁盘的盘面数为H，每面的磁道数为T，每个磁道的扇区数为S，每扇区为512字节，则磁盘的容量为：(512×S×T×H)(字节)。早期的硬盘容量为5MB、10MB、20MB、40MB…，现在一般的硬盘容量达到320GB、500GB，技术上已可以生产上TB的硬盘。

(3) 转速。

转速是磁盘每分钟的旋转次数，单位是RPM(转/分钟)。转速对于硬盘传输速度和持续传输速度至关重要。转速越快，硬盘取得及传送数据的速度也就越快。目前，硬盘转速主要为5400RPM、7200RPM和10000RPM。

(4) 平均寻道时间。

平均寻道时间是指磁头到达目标数据所在磁道的平均时间，它直接影响硬盘的随机数据传输速度。平均寻道取决于磁头动力臂的运行速度。目前硬盘平均寻道时间在9毫秒以下。

(5) 缓存。

缓存指在硬盘内部的高速缓冲存储器，其大小也会直接影响到硬盘的整体性能。在数据的读取过程中，硬盘里的控制芯片发出指令，将系统指令正在读取的簇的相邻的下一个或几个簇的数据读入硬盘高速缓存。这样，当系统指令开始要读取下一个簇的数据的时候，硬盘便不需要重新开始一个读取动作，只需要将缓存中的数据传送到系统主存中去就可以了。因此缓存容量的加大可以容纳更多的预读数据，这样大大缩短了系统等待的时间。目前硬盘的缓存为2MB、4MB或8MB。

(6) 传输速率。

传输速率分为内传输速率与外传输速率。内传输速率是从硬盘到缓存的传输速度，外传输速率是从缓存到通信接口的传输速度。内传输速率更能反应硬盘的实际表现，通常以每秒 MB 为单位。目前，最快的传输速度已达 160MBps。

(7) 接口类型。

硬盘接口类型有 IDE、SATA、SCSI 等多种。移动硬盘接口有 USB 等。

集成驱动电子设备(Integrated Drive Electronics，IDE)最早由 Texan 和 Compaq 公司提出，目的是把硬盘控制器嵌入到驱动器中。1988 年 10 月，ANSI 中的 X3T9.2 工作组的一个委员会开始讨论 IDE 的有关问题。1993 年 2 月发表了该标准的 3.1 版本，使其成为了正式的 ANSI 标准，并赋予了一个新的名称——ATA(AT Attachment)。ATA 与 IDE 具有基本相同的含义。随着软件要求的提高及硬盘驱动器技术的进步，ATA 标准也在不断地改进。ATA-2 标准兼容 ATA 并扩展了一些功能，增加了 DMA 模式，而且提高了即插即用性及与未来版本的兼容性。同时它还增加了一种新的寻址方式——LBA。LBA 寻址方式把原来分别表示 C、H、S(柱面、磁头、扇区)3 个参数的二进制位看成是一个表示地址的数，解决了原有 IDE 接口无法支持高于 528MB 容量硬盘的问题，并且可以通过一个接口连接两个设备，数据传输率也大大增加了。1997 年，Ultra ATA 规格面世，即 DMA/33 模式，其数据传输率提高到 33.3MBps。1998 年 2 月，推出了支持 66MBps 数据传输率的 Ultra ATA/66 标准，其外部数据传输速率达到 66MBps。2000 年 6 月确立的 ATA/100(DMA100)接口，允许主机和硬盘之间以 100MBps 的数据传输率进行传输数据。

串行接口 SATA(Serial ATA)以连续串行的方式传送数据。它的针脚少，功耗低，传送速度快。传送速度达 150MBps，将来还可能达到 300MBps 或 600MBps。

SCSI 的英文全称为“Small Computer System Interface(小型计算机系统接口)”，是同 IDE(ATA)完全不同的接口。SCSI 并不是专门为硬盘设计的接口，它是一种广泛应用于小型机上的高速数据传输技术。SCSI 接口具有应用范围广、多任务、带宽大、CPU 占用率低，以及热插拔等优点，但较高的价格使它很难像 IDE 硬盘一样普及，因此 SCSI 硬盘主要应用于中、高端服务器和高档工作站中。

5.1.2 光盘存储

多媒体信息的存储可以使用磁存储介质，如硬盘，也可以使用半导体存储介质，如 U 盘、各种存储卡等，但在价格、可移动性、可靠性方面，光存储介质有更大的优势。光盘存储技术是 20 世纪 70 年代的重大科技发明，在 20 世纪 80 年代达到了实用化，并在 20 世纪 90 年代得到了广泛应用。现在，光盘已经发展成为一系列产品，包括 CD 系列、VCD 和 DVD 系列等。光盘存储器以其存储容量大、工作稳定、存储密度高、寿命长、介质可换、便于携带、价格低廉等优点，成为普遍使用的多媒体信息载体。

1. 光存储技术的历史

从 20 世纪 70 年代开始，人们发现通过对激光聚焦后，可获得直径为 1 微米的激光束。根据这个事实，荷兰 Philips 公司的研究人员开始研究用激光束来记录信息。1972 年9 月 5 日，该公司向新闻界展示了可以长时间播放电视节目的光盘系统，这个系统被正式命名为LV(Laser Vision)光盘系统(又称激光视盘系统)。

1982年,Philips公司和Sony公司将记录有数字声音的光盘推向了市场。这种光盘把声音信号变成用"1"和"0"表示的二进制数字,然后记录到以塑料为基片的金属圆盘上。由于这种金属圆盘很小巧,所以用了英文Compact Disc来命名,而且还为这种光盘制定了标准,这就是"红皮书(Red Book)标准",这种盘又称为CD-DA(Compact Disc-Digital Audio),它的中文名字就是"数字激光唱盘",简称CD。

由于CD-DA能够记录数字信息,很自然就会想到把它用作计算机的存储设备。1985年Philips公司和Sony公司开始将CD-DA技术用于计算机的外围存储设备,于是就出现了CD-ROM(光盘只读存储器),并推出了相应的物理格式标准,称为黄皮书(Yellow Book),并成为ISO/IEC 10149标准。

在用于计算机数据的存储器时,为了便于推广CD-ROM技术的应用,一些工业巨头聚会联合制定了一套称为High Sierra的统一标准。在这个标准中定义了光盘上的文件存储结构等。该标准很快被国际标准化组织(ISO)选定,经过修改,1987年成为CD-ROM的数据格式编码标准ISO 9660。

ISO 9660在很多操作系统中都可用。标准ISO 9660格式只支持MS-DOS的8.3文件命名格式,即8个字符的文件名和3个字符的扩展名。对于其他的操作系统如Macintosh或UNIX,则使用ISO 9660的Apple或UNIX扩展以支持长文件命名。

1986年制定CD-I的绿皮书(Green Book)规范,用于交互式多媒体CD-I系统中存储数字化的文字、图形、声音、图像等。1992年推出第二代CD-I,可播放交互式视频图像。

1988年,Philips、Sony及Microsoft制定CD-ROM扩展结构CD-ROM XA(eXtended Architecture)。1991年又制定了CD-ROM XA Ⅱ规范,对应于ISO 9660 Ⅱ。

1989年,制定了CD-V(Video)标准,它从红皮书发展而来,存储模拟的视频信息和数字化声音,在影碟机上使用,视频信息可以输出到电视机。

1991年Philips和Kodak对外发布Photo-CD,1992年制定规范,用于存放数字化的静态照片。

1992年制定了可记录(Recordable)CD的橙色书(Orange Book)标准,包括CD-MO(重复可写磁光盘)和CD-WO(一次性可写光盘)等。

1993年制定视频图像存储的白皮书(White Book)规范(Video CD),采用MPEG-1压缩算法压缩动态图像。它使Video CD节目能够在CD-I、CD-ROM XA和Video CD播放机上播放。

1995年出现可重复擦写光盘(CD-RW)。

1996年开始,开发出具有更高存储密度的激光唱盘DVD,将光存储技术推向高峰。

2. 光盘存储技术的基本原理

光盘存储系统由光盘驱动器和光盘(片)组成。光盘驱动器产生一束激光照射到光盘上,反射光由一个光检波来接收,并且被解码成数据。介质有两种状态,产生不同的反射光,从而使数据可识别,这与黑色字符印在纸上一样。数据可以是一种相位变化,或反射光光强变化。例如,反射面的洞使反射光发生衍射,光强变弱。这种光强的变化,从反射区的高光强到洞区的低光强可被转变成不同的电信号以读取数据，图 5-1 是一般光盘的断面结构。

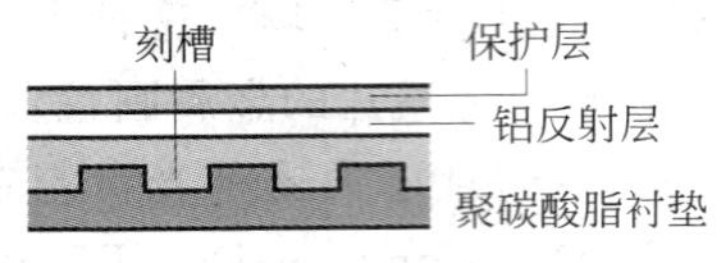

图 5-1　光盘断面的结构

为了数据的写入与读出，系统使用了一束激光，这使得光盘可达到很高的信息密度。轨间距、凹坑的最小尺寸和其他一些参数取决于激光的光波长，短波长会产生更高的存储密度。激光源也必须有足够高的信噪比，以产生更高的速率。例如在 1ms 或更短时间内扫描 $1\mu m^2$ 区域。

3. 光盘的类型

根据存储介质的类型不同，光盘包括只读光盘、只写一次光盘和可擦写光盘 3 种，前两种都是属于不可擦除的。

(1) CD-ROM 只读光盘。

CD-ROM 是最常用的光盘，直径约 12cm，容量约 650MB。其工作特点是，采用激光调制方式记录信息，将信息以凹坑(pits)和凸区(lands)的形式记录在螺旋形光道上。光盘是由母盘压模制成的，一旦复制成形，永久不变，用户只能读出信息。

(2) WORM 一次写多次读光盘。

WORM(Write Once Read Many)光盘使用户能够自己将数据、程序或节目记录到光盘上。

WORM 光盘有许多不同的方法来实现。可以采用有机染料作为记录层，该层被激光加热时则熔化，并形成一个凹坑，未被加热的点仍然是平面，这就形成了代表 0 和 1 的两种状态。读取激光照射在凹坑上时，反射光的光强降低，如图 5-2 所示。也有的系统使用一层薄的金属记录层，当该金属被写激光加热到 170℃时，它的物理特性由晶态(高反射性)转换到非晶态(低反射性)，从而在光盘轨道上产生了光反射系数高(未被加热过)与低(加热过)两种不同的状态，使激光可读出数据。

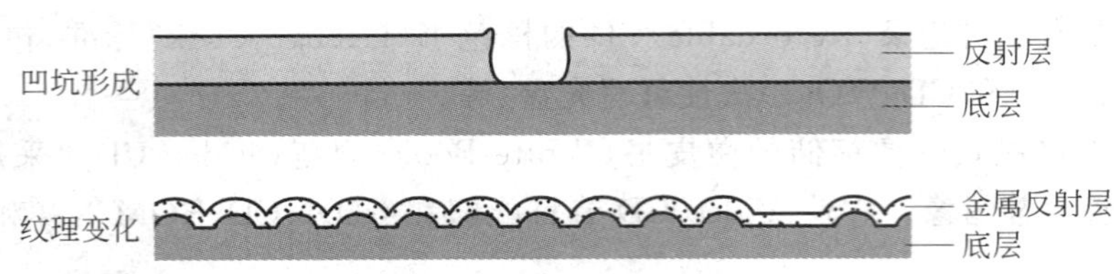

图 5-2　WORM 数据的记录方法

WORM 光盘在使用前首先要进行格式化，形成格式化信息区和逻辑目录区，利用激光照射介质，使介质变异，利用激光不同的变化，使其产生一连串排列的“点”，从而完成写的过程。WORM 光盘引入 DOS 文件分配表的概念，在光盘的根目录下面是用户定义的逻辑目录，逻辑目录对应文件管理区，其他各个文件目录项可以相应地浮动对应光盘的一切数据区，使得逻辑目录的转换同磁盘上目录转换一样方便，因此，提高了光盘的利用率，并且在逻辑目录建立的同时，用户可以根据需要，对其中的重要数据进行加密。WORM

光盘的特点是只能写一次但可多次读，信息一旦写入就不能再更改。

(3) Rewritable 可重写光盘。

在可擦写光盘系统中，用户自己可以进行数据的写、读，擦除后并再次写入。有多种不同方式的可擦写光盘，包括磁光系统、相变系统和染料化合物系统。

① 磁光记录。

磁光(MO)记录综合了磁记录技术和激光两方面的优点，将磁介质的可擦写性与光的高记录密度结合在一起。磁光记录使磁介质在垂直于光盘表面的方向上磁化，磁微粒被放置于预先刻槽的光盘表面上。垂直记录使记录波长短，所以记录密度比磁带高得多。

在磁光记录中，磁场是由要记录的数据产生的，需要的磁场强度比磁带记录中使用的磁场弱得多。磁光盘是使用一种特殊性质的磁材料，当材料由激光加热到它的居里温度时，它们的矫顽力(使材料磁化所需要的最小磁场强度)迅速下降为0，用微弱的磁场就可以将其磁化。在磁光记录中，一束由透镜聚焦的激光束将某一处的磁材料加热到它的居里温度(例如150℃)时，矫硕力下降接近于0，只有这一点上的磁微粒受记录线圈产生的磁场影响，当激光点束移开后，这一点的温度下降到居里温度以下，代表数据的磁化的方向被“冻结”，不再受外磁场的影响。因为激光束形成的光点很小，因此其记录密度比磁带记录高得多。图5-3是磁光记录的原理，记录时激光束将介质加热，偏置线圈将磁性材料磁化。

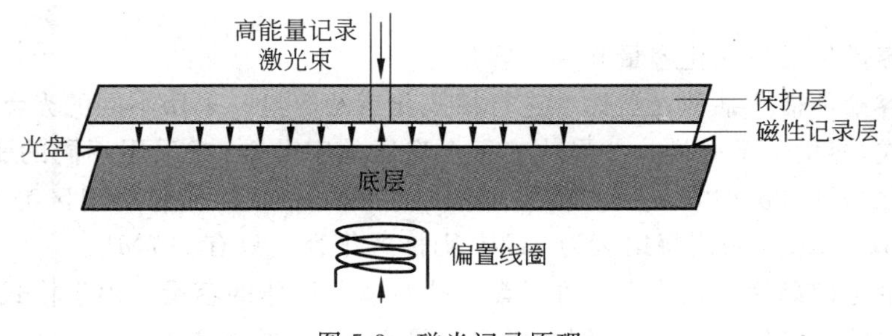

图5-3　磁光记录原理

② 相变光记录。

在这种可擦写的光盘中采用的是一种具有晶体/非晶体状态可逆转换特性的材料，记录时使用一种温度，而擦除时采用另一种温度。对可擦写媒质，从晶体(高反射)到非晶体(低反射)的变化一般用于记录数据，其逆变过程用于擦除记录信息。用激光加热记录层，使聚焦点的温度略高于它的熔点而冷却凝固时，就变成非晶体。由于非晶体状态不稳定，材料易于反变，因此，当该点加热到稍低于熔点的温度再冷却时，就返回晶态，数据则被擦除。

相变技术用在CD-RW、DVD-RW和DVD-RAM中。

③ 染料化合物记录。

在这种光盘系统中，记录层是由两层含有不同吸垫材料的塑料基片构成的。把对着入射光的一层称为上层，另一层则称为下层。上层对波长为840nm的光敏感，受热后则扩张；下层对此波长不敏感，是透明的，其物理性能不受这种波长的激光影响。这样在激光照射点上，上层受热扩张、下层不变，于是上层则变形起皱。激光扫过以后，该点冷却，起皱面则保留下来。轨道上未被光照射的部分仍保持为平面，这就形成反射系数不同的两种状态，即皱面和平面，将数据记录下来。下层对波长为780nm的光敏感，用这种波长的激光照射时，该层受热变软，使上层的皱起面得以展平，原来记录的数据则被抹掉。

在光存储中，因为数据的读写是通过激光来完成的，在介质与传感器间没有物理接触，这使得介质和传感器(读出装置)有更长的寿命。另外，由于无须数据面与读出头之间的物理接触，数据可以置于保护层内，减小表面污染的影响。

现在120mm可擦写光盘可存储4.7GB，它的容量还会增加10倍，数据读取速率可达到10Mbps。使用更高的旋转速度和置于平行轨道的多光头，可使速度达到500Mbps甚至更高。

4. 光存储系统的技术指标

光存储系统的技术指标包括尺寸、容量、平均存取时间、数据传输速率、误码率和平均无故障时间等。

(1) 尺寸。

光盘的尺寸多种多样。早期LV(Laser Vision)的直径为12英寸(300mm)，CD激光唱盘和CD-ROM的标准尺寸是120mm，也有直径是80mm的光盘，其容量大约为200MB，还有其他一些异形光盘，如矩形光盘、心形光盘、五边形光盘等。

(2) 容量。

光盘的容量包括格式化容量和用户容量。

格式化容量是指按某种光盘标准进行格式化后的容量。采用不同的光盘标准就有不同的存储格式，容量也不一样。如果改变每个扇区的字节数，或采用不同的驱动程序，都会影响格式化容量。例如Sony的SMO-D501光盘，若格式化使每个扇区为1024B，则格式化容量是325MB；若采用每扇区为512B，则格式化容量只有297MB。

用户容量是指盘片格式化后允许对盘片执行读写操作的容量。由于格式、校正、检索等比特需要占用一定的容量空间，因此用户容量小于格式化容量。

光盘正朝着高密度、大容量和小体积的方向发展。提高光盘存储容量的方法有多种，通常以提高位密度和道密度来实现。其主要途径是缩短所用激光的波长，利用光斑边界记录取代光斑位记录或采用区位记录等方式。

(3) 平均存取时间。

平均存取时间是指从计算机向光盘驱动器发出命令开始，到光盘驱动器在光盘上找到读/写的信息的位置并接收读/写命令为止的一段时间。

平均存取时间等于平均寻道时间和平均等待时间之和。光学头沿半径移动全程1/3长度所需的时间为平均寻道时间。盘片旋转半周的时间为平均等待时间。目前大多数光盘驱动器的平均存取时间在200ms到400ms之间。

(4) 数据传输速率。

数据传输速率因观察角度和使用范围不同有多种不同的定义。

① 数据传输速率。

数据传输速率一般是指单位时间内光盘驱动器送出的数据比特数。该数值与光盘转速和存储密度有关。现在主要是针对提高数据传输速率和缩短平均存取时间开展技术研究工作。对于 CD-ROM,其数据传输速率已从初期的 150KBps 提高到 6MBps。

② 同步传输速率、异步传输速率和 DMA 传输速率。

数据传输速率也指控制器与主机之间的传输速率。它与接口规范和控制器内的缓冲器大小有关。SCSI 接口的同步传输速率为 4MBps,异步传输速率为 1.5MBps。AT 总线规定的 DMA 方式的传输速率为 1MBps。

③ 突发传输速率。

光盘驱动器或控制器中都包含一个 64KB、256KB 或 512KB 的缓冲存储器。为了提高数据传输速率,读数据过程中先把数据存入缓冲器,再进行集中传送;如果下次读取同一内容,就不必从光盘上去读取,直接把缓冲器中的数据传送给主机就可以了,这种传输速率称为突发传输速率。

(5) 误码率。

采用复杂的纠错编码,可以降低误码率。存储数字或程序对误码率的要求较高,存储图像或声音数据对误码率的要求较低。CD-ROM 要求的误码率为 10^{-12}～10^{-16}。

(6) 平均无故障时间。

CD-ROM 的平均无故障时间(Mean Time Between Failures,MTBP)要求达到 25 000 小时。

5.1.3 半导体存储

根据写入特性,可粗略地将半导体存储器划分为随机存取存储器(Random-Access Memory,RAM)和只读存储器(Read-Only Memory,ROM)两类,更进一步则可以细分为 Flash、ROM、SRAM、EPROM、EEPROM 和 DRAM 等。

1. RAM

RAM 是最常用的计算机内存储器。RAM 被认为是"随机存取存储器(Random Access Memory)",因为如果知道任何一个存储单元对应行和列(地址),就能直接存取(访问)它。

RAM 存储芯片是一个集成电路(Integrated Circuit,IC),由数以百万计的晶体管和电容构成。

大多数计算机内存是动态随机访问存储器(Dynamic Random Access Memory, DRAM)。一个晶体管和一个电容搭配起来形成一个存储单元(memory cell),它可以存储一个比特的数据。电容保持这个信息比特是 0 还是 1;晶体管则像一个开关,使存储芯片上的控制电路读该电容或改变电容的状态。要使动态内存工作,无论是 CPU 还是存储控制器都不得不对所有为 1 的电容在它们漏电前重新充电。为了完成这个任务,内存控制器读内存后再写回去。这个更新操作在一秒内自动进行几千次。

静态 RAM 使用的是完全不同的技术。在静态 RAM 中用一种触发器(flip-flop)保持存储的比特单元。一个存储单元的触发器使用 4 个或 6 个晶体管,但不需要刷新。这使得静态 RAM 比动态 RAM 更快。然而,因为它有更多的部件,静态存储单元与动态存储单元相比占用更多的芯片空间。因此对于每块芯片来说将得到较少的空间，并且使用静态 RAM 花费更大。

静态 RAM 更快但花费大，而动态 RAM 花费小但速度慢些。因此，静态 RAM 用作 CPU 的高速缓存(cache)，而动态 RAM 用于更大的系统 RAM 空间。

2. ROM

只读存储器(Read-Only Memory，ROM)，也被称作固件(firmware)，当它被制造时就被做成以指定数据编程的集成电路。ROM 芯片不仅用在计算机里，而且还用在大多数电子产品中。

类似随机存取储存器，ROM 芯片包含一个由行列构成的栅格。但是 ROM 芯片在行列相交处，ROM 同随机存取储存器芯片是根本不同的。随机存取储存器使用晶体管来接通或断开对各交点处的电容的读取。对于 ROM，如果值为 1 的话，就用一个二极管连接这些线；如果值是 0，那么这些线则不被连接。

一个二极管正常情况下只允许电流向一个方向流动。如果一个二极管在哪个单元导通，电荷将被接地，那么，在二进位的系统之下，该单元将会被读作“ON”(取值为 1)。如果单元的值是 0，那么在 ROM 行列相交处就没有二极管导通，因此列上的电荷就不会传到行上。

ROM 芯片的这种工作方式要求芯片被产生的时候，就应以正确完整的数据进行编程，不能够重新编程或重写一枚标准的 ROM 芯片。如果它是不正确的，或数据需要被修改，只得丢弃它，再重新做一个。但是 ROM 芯片也有它的优点，一旦制成模板，制作芯片时每个芯片就只花费很少的时间。它们耗电量很小，又非常可靠，在极小的电子装置中，包含有控制该装置所必需的程序。

3. Flash(闪存)

闪存是 EEPROM(电可擦除程序存储器)的一种，它使用浮动栅晶体管作为基本存储单元实现非易失存储，不需要特殊设备和方式即可实现实时擦写。闪存可用于存储任何格式的数据文件和在计算机间方便地交换数据。U 盘、数码照相机的存储卡使用的都是闪存。

使用闪存作存储介质，没有运动部件，无噪声、存取速度快、体积更小、重量更轻、存储容量大、携带非常方便。

5.2 CD

CD(Compact Disc)意为高密盘，它是目前应用广泛的光盘。

5.2.1 CD 标准简介

在 CD 家族中，有众多的成员。

1. CD-DA

CD-DA 又叫激光数字唱盘，用来存储数字音频信息，如音乐歌曲等。早期，Philips 公司、Sony 公司希望用 CD 来保存数字高保真音乐，为此制定的标准称为 Compact Disc-Digital Audio 标准，简称 CD-DA 标准(CD-Audio Book)，符合这个标准的光盘都标有“Digital Audio”的标识。正式标准定义在 1982 年发布的红皮书(Red Book)中，定义包括了 CD 的尺寸、物理特性、编码方式、错误校正等。

2. CD-ROM

CD-ROM(CD-Read Only Memory)又称为只读光盘存储器。目前流行的光盘主要属于这一类。它的信息存放标准是根据 ISO 9660 的黄皮书(Yellow Book)定义的。在 CD-ROM 标准中定义了两种格式：CD-ROM Mode 1 和 CD-ROM Mode 2。Mode 1 代表 CD-ROM 数据含有错误修正码，而 Mode 2 则没有。所以 CD-ROM Mode 1 用来存放计算机数据，CD-ROM Mode 2 用来存放压缩的声音、图像和视频信息。

3. CD-I

CD-I(CD Interactive)是由 Philips 公司和 Sony 公司定义的 Compact Disc-Interactive 标准，即绿皮书(Green Book)标准。绿皮书标准在 CD-ROM 的基础上增加了交互音频、视频、文字和数据的表达格式，允许计算机数据、压缩的声音数据和图像数据交错放在同一条 CD-I 光道上。绿皮书标准规定使用专用的操作系统，称为光盘实时操作系统 CD-RTOS(Compact Disc-Real-Time Operating System)。它是一个多任务实时响应的操作系统。CD-I 光盘需要通过 CD-I 播放机来播放，通过播放机可以直接连接电视机、立体声音响和计算机来播放 CD-I 光盘上的节目。

绿皮书标准定义的扇区格式被 CD-ROM/XA 采用。因此 CD-I 的扇区结构和 CD-ROM/XA 一致。

4. CD-ROM/XA

CD-ROM/XA(CD-ROM Extended Architecture)中综合了 CD-ROM 和 CD-I 的特点，是在 CD-ROM 的基础上扩充了对数字音频信号的编码，可以将声音、图像、文字和数据同时交错存放在光盘的同一个光道上。

CD-ROM/XA 在 CD-ROM Mode 2 标准中补充定义了 XA Form 1 和 XA Form 2 两种格式。XA Form 1 格式用来存放计算机数据；XA Form 2 格式用来存放声音、图像和视频。

通过软件方法可以将 CD-ROM/XA 光盘在普通 CD-ROM 驱动器上播放。

5. Photo CD

Photo CD 是 Kodak 公司和 Philips 公司依据 CD-ROM/XA 标准开发的新产品，用来存放彩色照片。

6. CD-Bridge 盘

CD-Bridge 规格定义了一种把附加信息加到 CD-ROM/XA 光道上的方法，目的是让这种光盘能够在 CD-I 播放机上播放。这样，CD-Bridge 光盘既可以在 CD-I 播放机上播放，又可以在计算机上播放，还可以在 Kodak 公司的 Photo CD 播放机上播放。CD-Bridge 盘上的光道都采用 Mode 2 的扇区结构，不使用 Mode 1 的扇区结构，声音光道则要跟在数据光道的后面。

7. VCD

VCD(Video-CD)就是常用的影视光盘，是 1993 年问世的由 JVC、Philips、Matsushita 和 Sony 联合定义的数字视频光盘技术规格。1994 年 7 月发布了“Video CD Specification Version 2.0”，并命名为白皮书(White Book)。该标准描述的是一个使用 CD 格式和 MPEG-1 数据压缩标准的数字视频存储格式。Video CD 标准在 CD-Bridge 规格和 ISO 9660 文件结构基础上定义了完整的文件系统，这样就使 VCD 节目能够在 CD-ROM、CD-I 和 VCD 播放机上播放。

8. CD-R

CD-R(Compact Disc-Recordable)光盘是一种用户可以按需要将信息写入的光盘。用户可以把数据写到盘上，但是数据一旦写入，就不能把写入的数据抹掉，写入的信息可以通过普通 CD-ROM 读出。

CD-R 的标准在橙皮书第 2 部分中定义。这种盘在出厂时就已经在盘上刻有槽，称为预刻槽，也就是物理光道的位置已经确定，是一片空白盘。用户把多媒体文件写到盘上之后，就把内容表 TOC(Table Of Contents)写到盘上。在写入 TOC 之前，这种盘只能在专用的播放机上读出；在 TOC 写入之后，可以在普通的播放机上播放。

5.2.2 CD-DA 技术

CD 唱盘是 CD 家族的第一个成员，其标准是其他 CD 标准的基础。声音是一种连续变化的模拟量，传统上采用模拟的方式记录。CD-DA 克服了模拟唱盘的弱点，采用数字方式记录声音信息。

1. CD 的物理指标

激光唱盘、CD-ROM、数字激光视盘等统称为 CD。CD 主要由保护层、反射激光的铝反射层、刻槽和聚碳脂衬垫组成。

光盘的物理特性和逻辑特性在红皮书中进行了规范：光盘的直径为 120mm，中间孔直径为 15mm，厚度为 1.2mm。光盘的最里面部分不存储数据，这个区域把光盘和旋转的动力轴夹在一起。记录数据的区域有 35.5mm 宽。引入区在数据区的最里面边缘部分，引出区在最外面。引入和引出区包含有非音频数据，用来控制光驱，如图 5-4 所示。CD-DA 的其他技术指标见表 5-1。

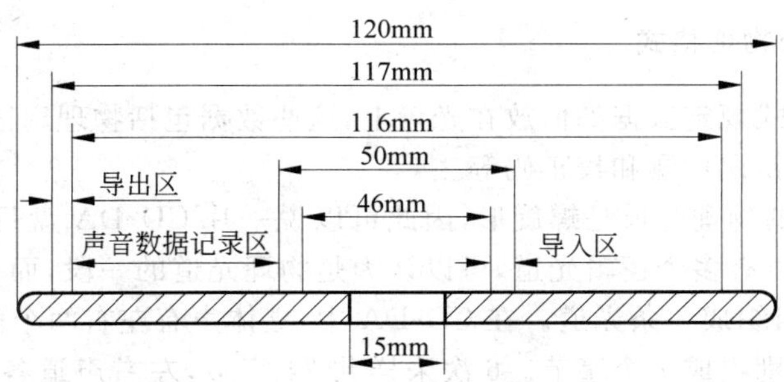

图 5-4 CD的物理规格

表 5-1 激光唱盘标准摘要

名　称	技术指标	名　称	技术指标
播放时间	74分钟	凹坑宽度	0～0.5μm
旋转方向	顺时针(从读出表面看)	光学系统	
旋转速度	1.2m/s～1.4m/s(恒定线速度)	激光波长	780nm
光道间距	1.6μm	聚焦深度	±2μm
盘片直径	120mm	信号格式	
盘片厚度	1.2mm	通道数	2个
中心孔直径	15mm	量化	16位线性量化
记录区	46mm～117mm	采样频率	44.1kHz
数据信号区	50mm～116mm	通道位速率	4.3218Mbps
材料	折射率为1.55的任何材料	数据位速率	1.9409Mbps
最小凹坑长度	0.833μm(1.2m/s)～0.972μm(1.4m/s)	数据：通道位	8:17
最大凹坑长度	3.05μm(1.2m/s)～3.56μm(1.4m/s)	错误校正码	CIRC
凹坑深度	0～0.11μm	调制方式	EFM

磁盘存放数据的磁道是同心环，磁盘片转动的角速度是恒定的，但在两条磁道上，磁头相对于磁道的线速度是不同的。采用同心环磁道的好处是控制简单，便于随机存取，但外磁道的记录密度低，内磁道的记录密度高，外磁道的存储空间不能得到充分利用。

CD光道的结构与磁盘磁道的结构不同，它的光道不是同心环，而是螺旋形轨道。CD转动的角速度在光盘的内外区是不同的，而它的线速度却是恒定的(Constant Linear Velocity，CLV)，这样内外光道的记录密度(比特数/英寸)可以做到一样，盘片可得到充分利用，达到它应有的数据存储容量，但随机存储特性变得较差，控制也比较复杂。

2. 光盘数据的物理格式

光盘的物理格式规定数据如何放在光盘上，这些数据包括物理扇区的地址、数据的类型、数据块的大小、错误检测和校正码等。

在 CD-DA 中的物理光道是螺旋形，因此可以说一片 CD-DA 盘只有一条物理光道。但一片 CD-DA 可以有多个逻辑光道，可以认为是物理光道的一段，而光道的长度可长可短，通常一首歌就组织成一条光道。在 CD-DA 中，立体声有左右两个声道，每次采样有 2 个 16 位的样本，分别组成 2 个字节。6 次采样共 24 字节，左右声道各 12 字节。24 字节的左右声道数据、3 字节同步信号、1 字节控制显示码和 8 字节校验码组成 1 帧(Frame)。帧是激光唱盘上存放声音数据的基本单元。98 帧构成 1 节(Section)，也称为 1 个扇区(Sector)。一条光道由许多节组成。

图 5-5 是一帧数据的结构，其中，控制/显示字节，也叫子码(Subcode)，包含轨道的起点和终点、轨道数目、光盘时钟、索引点以及其他参数。播放器用子码解释光盘的信息，便于使用者控制播放器取得光盘目录。包含在每帧中的 8 个子码比特，称为 P，Q，R，S，T，U，V 和 W。在音频数据中，一个子码块由连续的 98 帧排列构成。这样，8 个子码比特(P 到 W)正好构成 8 个不同的信道，每一帧包含一个 P 比特、一个 Q 比特等。只有子码 P 和 Q 在 CD 音频格式中进行了定义，其他的 6 个比特用于其他应用，比如在音频 CD 上的编码文本和图像信息。

同步信号 3个字节	控制/显示 1个字节	声音数据(左) 12个字节	Q校验码 4个字节	声音数据(右) 12个字节	P校验码 4个字节

图 5-5 光盘的帧结构

CD-DA 音频数据的采样频率为 44.1kHz，因此 1 秒钟的音频数据率就为：

$$44.1\times1000\times2\times(16\div2)=176\ 400 \text{ 字节/秒}$$

1 秒钟所需要的帧数为：

$$176\ 400\div24=7350 \text{ 帧/秒}$$

1 秒钟所需要的扇区数为：

$$7350\div98=75 \text{ 扇区/秒}$$

换言之，每一扇区长度为 1/75 秒，包含 2352 字节数字音频数据。

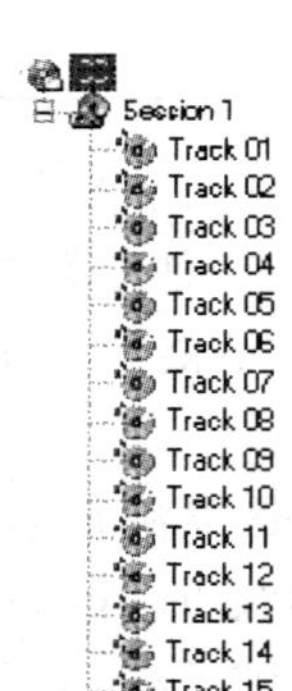

图 5-6 CD-DA 的文件结构

3. CD-DA 的文件结构

CD-DA 光道的特点是一个区段(或会话，Session)，多条光道(一个曲目对应一条光道)，不设目录结构。图 5-6 是一张 CD-DA 唱盘的光道结构，其中有一个区段，17 条光道，对应 17 首歌曲，没有目录结构。

4. CD-G(CD-Graphics)

Red Book 不仅定义了如何把声音数据放到 CD 上，而且还定义了一种把静态图像数据放到 CD 上的方法。如果把图像数据放到通道 R～W，这种光盘通常就称为 CD＋G 盘，简称为 CD-G 盘。CD-G 节目在普通的 CD 播放机上播放时，音乐节目可以照常欣赏，只是没有图像而已。如果使用能播放 CD-G 节目的 VCD 播放机，在播放 CD-G 盘时需要和电视机连接。

5.2.3 CD-ROM 技术

CD-ROM 标准——黄皮书（Yellow Book）是 Philips 和 Sony 公司为 CD-ROM（Compact Disc-Read Only Memory）定义的标准。只读光盘存储器（CD-ROM）格式把数字音频 CD 格式扩展到了一般信息存储的更广泛应用。CD-ROM 格式的目的不仅是存储音乐，而是存储各种程序资料，它是用于计算机应用和发布信息的主要的大容量存储介质。CD-ROM 标准来自于 CD-Audio 标准，但它为一般数据存储定义了一种格式。与 CD-Audio 不同，CD-ROM 并不和一个特定的应用联系在一起。两个标准使用的都是直径为 120mm 的盘，但使用不同的数据格式。

1. CD-ROM 的光道结构

CD-ROM 光盘使用的数据格式是对音频 CD 格式的修改。98 个帧组成一个 2352 字节长的数据块（24 字节×98 帧）。块的前 12 字节组成同步，接下来的 4 字节为头部域，剩下的 2336 字节可以存储用户数据，或者数据加扩展的错误校验。头部域包含 3 字节的地址和 1 个模式字节。地址按照光盘的播放时间存放，3 个字节分别表示分、秒和秒中的块号。例如，一个 40-12-09 的地址，代表光盘的第 40 分 12 秒的第 9 块。注意，这与磁盘的扇区地址是用 C-H-S（柱面号-磁头号-扇区号）地址系统来表示是不同的。

CD-ROM 共有 3 种类型的光道，记录在模式字节中：CD-ROM Mode 1（模式 1）格式指定每节 2048 字节用于存放用户数据，280 字节用于可扩展的错误检测和校验，使 CD-ROM 的误码率在 10^{-15} 以下。所以，模式 1 适合于存储计算机数据；CD-ROM Mode 2（模式 2）允许 2336 字节全部用于存储用户数据，适于存储声音数据、静态图像或电视图像数据；模式 0 实际上是 CD-DA 模式，用于存储声音数据。

图 5-7 是一张数据光盘的光道与目录结构，其光轨特点是：有一个区段（Session），一条光道（Track），文件有目录结构。

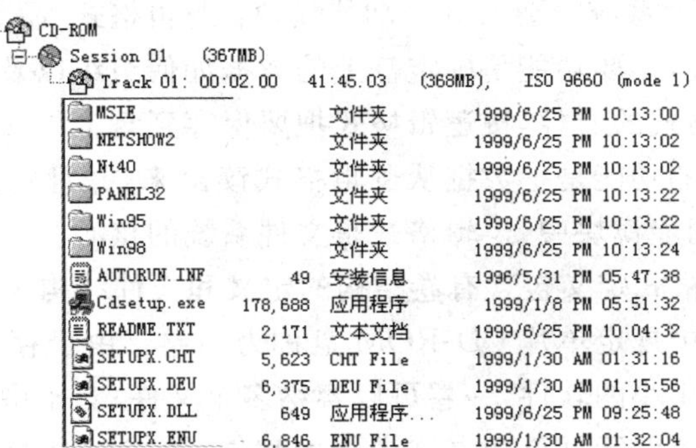

图 5-7 CD-ROM 的光道结构

CD-ROM/XA(扩展结构)是黄皮书模式 2 的一个扩展。它定义了一个新的轨道类型,计算机数据、压缩音频数据、视频和图片数据都可以包含在 XA 轨道中。XA 定义了两种类型的数据块,格式 1(Form 1)用于计算机数据,格式 2(Form 2)用于压缩的音频/视频数据。前者提供了 2048 字节的用户区,而后者提供 2324 字节的用户区。CD-DA 红皮书的数据不能放在 XA 轨道中。

混合音频/数据 CD 格式有时称为 CD Extra(或者 CD Plus)、多会话或混合模式,它在一张光盘上混合了不同的格式类型。例如,一张 CD Extra 的光盘,在第 1 部分是红皮书的音频数据,第 2 部分是黄皮书的 RON-XA 模式 2 数据,每部分必须是相同的数据类型。CD-DA 播放器可以播放第 1 部分,但不能播放第 2 部分的内容。CD-ROM 驱动器可以读取第 2 部分(和音频部分)的内容,例如与音频部分有关的编程。

2. CD-ROM 的文件标准

CD-ROM 标准并不规定数据是如何定义的。ISO 提出的 ISO/DIS 9660,即"CD-ROM 信息交换卷和文件结构"提供兼容性,统一规定了计算机数据如何存放在 CD-ROM 光盘中。要读取数据,计算机系统必须能够读 ISO 9660 文件结构。第一级的 9660 要求文件以连续流的形式写入,同时对文件名有和 MS-DOS 文件系统类似的限制;第二级允许更长的文件名,这在 MS-DOS 系统中不能使用;第三级是开放的。微软提供 MSCDEX.EXE 包含 MS-DOS 扩展程序和驱动,这样 MS-DOS 程序就可以读取 CD-ROM。在 MS-DOS 和 MS-Windows 环境下。计算机要求同时有用于 CD-ROM 驱动的微软扩展程序和设备驱动程序。MSCDEX.EXE 一般放在 AUTOEXEC.BAT 文件中,设备驱动程序则从 CONFIG.SYS 装入,然后计算机就能从光盘中读出 9660 文件目录和文件。微软 Windows 95 以上包含自动播放功能,可以自动安装和运行 CD-ROM 标题,因此用户不需要另外安装 MSCDEX.EXE 和 CD-ROM 设备驱动程序。当载入自动播放编码的 CD-ROM 时,系统检测根目录中名为 AUTORUN.INF 的文件,这个文件包含了运行应用程序的指令。

在 CD-ROM 中存放的数据都是以文件形式存在的,如文本文件、图像文件、声音文件、二进制文件等。为了有效地管理和组织这些文件,就需要一个文件系统。

一个 CD-ROM 文件系统主要有 3 个功能模块:逻辑格式、源文件和目的文件。其中逻辑格式又称文件格式,主要功能是确定盘上的数据如何组织以及存放在什么位置;源文件是把数据写到逻辑格式的文件,按逻辑格式把要保存到盘上的文件进行分配,所以又称为"写"软件;目的文件的功能是把数据从逻辑格式读出来,并且转换为文件,所以又称为"读"软件。在这 3 个功能模块中,逻辑格式是文件系统的核心。

CD-ROM 的逻辑格式定义包含有卷结构的定义和文件结构定义。

在 ISO 9660 标准中规定单片 CD-ROM 盘称为一卷。由于存放在 CD-ROM 盘上的软件大小差别很大,对于小的软件,一卷可以容纳多个文件;对于中等大小的软件,一卷可能只容纳一个;而对于类似于百科全书这样的大软件,构成一个卷集才能容纳。因此,必须定义一套规则和数据结构来表达这种错综复杂的数据关系,以便用户可以方便使用,这就是卷结构的定义。

文件结构主要是用来描述和配置放在盘上的文件。文件结构定义的核心是目录结构的定义。这个结构是文件一级的逻辑格式。一般说来目录结构的定义采用分层目录结构。

(1) 逻辑扇区、逻辑块和物理扇区。

在CD-ROM标准Mode 1中,CD-ROM的一个物理扇区存储2048个字节的用户数据。这个域定义为一个逻辑扇区(Logical Sector)。每个逻辑扇区都有一个唯一的逻辑扇区号(Logical Sector Number,LSN)。CD-ROM的第一个逻辑扇区是从物理地址00-02-00开始,逻辑扇区号为LSN0。逻辑扇区的大小也允许自定义,但必须是2的整数次幂。

每个逻辑扇区可以分成一个或多个逻辑块,这样做对于在盘上存放大量的小文件是很有用的。在一个由2048个字节组成的逻辑扇区中,一个逻辑块的大小可以是512、1024或2048个字节。但一个逻辑块的大小不超过逻辑扇区的大小。每个逻辑块有一个逻辑块号(Logical Block Number,LBN)。第一个逻辑块号(LBN0)是第一个逻辑扇区(LSN0)中的第一块,依次为LBN1、LBN2、LBN3等。在CD-ROM上,所有文件和其他重要的数据都按LBN寻址。

(2) 文件。

保存在CD-ROM上的文件类型不受限制,可以是ASCII码文件、可执行文件(如.COM,.EXE文件)、压缩的图像和声音文件等。每个文件在存储时分为一个或多个文件段(File Sector)。每个文件段放在由多个按顺序编号的逻辑块组成的文件空间中,这样的文件空间又称为文件域。一个大的文件可以分成多个文件段,分别保存在多片CD-ROM盘的文件域中,一个中等大小的文件也可以分成几个文件段,保存在同一片CD-ROM盘的多个文件域中,不过并不要求这些文件域是连续的。

(3) 目录。

同磁盘文件系统一样,CD-ROM采用分层目录结构,并且限定了目录层次的最大深度为8级,用这样的目录结构可以组织大量的文件。CD-ROM把目录当作文件看待,把整个目录包含在一个或几个文件中,形成目录文件。

目录文件与普通文件相类似,但对CD-ROM采用的目录文件结构进行了具体的规定。目录文件由一系列可变长度的目录记录组成,一个目录记录包含有许多记录域。在这些记录域中记录有文件标识符、以字节计算的文件长度、记录域中的第一个逻辑块号以及打开和使用这个文件要使用的其他信息。当一个文件存放在多个文件域中时,需要设置多个目录记录,在每个记录中记载相应文件域的地址,并由文件标志记录域来指明该文件域是不是最后一个。

每个目录记录的长度不确定,因此在一个逻辑扇区中的目录记录的个数也不确定,但必须保证目录记录数的数目为整数。当一个目录在这个逻辑扇区中放不下时,应移到后面的一个逻辑扇区中,这样,可以保证计算机内存中的目录不会出现支离破碎的现象。

(4) 路径表。

路径表是由一种叫路径索引的隐式分层目标结构发展而来的,这种结构的特点是利用索引值来访问所有的目录。路径表包含有每一个子目录所在的起始地址,即逻辑块号

LBN,这样就可以通过路径表访问任何一个子目录。因此,如果保存一张完整的路径表,只需一次寻找就可以访问盘上的任何一个目录。

(5) 卷。

CD-ROM 盘上的卷空间分为两个区:从 LSN0 到 LSN15 为系统区,系统区的内容没有规定;从 LSN16 开始到最后一个逻辑扇区为数据区,数据区用来记录卷描述符、文件目录、路径表、文件数据等内容。

5.2.4 VCD

Video CD(VCD)是由 JVC、Philips、Matsushita 和 Sony 联合定义的数字电视视盘技术规格。1993 年,JVC 和 Philips 公司联合制定了 CD Karaoke 规格 1.0,同年 10 月改名为 Video CD 1.1。1994 年 7 月发布了"Video CD Specification Version 2.0",并命名为 White Book(白皮书)。该标准描述的是一个使用 CD 格式和 MPEG-1 标准的数字电视存储格式。Video CD 标准在 CD-Bridge 规格和 ISO 9660 文件结构基础上定义了完整的文件系统,VCD 格式实际上是 CD-ROM/XA Mode 2 Form 1 的格式,这样就使 VCD 节目能够在 CD-ROM、CD-I 和 VCD 播放机上播放,但不能在 CD-DA 上播放。

1. VCD 的特性

VCD 采用了 CD-DA、CD-ROM、CD-ROM XA 和 CD-I 的物理格式以及 ISO 9660 逻辑格式中的适用部分,而把 MPEG-1 作为它们的逻辑格式。按照 Video CD 2.0,VCD 应该具有下列几个特性。

(1) 单片 VCD 盘片可以存储 70 分钟的影视节目,图像具有 MPEG-1 的质量,也就是 VHS(Video Home System)的质量。NTSC 制式为 352×240×30,PAL 制式为 352×288×25,其音频信号采用 44.1kHz 的第二层标准进行编码,视频的比特率为 1.15Mbps,音频比特率为 0.22Mbps。

(2) VCD 节目盘上的节目可以在单速 CD-ROM 驱动器和安装有 MPEG 解码卡的 MPC 上播放。

(3) VCD 播放机除了能播放 VCD 外,还应该可以播放 CD-DA 盘、Karaoke CD、CD-ROM XA盘以及部分 CD-I 盘,并具有正常的播放功能。

(4) 可以显示按 MPEG 标准编码的两种分辨率的静态图像:一种是正常分辨率图像,NTSC 制式为 352×240,PAL 制式为 352×288;另一种是高分辨率图像,NTSC 制式为 704×480,PAL 制式为 704×576。

(5) 交互性。在 VCD 中并没有对交互性给出一个具体的规定,因此 VCD 的交互性能的强弱完全取决于播放系统的功能和 VCD 节目自身。线性播放系统可以不需要复杂的操作系统,因而价格也可以较低;而交互特性很强的播放系统需要操作系统的支持,因而价格较高。

2. VCD 的文件结构

VCD 由引导区(导入区和导出区)和节目区两部分组成。盘上的数据按光道来组织,光道数最多为 99 条。VCD 的导入区和导出区按 CD-ROM XA 数据光道的 Mode 2 Form 2 进行编码，是不含数据的空扇区。

在节目区中的第一条光道（Track 1）是一条专用 VCD 数据光道（Special Video CD Track），其余的是 MPEG Audio/Video 光道。Video CD 2.0 规格只定义了 MPEG Audio/Video 光道和 CD-DA 光道这两种光道，而每一条 MPEG Audio/Video 光道只包含一个有 MPEG Video 和 MPEG Audio 数据的播放序列。

光盘内有一个区段，多个光道。设有目录结构，即 VCD 文件系统。文件系统放在第一条光道中。其后，每条光道对应一个视频片段。在标准的视频光盘中，音乐素材要么融合在动态画面中，要么配有静止图像，并以视频光盘格式保存。图 5-8 是一张 VCD 的光道结构，显示这张 VCD 盘片有一个区段，3 条光道。第一条光道是 VCD 的文件系统，第二、第三条才是 VCD 的节目内容。通常第二条光道用于储存版权声明、出版公司的徽标等视频资料，第三条光道才是故事片的全部内容。当然，也可以将两部分内容合并编辑成一条光道。但是，这样编辑的 VCD 在反复播放时往往会将版权声明、公司徽标也重新播放一遍。安排两条光道可以做到在回放时只播放故事内容。VCD 有目录结构。图中显示，这张 VCD 卷标为“VideoCD”，有 4 个文件目录，其中“EXT”存放扩展的播放顺序描述符（Play Sequence Descriptor，PSD）文件；MPEGAV 存放所有表示 MPEG Audio/Video 光道的文件；SEGMENT 存放分段播放项目区（Segment Play Item Area）中的文件；VCD 存放 VCD 信息区（Video CD Information Area）中的文件。

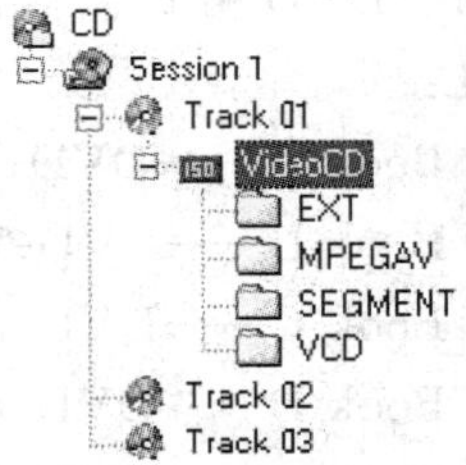

图 5-8　VCD 的目录结构

5.3　DVD 技术

DVD 原名是 Digital Video Disc，意思是“数字电视光盘（系统）”。DVD 不仅用来存放电视节目，同样可以用来存储其他类型的数据。DVD 在数据存储方面具有其他媒质所无法比拟的容量和灵活性，因此又把 Digital Video Disc 更改为 Digital Versatile Disc（数字万用光盘），缩写仍然是 DVD。

5.3.1　DVD 简介

从 1982 年 CD 出现开始，到 CD-ROM、CD-R、CD-RW 等，每一步的发展都让用户欣喜不已。但 CD 有限的容量和较低的读取速度不能满足高带宽、大容量的要求。如存储高质量的电视信号，VCD 格式和 MPEG-1 编码方式已经不能满足人们的需要。因而影视业要寻求一种新的光盘技术来存储高质量影视节目。

1994 年 12 月，Sony 和 Philips 公司推出 MMCD（Multimedia Compact Disc）。1995 年1 月，Toshiba 和 Time Warner 公司推出 SD（Super Density Disc）。SD 和 MMCD 格式很类似，但互不兼容。SD 和 MMCD 格式后来被融合到一起，这个以视频数据为中心的格式逐渐扩展到包括数字音频和计算机应用所需的格式。DVD 专家小组为新的光盘技术提出以下几个目标：需要同时满足 TV 和 PC 应用需求，与现有的 CD 兼容，允许高质量复制且复制成本低，单一的文件结构，支持线性和非线性应用，大容量等。

1. DVD 分类

DVD 格式标准由 DVD Forum 小组制定的，初步的 DVD 格式标准于 1995 年 10 月公布。DVD 格式包括视频格式、音频格式和计算机应用格式。DVD 有以下 6 种格式标准：

Book A——DVD-ROM(只读)；

Book B——DVD-Video(视频)；

Book C——DVD-Audio(音频)；

Book D——DVD-R(可写一次)；

Book E——DVD-RAM(随机存取存储器)；

Book F——DVD-RW(可重复擦写)。

各种标准定义了 DVD 的物理特性、文件系统及各种特殊的应用和扩充，如视频应用、音频应用等。

2. DVD 的特点

DVD 的特点是存储容量比现在的 CD 大得多。单面单层 DVD 能够存储 4.7GB 的数据，单面双层盘片的容量为 8.5GB；双面双层可达到 17GB，相当于 25 片 CD-ROM(650MB)。单面单层盘存储 133 分钟的 MPEG-2 Video，其分辨率与现在的电视相同，并配备 Dolby AC-3/MPEG-2 Audio 质量的声音和不同语言的字幕。

3. DVD 的物理参数

DVD 标准的第 1 部分定义了 DVD 的物理标准。DVD-ROM、DVD-Video、DVD-Audio 的光盘是一样的，因此该部分适用于这 3 种标准，它们有相同的光盘结构、编码、错误校验等。

从外观和尺寸来看，DVD 与 CD 没有什么差别，直径均为 120mm(4.75 英寸)，厚度为 1.2mm；新的 DVD 播放机能够播放现在已经有的 CD 激光唱盘上的音乐和 VCD 节目。

与 CD 一样，DVD 使用凹坑结构来存储数据，不同的是 DVD 光道之间的间距由原来的 1.6μm 缩小到 0.74μm，而记录信息的最小凹凸坑长度由原来的 0.83μm 缩小到 0.4μm，这是 DVD 的存储容量可提高的主要原因。DVD 的数据区宽度为 34mm，CD 为 33mm；DVD 的激光束波长为 635nm 或 650nm(两种波长均支持)，而 CD 为 780nm；DVD 透镜的数字孔径(Numerical Aperture，NA)为 0.6，提高了光学读出头的分辨率，而 CD 为 0.45。物理参数的改变再加上编码的改进(减小纠错码长度、修改信号的调制方式等)，使 DVD 的存储容量提高了 6 倍，达到 4.7GB。表 5-2 是 CD 和 DVD 的技术参数对照表。

表 5-2　DVD 和 CD 技术参数对照

项　　目	DVD	CD
盘片直径	120mm	120mm
盘片厚度	0.6mm/面	1.2mm/面
减小激光波长	635/650nm	780nm
数字孔径	0.6	0.45
减小光道间距	0.74μm	1.6μm
减小最小凹凸坑长度	0.4μm	0.83μm
减小纠错码的长度	RSPC	CIRC
修改信号调制方式	8-16	8-14 加 3
加大盘片表面的利用率	86.6 平方厘米	86 平方厘米
减小每个扇区字节数	2048/2060 字节/扇区	2048/2352 字节/扇区

使用多层、多面记录数据是提高 DVD 存储容量的另一个重要措施。双层结构使制造多样化，产生了 4 种只读光盘：DVD-5、DVD-9、DVD-10 和 DVD-18。当平均数据读取速度为 4.8Mbps 时，它们的播放时间大约分别为 133min、241min、266min 和 482min。与名称对应，4 种光盘的容量分别为 4.7GB、8.5GB、9.4GB 和 17GB。

单层单面的 DVD-5 盘使用只有一个数据层的面和一个空面。DVD-10 盘是双面单层盘，需要翻转光盘才能读到另一面。在一个面中有两个层，一层贴在另一层下面形成一个只从一面读取的双层盘，这就是 DVD-9，如图 5-9 所示。两个双层面合在一起形成一个 DVD-18 盘。两层之间由一种纯净的树脂和一层极薄的半透明(半反射)金膜或银膜分开。

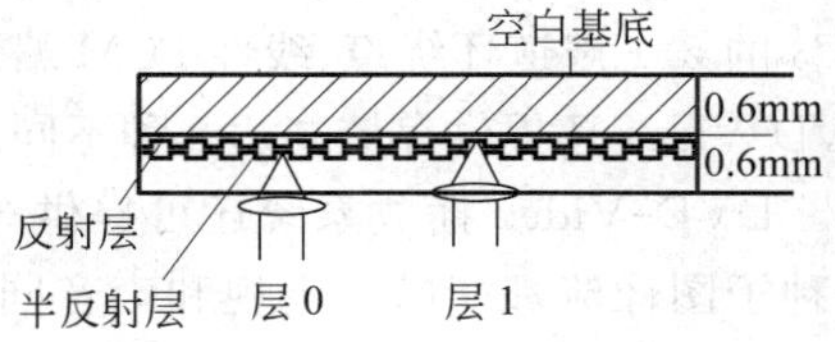

图 5-9　单面双层盘 DVD-9 的断面结构

4. 通用光盘格式 UDF

UDF(Universal Disc Format)格式是由国际标准化组织所属的光学存储技术协会(Optical Storage Technology Association，OSTA)于 1995 年 10 月提出的通用格式，ISO 修改后确定为 ISO/IEC 13346，1998 年发布第 2.0 版。UDF 是为数据存储而设计的，它对 DVD-ROM、DVD-Video 和 DVD-Audio 格式是一致的(还应用于只读以及可重复擦写光盘)，只是对于不同的光盘，与应用有关的参数是不同的，例如不同应用的基本文件和目录结构。

ISO/IEC 13346 描述的是“信息交换用非顺序记录一次写以及可重写介质的卷和文件结构”，它由 5 部分组成：第 1 部分，概况；第 2 部分，卷和根块识别；第 3 部分，卷结构；第 4 部分，文件结构；第 5 部分：记录结构。

UDF 格式使 DVD 可以在 Windows、Macintosh、UNIX、OS/2 和 DOS 操作系统中使用，也可用于一些播放器。

UDF 不仅用于 DVD，也用于 CD-R 和 CD-RW。UDF 文件结构确保任何驱动器、计算机或消费者视频盘播放器对任何文件的可访问性。按照 UDF 格式可以为 CD-R 刻录开发统一的设备驱动程序和扩展软件，从而改变 CD-R 刻录机需要由生产厂家提供驱动程序和刻录软件才能进行读写的状态。在支持 CD-UDF 的 DOS 和 Windows 环境下，刻录机有独立的盘符和图标。它允许在 CD-R 或 CD-RW 光盘上任意追加数据，为 CD-R 和 CD-RW 刻录机提供了类似于硬盘的随机读写特性。用户使用 CD-R/RW 刻录机就像使用软盘和硬盘一样方便，不需要特别的刻录软件就可以直接用 DOS 命令对 CD-R 进行读写操作。在 Windows 环境下，可以使用文件管理器的拖放功能，通过将文件拖到 CD-R 驱动器就可以完成刻录工作。

5.3.2 DVD-Video

DVD-Video 是最早规定的 DVD 格式，其设计用来替代传统的以 VHS、SVHS、CD-I 为基础的播放系统，其典型应用是存储 5.1 声道的数字化电影节目。

1. DVD-Video 的性能

DVD-Video 播放系统可播放全屏幕满帧速率的影视，在帧速率为 30 帧/秒(NTSC 制)或 25 帧/秒(PAL 制)时，图像的分辨率可达 720×480 像素/帧。DVD-Video 播放机播放的电视质量可达到数字广播级的质量。

DVD-Video 播放系统提供的声音质量比传统的 CD-Audio 的质量高。它使用 Dolby AC3 的 5.1 声道环绕声、线性 PCM 编码的立体声或者 MPEG-2 的 7.1 声道环绕声。此外，DVD-Video 还提供存储高达 8 种不同语言的能力，而且可以与数字电视流同步播放。

DVD-Video 播放系统还可提供 32 种子图像流，可用来提供字幕、标题和动画等。每一种子图像流都能够与电视和声音同步播放，因此各种各样的多媒体构件(图像、声音、图形、文本和动画等)就可以与节目一起传递给用户。

DVD-Video 播放系统可提供各种交互播放功能，使用户能够控制 DVD-Video 节目的播放。DVD-Video 播放机还提供随机访问光盘上的所有数据，允许用户从播放点立即跳转到任何一个播放点，以及其他高级的交互功能。

多角度功能可存储多达 9 种用不同的(多个)照相机同时记录的图片，在观看舞会、运动会、电影或其他任何内容时选择自己喜欢的角度。

多版本功能允许从菜单上挑选自己喜欢的版本。通过自动地添加不同部分到公共部分，合成出新的版本并无缝地回放出来。

故事分支功能可按照观看者挑选的角色开发交互的故事。例如，通过从菜单挑选演员的下一个动作，你可以感受不同的故事或不同的结局。

父母锁功能可以用来剪去认为不适合儿童的部分，或自动用其他材料代替它们，并实现无缝的回放。

2. 视频编码

采样精度为 8 比特，使用 4：2：2 子采样 PAL 制数字电视信号(720×576)的数据传速率为 166Mbps。一张 CD 只能容纳大约 30s 的这样的电影数据。虽然 DVD-Video 光盘的数据容量是 CD 的 7 倍，但存储一部不经压缩的电影仍然是不够的，它只能容纳不到

5min 的这样的节目。为了能够存储一部高质量的电影节目,DVD-Video 盘需要有更高的存储容量和输出比特速率,以及更好的数据压缩技术。

DVD-Video 标准使用 MPEG-2 数据压缩算法对视频节目进行编码,视频节目以 4∶2∶0分量逐行扫描形式存储,图像分辨率为 720×576(PAL)。DVD-Video 最大输出比特速率(包括视频、音频及辅助数据)为 10.08Mbps,平均比特速率为 3.5Mbps。一个单层单面 DVD-Video 光盘可存储 133min 的带有数字音频声道的数字视频节目。

3. 音频编码

DVD-Video 标准的音频部分同时提供多声道和立体声声道。DVD-Video 可使用 8 个独立的音频数据流。它们可以是 1~8 个声道的线性 PCM(LPCM),1~6 个声道的杜比数字 5.1 声道(5 个主声道和 1 个低音声道),还可以是 1~8 个声道的(5.1 或 7.1)的 MPEG-2 AAC 音频。可以任意采用数字化影院系统(Digital Theater System,DTS),索尼动态数字声音(Sony Dynamic Digital Sound,SDDS)或其他音频编码。

DTS 编码对 1.4Mbps 的音频数据采用了有损压缩。一个 DTS 数据层可容纳 74min 取样频率为 44.1kHz、采样精度为 20 位的 5.1 声道的音频。DTS 一般可用于对 1~8 声道的音频编码,采样频率为 8kHz~192kHz,采样精度为 16~24 位。

NTSC 制式使用杜比数字,而 PAL 制式使用 MPEG-2 音频编码。为了兼容性,在所有的影视节目中都带有一个额外的线性 PCM 数字立体声音轨。该音轨取样频率为 48kHz 或 96kHz,精度为 16、20 或 24 位。允许多达 8 个独立的 PCM 声道,所以电影节目的伴音可以有 8 种不同的语言。

4. DVD 的播放

DVD-Video 光盘上可以包含一部用播放机或 PC 播放的电影,还可以有可用 DVD-ROM 驱动器读取的其他内容,如游戏节目、屏保及网页的超链接。DVD-Video 标准还定义了一种视频、音频混合盘,由于它包含视频、音频导航信息,也称为 VAN 盘。VAN 盘是视频盘,但由于包含音频信息,可以在 DVD-Audio 播放器上播放。通用 DVD-Video 播放器可播放 DVD-Audio 和 DVD-Video 光盘,也可以播放 CD 音频,但 CD 播放器不能播放 DVD-Video 盘。有的 DVD-Video 播放器提供分量视频输出,以提供比复合视频信号高的图像质量。

5. 内容扰乱系统

代表 60 多家公司和组织的版权保护技术工作组提出了用于版权保护的 CSS (Content Scrambling System,内容扰乱系统)。DVD-Video 光盘采用这一标准,将数据加密,使内容是自保护的,没有授权解码器的播放器不能播放,任何复制中都不包含有解密用的软件密钥,内容不能被复制。

该技术的使用是自愿的,光盘进入市场时可以有或者无复制保护,制造商可以生产无解码硬件的播放器,只能播放没有加密的光盘。

6. Macrovision

Macrovision 用于防止数字到模拟的复制，例如，使用 DVD-Video 播放器的模拟输出来制造一个 VHS 磁带复制。该系统使用自动增益控制(AGC)和彩条法。自动增益控制使 VCR(Video Cassette Recorder)记录的只是噪声很大的信号，显示不出稳定的图像；彩条法产生一种快速调制的脉冲信号，使记录的复制中产生水平条纹。VCR 将该信号视为时基错误，并试图纠正，从而导致图像的颜色错误，使非法复制显示出来的图像上出现彩色条纹、滚动、失去颜色和忽明忽暗。Macrovision 的使用是可选的。

7. 地区码

电影制片商想控制不同国家家庭影视的发行。因为电影在各个影院的发行并非同步进行，因此他们要求 DVD 标准加入一些编码，用来防止某些盘片在某些地区播放。每台播放机被授予在其出售地区的一个给定编码。对该地区不允许播放的盘片，播放机拒绝播放。就是说在一个国家购买的盘片用在另一个国家购买的播放机上可能无法播放。

光盘可以有多个地区码，或者没有地区码，没有地区码的光盘可以在所有的播放器上播放。地区码有 6 个：①加拿大和美国；②日本、欧洲、南非及中东；③东南亚及东亚，包括中国香港地区；④澳大利亚、新西兰、太平洋岛、中美洲、墨西哥、南美洲及哥伦比亚；⑤前苏联、印度、非洲、朝鲜和蒙古；⑥中国。区域 7 保留，区域 8 用于国际地点如飞机、远洋轮船等。

8. DVD-Video 的文件组织

所有 DVD 的视频内容都存放在一个固定的文件夹——VIDEO_TS 下，这个目录下包含 3 种类型的文件：*.VOB 文件、*.IFO 文件和 *.BUP 文件。

*.VOB 文件用来保存所有 MPEG-2 或 MPEG-1 格式的音、视频数据。这些数据不仅包含影片本身，而且还有供菜单和按钮用的画面以及多种字幕的子画面流。

*.IFO 文件则是控制 *.VOB 文件播放的，这个文件中可以找到有关怎么样以及何时播放 *.VOB 文件中数据的控制信息。由于 *.IFO 文件对于保证光盘的正常播放是至关重要的，因此 *.IFO 文件的副本保存在 *.BUP 文件中。

在每一个 DVD 中都有一个视频管理器(VMG)。视频管理器存放在 VIDEO_TS.IFO 文件中，它保存光盘的全局信息，比如光盘可以在哪个地区播放。同时，还保存如何显示可选菜单的信息，其中用于显示菜单的数据保存在 VIDEO_TS.VOB 文件中。当光盘插入到光驱中时播放器首先显示这个菜单。大多数菜单可以让观众跳到影片中指定场景，选择语言字幕以及观看增加或删除的场景等。

在每一个 DVD 视频光盘中至少应该有一个视频节目。这个视频节目包含实际呈现给观众的信息，比如一部电影。其他的节目可以包括剪辑下来的场景、影片预告、拍摄花絮或者其他的信息。不同的视频节目存储在名字为 VTS_xx_y.VOB 的文件中，其中“xx”是节目编号(从 01 到 99)，“y”从 0 到 9。由于 MicroUDF 系统中一个文件最大只能 1GB，因此大多数影片不得不保存在多个文件中。VTS_xx_y.IFO 同样提供所有相应的

VOB 文件音视频格式的信息。图 5-10 是一张 DVD 影碟的文件结构。

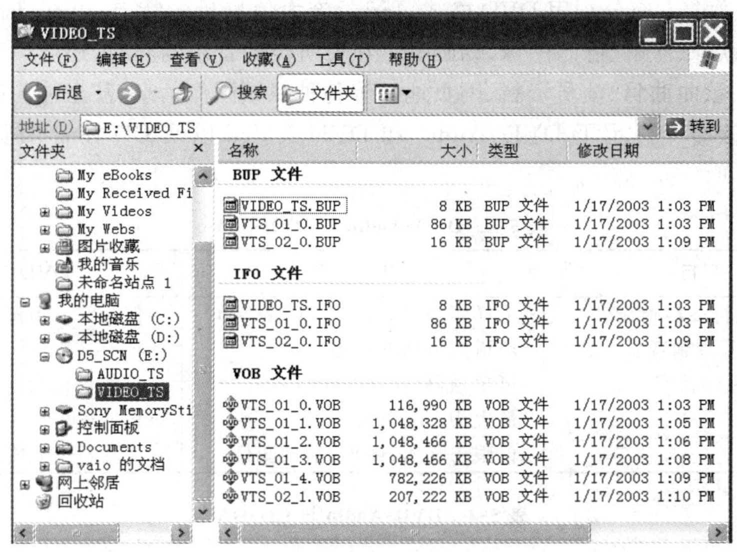

图 5-10　DVD-Video 的文件结构

5.3.3　DVD-Audio

DVD 标准的 DVD-Audio 部分定义了一种高质量音频存储格式。DVD-Audio 标准 1.0 最终版于 1999 年 2 月公布。DVD-Audio 提出了 15 条标准，如高质量声音、多声道音频、可变参数、CD 兼容、长播放时间、可选视频内容、简单的或基于菜单的光盘导航和版权保护等。

DVD-Audio 有两种光盘类型：一种是 Audio-Only(纯音频)盘，它只包含音乐信息，但可以有静止图片(每轨一张)、文本信息和可视菜单；另一种是 Audio with Video(AV 非纯音频)盘，包含运动视频信息，其格式为 DVD-Video 格式的子集。

DVD-Audio 有以下特点。

(1) 大容量。1 张单层单面 DVD-Audio 光盘可以存储 400 分钟 44.1kHz、16b 的立体声 CD 音质声音；如果用线性 PCM 96kHz/24b 的 6 声道格式，或是 192kHz/24b 的 2 声道格式，存储时间为 74 分钟。

(2) 多种编码方法。DVD-Audio 格式支持多种不同的编码方法和记录格式，线性 PCM 音轨在所有光盘上都有。与 DVD-Video 一样，可选的编码方式包括 MLP(一种无损压缩的音频编码算法，主要为 DVD-Audio 格式设计)、杜比数字、MPEG-1、MPEG-2、DTS 等。DVD-Audio 是可扩充的、开放的，并可以应用于未来的编码技术。

(3) DVD-Audio 采样频率可高达 192kHz，样本位数 24b。虽然只有少数人可以听到 24kHz～26kHz 的声音，高的采样频率可以提高空间印象，再现演奏现场的真实感。

(4) DVD-Audio 的动态范围最大为 144 分贝，而 DVD-Video 为 120 分贝。

(5) DVD-Audio 不同声道的采样精度和采样频率可单独设定：例如前边的左、中、右声道设为 96kHz/24b，而后面的环绕声道可设定为 48kHz/16b。这为原创者、制作者及生产者创造了崭新的空间，他们的艺术天赋才可以在 DVD-Audio 上真实地表现出来。

（6）DVD-Audio 充分利用 DVD 格式可记录庞大信息量的特点，可在光盘上添加图像信息，如照片、歌词、注解、静态图像、动画等。在聆听美妙音乐的同时，还可以欣赏到静态影像和专辑名称、歌曲曲目、演员资料、网页地址等各种视频图像信息，甚至能与网络相连。

表 5-3 和表 5-4 显示了 DVD-Audio 和 DVD-Video 以及 CD 在音乐质量方面的优越性。

表 5-3　DVD-Audio 与 DVD-Video

项　　目	DVD-Audio	DVD-Video
线性 PCM 进行 2 声道录音	采样频率可高达 192kHz/24b	仅为 96kHz/24b
以 96kHz、24b 录制音乐	声道数可达 6 声道	仅有 2 声道
不同声道的采样频率	可单独设定	只能设定为一个值
动态范围	最大为 144 分贝	120 分贝
视频	仅限于文本、图形、活动图像	能播放所具有的视频信号

表 5-4　DVD-Audio 与 CD-DA

项　　目	DVD-Audio	CD-DA
容量：44.1kHz、16b 的立体声 CD 音质声音	400 分钟	60 分钟
声道	高品质的多声道环绕音响	2 声道超高保真立体声音响
动态范围	144 分贝	96 分贝
最大频率响应	96kHz	20kHz
附加信息	可添加图像信息，如照片、歌词、注解、静态图像、动画等	仅能播放图形文本

（7）使用加密和嵌入水印技术的内容保护机制。为了防止非法复制，DVD-Audio 格式使用了一个可选的内容保护机制，它采用加密并嵌入水印技术。保护系统为制造商提供了一些选项，例如，用户对原始内容的记录每次只能有一个 CD 质量的数字复制，其他相关内容如文本及图像不能复制。制造商还可以根据不同的质量水平允许不同份数的复制。

5.3.4　其他 DVD

除 DVD-Video(Book B)、DVD-Audio(Book V)外，DVD 还包括 DVD-ROM(只读存储器)、DVD-R(一次写存储器)、DVD-RAM(随机存取存储器)和 DVD-RW(可重写)，它们主要用于计算机外围设备或其他专业编辑环境。

所有 DVD 均使用 UDF 格式。在不同的 DVD 应用中将特殊的数据置于特殊的位置上。

1. DVD-ROM

DVD-ROM 是一个格式化成 UDF 的大容量存储器，是存储数据、软件、游戏的只读介质。DVD-ROM 驱动器能播放 DVD-Video 和 DVD-Audio 光盘，支持 DVD-Video 区域码与 CSS 复制保护。为了能读取 CD-R 光盘,DVD-ROM 驱动器必须使用带双激光的读取器及相应的光学装置。

2. DVD-R

DVD-R 使用和 CD-R 一样的有机聚合染料,与许多 DVD 驱动器和播放机兼容。第一代容量为 3.95GB,但后来扩大到 4.7GB,达到 DVD-ROM 的容量。2000 年初,该格式分裂为"authoring"版本和"general"版本。general 版本使用 650nm 激光(取代 635nm)实现。

3. DVD-RAM

DVD-RAM 的初始容量为 2.58GB,采用相变技术及 MO(Magnet-Optical,磁光)性能。1999 年出版的 DVD-RAM 2.0 的每一面容量为 4.7GB。DVD-RAM 光盘可以重复使用,就像一个大容量的软盘。DVD-RAM 光盘不适合制作 DVD 影片,因为它无法在 DVD 播放机上播放。

4. DVD-RW

DVD-RW(以前称为 DVD-R/W)是一种相变可擦写格式,1999 年底就出现了。DVD-RW 光盘可以重复使用,但每次使用时都必须先将以前的内容删除。不能像使用 DVD-RAM 光盘一样添加文件到 DVD-RW 光盘上。

5. DVD+RW

相变可重写 DVD 是一种基于 CD-RW 技术的可擦写格式。该格式由 Philips、Sony、HP 等公司创建,目前称为 DVD+RW 联盟(DVD+RW Alliance)。DVD 论坛不支持 DVD+RW。

DVD+RW 光盘,可以随意添加和删除文件,每面容量为 4.7GB,目前已有 8.5GB 的盘片。DVD+RW 驱动器能读 CD、DVD-ROM、DVD-R 和 DVD-RW 盘片,但不能读写 DVD-RAM 盘片,可写 CD-R 和 CD-RW 盘片。目前 70%的 DVD-Video 播放机和 DVD-ROM 驱动器能读取 DVD+RW。

DVD+RW 盘片的录写方式与许多 DVD 相兼容。DVD+RW 盘片的录写既可以使用 CLV 格式实现顺序视频存取,也可以使用 CAV 格式实现随机存取。

5.4 光盘制作

光盘的制作首先要根据制作的光盘类型,将数据转换成需要的格式。对于批量制作,先要把一片涂有光敏电阻的玻璃盘在旋转平台上进行光刻,再对光刻的玻璃盘进行化学处理。盘上曝了光的区域被腐蚀掉形成凹坑,没有曝光的区域就被保留下来,"0"、"1"信号就以凹坑和非凹坑的形式记录在螺旋形光道上。对经过化学处理的玻璃盘进行化学电镀生成金属原版盘,称为父盘(father disc)。由父盘再制作母盘(mother disc),然后由母盘制作出子盘(son disc),子盘制作就是压模(stamper)。

本节介绍各种类型的个人多媒体产品光盘的制作技术。

5.4.1 数据光盘的制作

将空白光盘插入刻录机(可刻录光盘驱动器)中,在"我的电脑"中表现为一逻辑盘,将文件拖动到盘里就可以了。只不过经过刻录设备的写操作,数据写到了光盘里。对于CD-R,其中的数据以后不能再进行修改。

1. 准备工作

(1) 制作光盘需要有一台刻录机,DVD 刻录机可以刻录 CD-R 光盘,但 CD 刻录机不能刻录 DVD。

(2) 制作 CD 要有相应软件,本节以 Nero Burning ROM 为例介绍数据光盘的刻录方法。

(3) 准备数据。数据光盘对数据的格式没有要求,可以是任何计算机文件。VCD、电影 DVD、音乐 CD 以外的软件、文档、图片等多媒体信息都以数据光盘的形式刻录、存储。准备数据一是要估计数据量,74 分钟的光盘容量为 680MB,80 分钟的光盘容量为700MB,数据量不要超过此值,最好留 10MB 左右的容量。另一个重要的准备工作是规划数据的目录,特别是多媒体演示光盘,一般可以按照以下原则将数据文件分目录存放。

① 程序、工具软件、多媒体应用平台软件所产生的文件放在 main 或 tools 文件夹中。

② 程序中用到的数据、控制参数、常数以及函数子程序放在 data 文件夹中。

③ 媒体文件分别放在各自的文件夹中,例如存放动画的文件夹 flash、存放声音的文件夹 audio、存放图像的文件夹 images、存放视频的文件夹 video 等,也可以将它们放在 data 或 media 文件夹下。

④ 各种说明和帮助信息,例如使用说明书、技术说明书、帮助信息、版权信息、网络登记注册等存放在独立的文件夹中。

2. Nero 简介

Nero 是德国 Ahead 公司的光盘刻录软件,支持 ATAPI(IDE)光盘刻录机,支持中文长文件名,可以刻录多种类型的光盘片。Nero 可以制作 CD-ROM、Video-CD、Audio-CD、DVD-ROM、DVD-Video 以及混合光盘。Nero 有一个"StartSmart",是一个光盘制作向导,使用它可以按照提示一步步制作出各种类型的光盘。

Nero 的界面如图 5-11 所示。

窗口中间为项目窗口,其中右半部分为计算机资源目录区,像 Windows 的文件管理器一样,主要显示硬盘中的文件夹和文件;左半部分是待刻制的光盘目录区,显示的是将要刻到光盘上的文件夹和文件。项目的建立过程主要就是将硬盘中的文件夹或文件拖动到光盘根目录或子目录中的过程。

最下方是光盘占用情况的状态栏,显示不同规格光盘的容量以及待刻录的文件的大小。

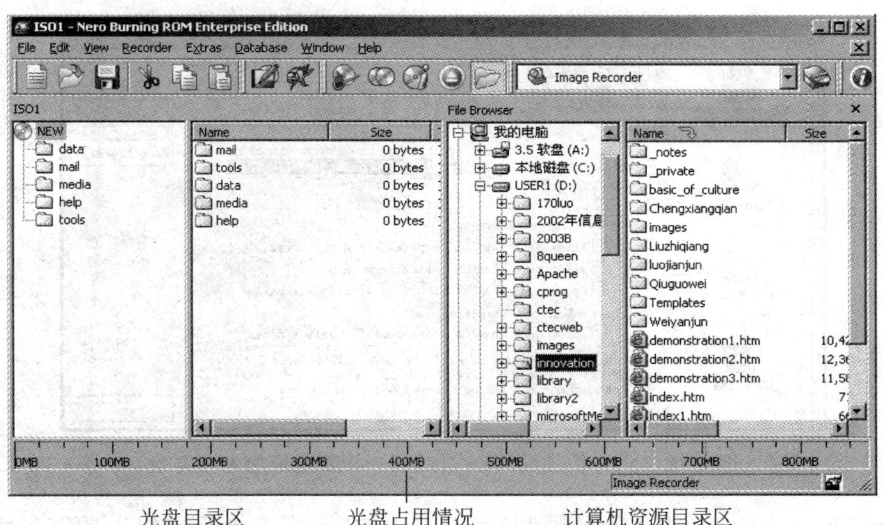

图 5-11 Nero 刻录软件的界面

File|New 菜单用于建立不同类型的项目，如 CD-ROM(ISO)、Video CD、Audio CD、DVD-ROM、DVD-Video 等。

Edit 菜单用于管理文件和文件夹。

Recorder 菜单以不同的方式“刻录”，如将数据制成光盘映像 *.ISO。其中的 Burn Compilation 或工具栏的图标用于刻制光盘。

3. 刻录数据 CD

(1) 将空白 CD-R 插入 CD 刻录机中。

(2) 启动 Nero，首先使用 File|New 菜单命令打开 New Compilation 对话框，如图 5-12 所示，选择新的编辑(Compilation)项目的类型。在对话框中左边的下拉列表用于选择要刻录的光盘类型，如 CD-ROM(ISO)、Audio CD、DVD、Video CD、CD-ROM (boot)、Mixed Mode CD、CD EXTRA 等，制作数据光盘使用“CD-ROM(ISO)”。

ISO 选项的设置关系到刻录后的光盘是否能在 DOS、UNIX、Mac 系统上读取，是否支持长文件名，是否支持中文文件名和目录名等。

ISO-9660 的文件系统目前有 Level 1 和 Level 2 两个标准。ISO Level 1 级与 DOS 兼容，文件名和目录名最多只能使用 11 个字符，文件名采用传统的 8.3 格式，而且所有字符只能是 26 个大写英文字母、10 个阿拉伯数字及下划线，不支持长文件名。ISO Level 2 级允许使用长文件名，支持 31 个字符，但不支持 DOS。

Format 下拉菜单有“Mode 1”和“Mode 2/XA”两个选项。黄皮书规格定义了两种不同的数据结构。模式 1 的 CD-ROM 数据含有错误修正码(Error Correction Code，ECC)，每个扇区存放 2048B 的数据。而模式 2 数据则没有错误修正码，因此每个扇区可以多存放 288B，达到 2336B。因此模式 2 较适合存放图形、声音或影音数据。

在 Character Set 下拉菜单中，有 4 个子选项：ISO 9660、DOS、ASCII、Multibyte。

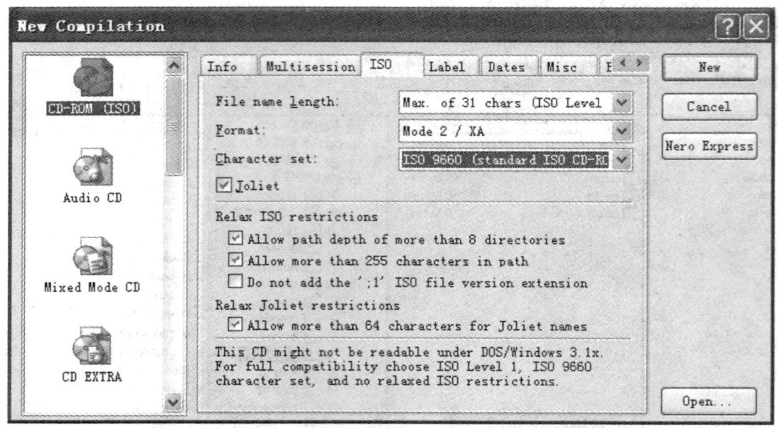

图 5-12 New Compilation 对话框选择要刻录的光盘类型

Relax ISO Restrictions(放宽 ISO 限制)复选框中的“允许 8 个目录以上的路径深度”和“允许路径超过 255 个字符”是对 ISO 9660 标准的扩展,可有效补充该标准的不足。但如果勾选这两个选项会导致在旧的操作系统和 Mac 机上不能被读取的情况。

Multisession(多区段)是光盘刻录的一种方式,它允许用户根据需要多次将数据刻录到 CD-R 光盘上。也就是不必一次将光盘刻满,以后可以添加数据,通过相应的选项,可以添加文件、替换文件或移除文件。

(3) 将需要刻录的文件从右边的资源管理器拖至左边的文件列表中。注意窗口底部的状态栏,不要超出光盘的容量。

(4) 执行 Recorder|Burn Compilation 菜单命令或单击按钮打开 Burn Compilation 对话框,如图 5-13 所示。

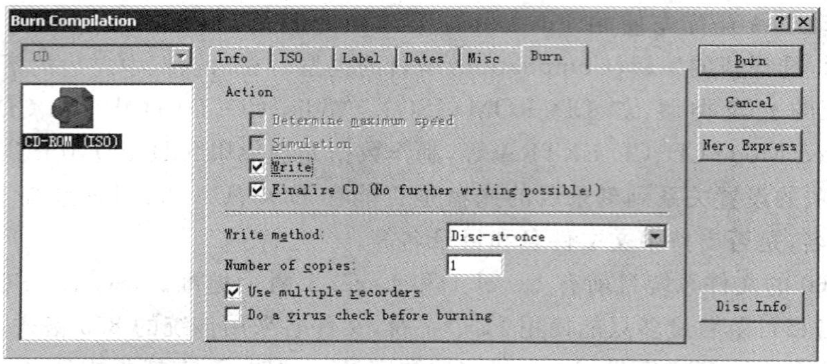

图 5-13 Burn Compilation 对话框

勾选“Write”复选框可以启动物理刻录过程。假如一次写满整个光盘或不想再写入数据则要勾选“Finalize CD”(终结 CD)以关闭整个光盘,以后不能再往该盘上写数据。

勾选“Determine maximum speed”复选框可以在刻录前测试系统是否能跟得上刻录速度,如速度不够则会降低刻录速度,一定程度上避免了刻录失败的发生。

勾选“Simulation”复选框可以在真正刻录前模拟刻录的整个过程,但不对盘片写入,可以测试出硬盘(光驱、软件、网络等)信息源的传输是否达到指定刻录速度的需求。

"Write speed"设定写入的速度,如时间足够应该尽量使用低速进行刻录以确保刻录过程的可靠性。不要使用超过光盘容许的速度刻录。

"Write Method"(写入方法)。刻录介质有两种可以选择的方法:"光盘一次刻录"(Disc At Once,DAO)和"轨道一次刻录"(Track At Once,TAO)。光盘一次刻录是一次性将要刻录的数据写入 CD-R 光盘(容量不超过光盘的容量)。轨道一次刻录则允许用户根据需要多次将数据按轨道刻录到 CD-R 光盘上。

单击 Burn 按钮开始刻录。

若制作 DVD 数据光盘,需要有 DVD 刻录机,并在新建编辑项目时选择"DVD-ROM (ISO)"。

4. 使用"Nero Express"快速制作向导制作数据光盘

(1) 启动 StartSmart,如图 5-14 所示,选择制作光盘的类型"制作数据光盘",打开类似图 5-11 的窗口。

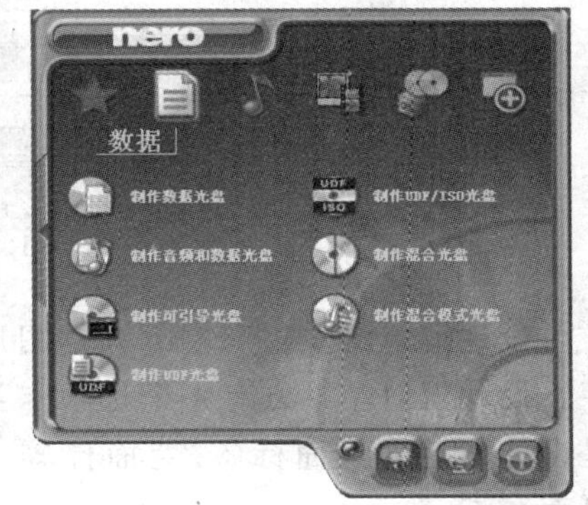

图 5-14 StartSmart 快速启动 Nero

(2) 执行 Help|Use Nero express 菜单命令或单击工具栏图标,启动快速制作向导,如图 5-15 所示。在此对话框中,Add、Delete 按钮用于向光盘中添加或删除文件或文件夹。Nero 按钮用于返回到 Nero 的制作窗口。实际上,在编辑项目的过程中,可以随时在 Nero Express 和 Nero 之间切换。

(3) 文件添加完毕,单击 Next 按钮进入下一个对话框,其中主要设置光盘的"标题"。单击 Burn 按钮开始刻录。

向导刻录操作简单,但灵活性较差。实际上在用向导制作的过程中可以随时返回上一步或回到 Nero 窗口中进行设置,然后再回到 Nero Express 界面中来。

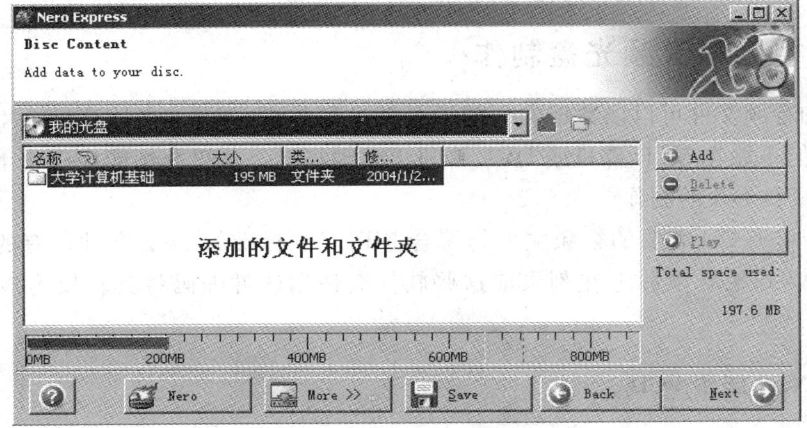

图 5-15 快速制作向导

5. 制作CD标签

CD刻好后，需要给CD盘盒制作一个标贴，这对于多媒体产品是必需的。单击工具栏上的图示按钮，即可看到标签制作画面，如图5-16所示。

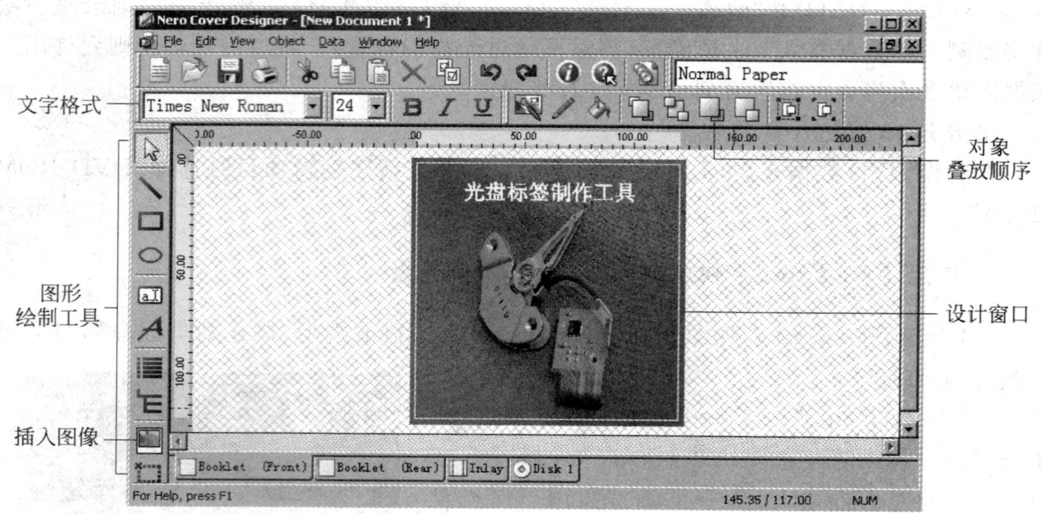

图5-16 Nero光盘标签制作窗口

设计窗口的左边和左上方是图形绘制和文字工具，用于在标签上绘制图形，书写文字。设计窗口左下方有4个选项卡：Booklet(Front)、Booklet(Rear)、Inlay、Disk1，分别是设计光盘盒正面标签、背面标签、镶嵌标签(盒内，书写光盘内容)和盘贴标签(贴于盘面)。

File菜单用于新建、保存、打印标签文件。

Object菜单用于绘制、对齐图形对象，设置标签背景等。

注意盘贴必须使用专门的“盘贴打印纸”打印。这种纸是单面胶贴型，打印好了以后可以直接揭下圆形图案，贴在光盘的表面。

5.4.2 视频和音频光盘制作

视频和音频文件可以以数据文件的形式刻录到数据CD上，在计算机上用播放器观看或收听，但不能在VCD碟机或DVD碟机上自动播放。这里介绍能在碟机上自动播放的VCD和CD-DA的制作。

制作Video-CD需要的视频文件是符合MPEG-1标准的mpg文件。有的制作软件可以使用AVI格式，实际上在刻录前这些软件会使用软件编码将其转换为MPEG-1的格式。

1. 用Nero制作VCD

(1) 使用Nero新建“Video CD”类型的编辑项目。在新建对话框的Video CD选项卡中，勾选"Create Standard Compliant CD(创建符合标准的光盘)"，以使光盘符合 VCD 的标准。由于家用 VCD 一般只能识别符合 ISO 9660 文件系统的 VCD，因此在 ISO 选项卡中选择"ISO level 1"的文件/目录名长度和 ISO 9660 的字符集，并且不要选取"Relax ISO restriction"。

(2) VCD 的编辑项目窗口如图 5-17 所示，编辑项目窗口的左边又分成了上下两部分，上半部分是系统为制作 VCD 自动建立的标准目录，既不要删除，也不要修改。只需从硬盘的目录中将视频文件拖动到左下方的窗口中。

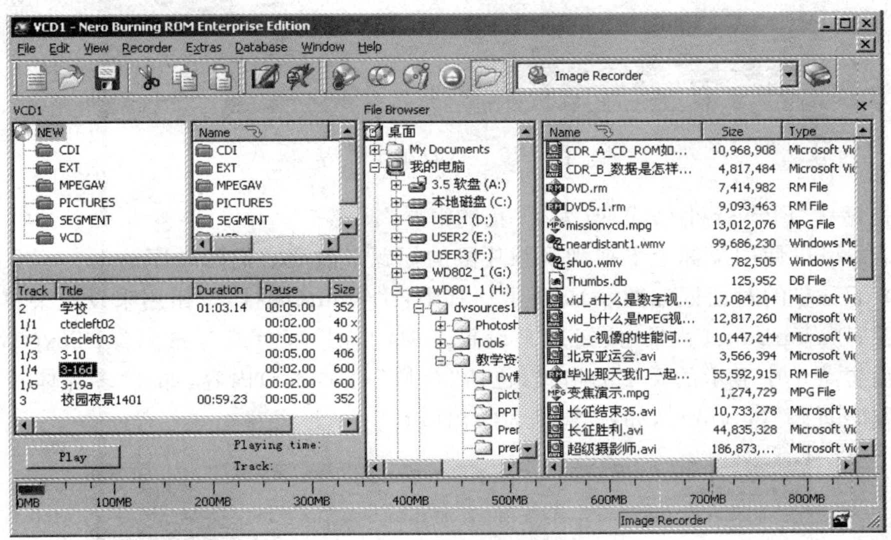

图 5-17 VCD 编辑项目窗口

Nero 可支持的影像文件格式有.dat、.mpg 和未压缩的 AVI 文件。另外还可以同时在该窗口中拖放 JPG、BMP 图像文件。图像文件占用一个轨道，每个视频片段占一个光盘轨道。

选中一个图像文件，单击鼠标右键，在快捷菜单中选择 Properties 命令可以设置该轨道播放后的暂停时间"Pause after track"，实际上就是图像文件在屏幕上的停留时间。使用这种方式可以制作电子相册。

(3) 使用 Recorder|Burn compilation 命令进行刻录。

2. 使用"Nero Express"快速制作向导制作 VCD

(1) 启动 Nero StartSmart，选择"照片和视频"|"制作视频光盘"，进入 Nero 制作窗口(同图 5-14)。

(2) 执行 Help|Use Nero Express 菜单命令启动快速向导。在图 5-18 所示的对话框中，使用 Add 按钮添加 mpg 格式的视频片段或 jpg 图像。如果有多个视频片段，可以选中 Enable VCD Menu(启用 VCD 菜单)复选框在播放开始前制作一个菜单。

Properties(属性)按钮中有两个选项卡：Properties 选项卡用于设置选中的视频或图像播放后的停留时间；Menu 选项卡用于设置菜单标题，默认的菜单标题是文件名。下面

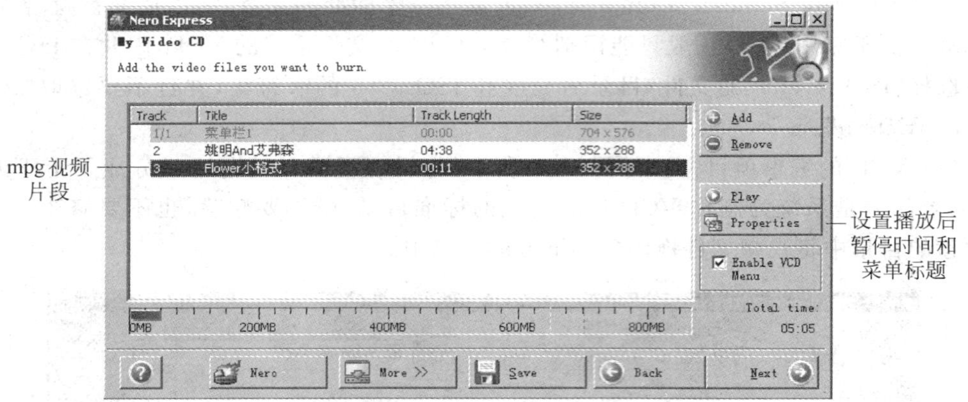

图 5-18　VCD 制作向导

会看到将标题“Flower 小格式”改为了“花的海洋”。

注意：可以使用鼠标上下拖动视频片段的标题来改变它们的顺序。

(3) 下一步的对话框如图 5-19 所示。其中：Layout(编排)按钮用来设置菜单各项的显示方式；Background(背景)按钮用来设置菜单的背景颜色或背景图像；Text(文字)按钮用来设置菜单中显示的文字的格式，包括“页眉”(Header)内容，如：“多媒体技术与应用制作”和“页脚”(Footer)，如：“清华大学出版社”。

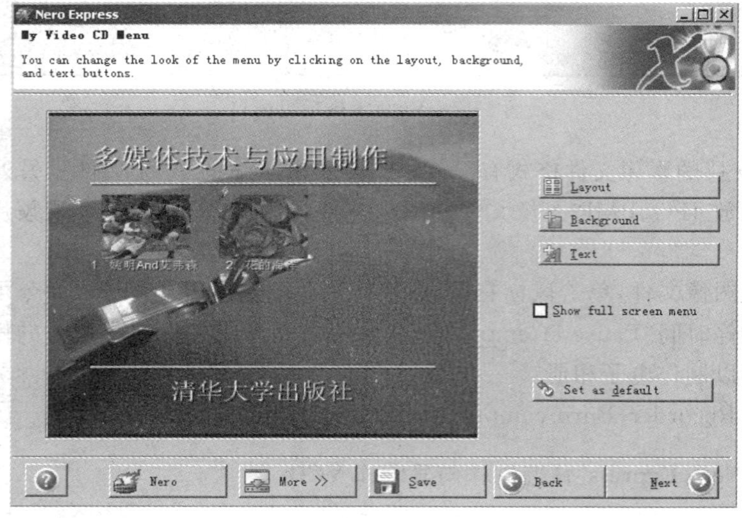

图 5-19　编辑 VCD 菜单

(4) 在 Next(下一步)的对话框中，可以设置光盘的标题：如“多媒体技术与应用制作”或“多媒体”等。单击 Burn 按钮开始刻录。

编辑中可以随时使用 Nero 按钮返回到 Nero 制作窗口，或使用工具按钮回到 Nero Express 界面中来。

3. 用 VideoPack 制作 VCD

VideoPack 是 Roxio 公司的视频光盘制作软件，可以制作 VCD、SVCD 和 DVD。其特点是可以很直观地设置播放顺序和制作播放菜单。启动 VideoPack 时，系统会提示制作光盘的类型，如图 5-20 所示。

图 5-20 启动 VideoPack 选择制作的光盘类型

图 5-21 是制作 VCD 的界面。除菜单栏、工具栏外，其下的编辑窗口，上半部分是资源管理器，下半部分是要制作的 VCD 中视频片段。可以将硬盘中的 MPEG1 视频文件拖动到左下方 VideoCD 窗口中。一般按拖动的先后次序，从上到下顺序播放，拖动片段图标右边的箭头到另一个视频片段，可以设定按下播放器的“下一段”或“上一段”时应播放的视频片段。单击窗口左下角的“录制”按钮，刻录 VCD。更多的功能介绍请参看其帮助文件。

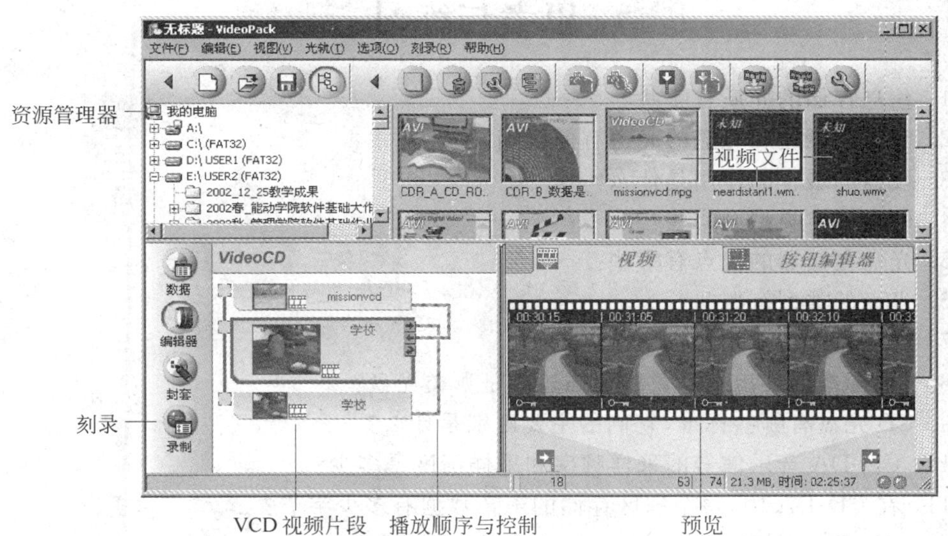

图 5-21 VideoPack 视频光盘制作软件的界面

4. Audio CD 的制作

制作 Audio CD 只要在建立编辑项目时选择光盘类型为“Audio CD”。制作 Audio CD 的编辑窗口如图 5-22 所示。只要将资源管理器中的音频文件拖动到左边 Audio 窗口的音轨(Track)中。Nero 支持的音频文件类型有 44.1kHz/16b/立体声未压缩 WAV 文件、ISO MPEG-1 层-3 MP3 文件、*.cda 轨道文件。每个音频文件对应一条音轨。选择某个音频，右击可以进行属性设置，包括一些效果处理，如淡入、淡出、回音等。

单击“刻录”按钮刻录 CD-DA。

另外，也可以使用 Nero Express 制作音乐 CD。

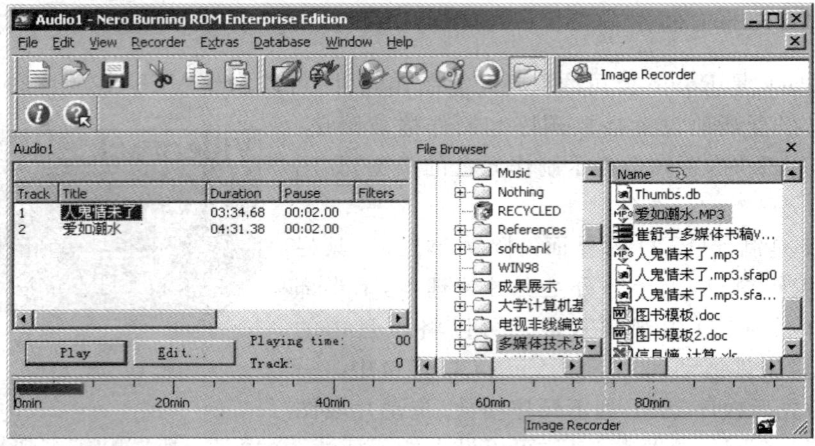

图 5-22　Audio CD 编辑项目窗口界面

思考与练习

1. 信息存储的介质有哪些?
2. 磁盘的磁道和光盘的光道有何区别?
3. 硬盘的缓存的作用是什么?
4. 硬盘接口类型有哪些?
5. 光盘存储器的优点有哪些?
6. 光盘的类型有哪些?
7. 简述光存储系统的技术指标。
8. CD 标准的红皮书和黄皮书描述的是哪类光盘?
9. CD 光盘有哪些标准,它们的主要区别是什么?
10. CD-DA 音乐信号的采样频率和采样精度是多少?
11. 在 CD-DA 中,每个扇区存储的声音数据有多少字节?
12. CD-ROM 标准的 Mode 1 和 Mode 2 光道有何区别?
13. CD-ROM 标准使用的文件结构是什么?
14. 简述 VCD 的特性。
15. 在 VCD 光盘中,真正的视频文件放在哪个目录下?
16. 80 分钟 CD 的容量是多少?
17. DVD 的 6 种标准及它们的主要用途是什么?
18. DVD 提高数据容量的措施有哪些?
19. 单面单层 DVD 的容量是多少?
20. DVD-9 的容量是多少?
21. UDF 能用在 CD 上吗?
22. 简述 DVD-Video 的性能。

23. VCD 和 DVD 使用什么样的视频标准，指标是什么？

24. 在 DVD-Video 中中国的地区码是几？

25. 一张 80 分钟的 CD-R 和一张单面单层的 DVD-R 分别可以存储 4.5 分钟 CD 音质的歌曲多少首？

26. 一张 80 分钟的 CD-R 和一张单面单层的 DVD-R 分别可以存储分辨率为 2048×1536 未压缩的 BMP 图像多少张？

27. 收集自己的声音、照片和视频片段，以 VCD 的形式，记录一下自己的大学生活。要有片头标题、适当的配乐、字幕，最后要有落款(制作人、协作人、致谢、日期等)。

第6章 网络多媒体技术

多媒体计算机网络是在网络协议的控制下，通过网络通信设备和线路将分布在不同地理位置，且具有独立功能的多个多媒体计算机系统进行连接，并通过多媒体网络操作系统等网络软件实现资源共享的多机系统。

6.1 多媒体通信协议及标准

1964年，人们首次提出了视频会议(video conferencing)的概念，从而改变了传统的电话通信方式。目前的可视电话系统主要分为两类，即基于PC的和纯硬件的可视电话系统。可视电话通信协议也因通信网络技术和计算机的发展不断地推出新的版本。为了在现有通信网络上进行多媒体应用，国际电信联盟(ITU-T)制定了H.32x多媒体通信系列协议。从1984年提出的"数字基群传输会议电视"的H.120协议到1995年提出"低比特率多媒体通信协议"的H.324协议等。

6.1.1 H.323标准

国际电信联盟制定的H.32x多媒体通信系列协议中，主要有以下几个。

(1) H.320，在窄带可视电话系统和终端(N-ISDN)上进行多媒体通信的标准。

(2) H.321，在B-ISDN上进行多媒体通信的标准。

(3) H.322，在有QoS保证的局域网上进行多媒体通信的标准。

(4) H.323，在无QoS保证的包交换网络上进行多媒体通信的标准。

(5) H.324，在低比特率通信终端(PSTN和无线网络)上进行多媒体通信的标准。

在上述标准当中，H.323标准定义的网络是目前应用最为广泛的，例如以太网、令牌网、FDDI网等。基于H.323标准的应用也成为热点，所以下面仅介绍H.323标准。

H.323协议是ITU-T提出的在分组网络特别是IP网上实现多媒体通信的标准，它充分利用了IP网廉价和计算机灵活的特点，为未来多媒体通信提供了一个性价比最优的平台。H.323协议为不保证业务质量的局域网上的可视电话系统规定了整个系统结构及各种设备。H.323所适用的情况是传输路径包括一个或多个LAN，而这些LAN不能保证提供与N-ISDN相同的业务质量。H.323协议主要考虑了以下几个方面。

(1) 互操作性，尤其是与N-ISDN和H.320的互通。

(2) 控制对 LAN 的访问以避免发生阻塞。

(3) 多点呼叫。

(4) 可以从小型网络升级到中型网络。

H. 323 组件的组成元素为：终端、网关、网守、MCs(Multipoint Controller)以及 MCUs(Multipoint Control Unit)。这些组成部分通过信息流的传输进行通信，各组成部分的特点分别描述如下。

1. 终端(Terminal)

终端是分组网络中能提供实时、双向通信的节点设备，也是一种终端用户设备，可以和网关、多点接入控制单元通信。一个 H. 323 终端工作在双向的实时多媒体通信的环境中，它既可以是一个个人计算机(PC)或者是一个独立的设备，也可以是一个运行 H. 323 的多媒体程序。它支持音频通信或是可选择的视频或数据通信。由于一个 H. 323 终端所提供的最基本服务是音频通信，因此 H. 323 终端在 IP 可视电话服务中扮演了重要的角色。

H. 323 可以兼容在无线网络上的 H. 324 终端、在 B-ISDN 上的 H. 310 终端、在 ISDN 上的 H. 320 终端以及在服务品质保障局域网中的 H. 322 终端。

一套具体的 H. 323 终端具有如图 6-1 所示的结构，包括用户设备接口、视频编码/解码、音频编码/解码、H. 225. 0 层、系统控制以及到基于网络的包的接口。所有的 H. 323 终端应该包括系统控制单元(MCU)、H. 225. 0 层、网络接口以及音频编码单元。视频编码/解码单元和用户数据应用程序是可选的。

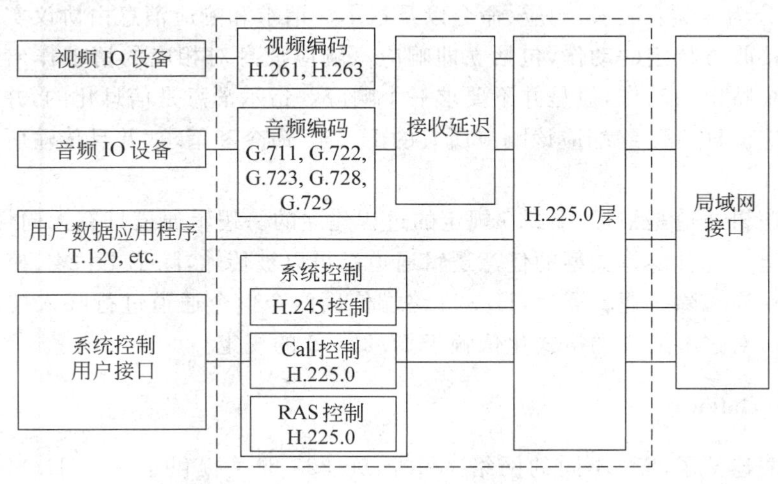

图 6-1 H. 323 终端

在图 6-1 中，虚线之外的部分是 H. 323 协议外的终端组成部分，包括：

① 附加的音频设备包括麦克风、扬声器、电话设备等；

② 附加的网络接口，提供到基于包的网络接口，支持合适的信号和电压；

③ 用户系统控制、用户接口及操作。

在协议内部的终端元素中,音频编码/解码(G.723.1)对来自麦克风要进行传输的音频信号进行编码并且对要传输到扬声器的音频信号进行解码。系统控制单元(H.245,H.225.0)为H.323终端提供了合适的操作,如呼入控制、负载交换、命令和指令响应以及打开并描述逻辑通道的消息。H.225.0层将音频、控制流格式化成消息后传输到网络接口上,并从网络接口上提取传来的音频和控制消息数据。另外它还要完成相对于每一种媒体类型的逻辑分帧、顺序编号、错误检测和出错更正等功能。

在协议规范之外,但是必须提供H.225.0层中所描述的服务包括:

① 可靠的端到端服务(TCP)用于建立H.245控制通道、数据通道以及呼入信令通道;

② 不可靠的端到端服务(UDP)用于建立音频通道以及登记、接纳和状态协议(Registration Admission and Status,RAS)通道。

这些服务是全双工的还是半双工的,单播的还是多播的,根据应用程序、终端负载能力以及网络的配置来决定。

所有的H.323终端必须含有音频编码/解码。可以根据G.723.1进行编码和解码。编码器使用的音频算法通过H.245的负载交换产生。根据H.225.0层中的描述来格式化音频流。可以同时发送一个或一个以上的音频通道,例如允许2种语言进行传输。音频包定期发送到传输层,时间间隔是由使用的编码算法中音频帧间隔控制的。每个音频包的传输应当发生在整个音频帧间隔后5秒之内,从第一个音频帧传输开始测量。

H.245控制功能使用H.245控制通道装载端到端控制信息管理H.323实体的操作,包括负载交换、打开和关闭逻辑通道、模式优先请求、流动控制信息以及普通命令等。H.245消息分为4类:请求、响应、命令以及指示。请求和响应消息由协议实体使用。请求消息要求接收方特定的动作,包括立即响应。响应消息对相应的请求作出响应。命令消息要求一个特定的动作,但是并不要求一个响应。指示消息是信息化的,并不要求任何动作或者响应。H.323终端应该响应所有的H.245命令和请求,并且传输所有反应终端状态的指示。

音频的逻辑通道是根据H.245规定的过程建立的。逻辑通道具有无向性,独立于每一个传输通道。每种媒体类型的任意逻辑通道都可以被传输,除了H.245控制通道通常与呼入一一对应。除了逻辑通道,H.323终端使用两个信令通道进行呼入控制和网守相关联的功能。对这些通道的格式化依赖于H.225.0的规定。

2. 网关(Gateway)

一个网关连接了两个不同的网络。一个H.323网关提供了一个H.323网络和非H.323网络之间的连通性。例如一个网关可以连接一个H.323终端和一个SCN网络(网络包括所有的电话交换网,如公共电话交换网),并提供两者的通信。不同网络之间的连通是通过网关采用以下方法完成的:为呼叫的建立和拆除翻译协议;在不同网络之间转换媒体格式;在连通的网络之间传输信息。但是,对于两个H.323之间的终端通信而言,网关不是必需的。网关的协议堆栈如图6-2所示。

在图6-2中,在H.323端,网关上的H.245负责交换,H.225负责呼叫的建立与拆

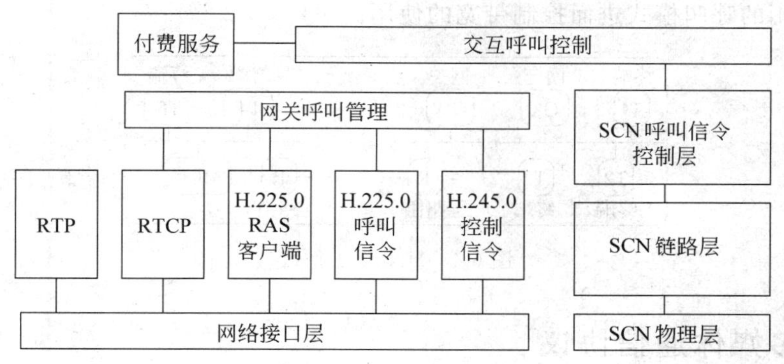

图 6-2 网关协议堆栈

除,以及 H.225 向网守的注册。在 SCN 一端,网关运行 SCN 特定的协议。终端使用 H.245协议和 H.225 协议与网关进行通信,网关负责将这些协议翻译为一个非 H.323 网络的协议,反之亦然。在音频、视频和数据格式之间的翻译也由网关来执行。

3. 网守(Gatekeeper)

网守可以被认为是 H.323 网络的大脑。它是 H.323 所有呼叫的汇聚点。虽然网守不是必需的,但是它提供了许多重要的服务,例如终端和网关的地址服务、认证服务、带宽的管理、账户管理、也提供呼叫路由服务。图 6-3 是网守的组成图。

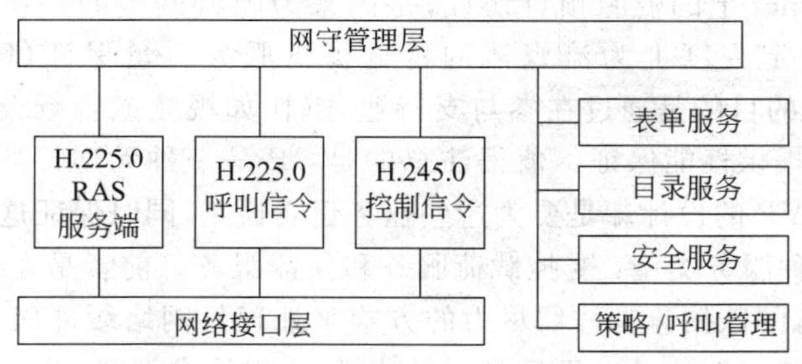

图 6-3 网守的组成图

4. 多点控制单元(Multipoint Control Unit,MCU)

MCUs 提供 3 个或者更多终端会议的能力。参与会议的终端利用 MCU 建议连接。MCU 管理会议的资源,在终端之间协商以确定使用哪种编、解码器,管理多媒体流。网守、网关和 MCU 均是 H.323 协议中的逻辑部分,但是它们也可以使用一个独立的硬件来实现。

H.323 协议中的一个工作区如图 6-4 所示:是由一个网守管理的终端、网守以及多点控制单元组成的集合。一个工作区至少包含一个终端,可能包括也可能不包括网关或 MCUs。每个工作区有且只有一个网守。工作区可能是独立的网络拓扑结构还可能是由多个路由器连接的网络部分组成。H.323 规定使用网守对工作区内想要与 LAN 相连的 H.323 终端进行接入控制。另外,网守还可以限制一个终端所使用的带宽,例如通过控制终端所使用的呼叫模式进而控制带宽的使用。

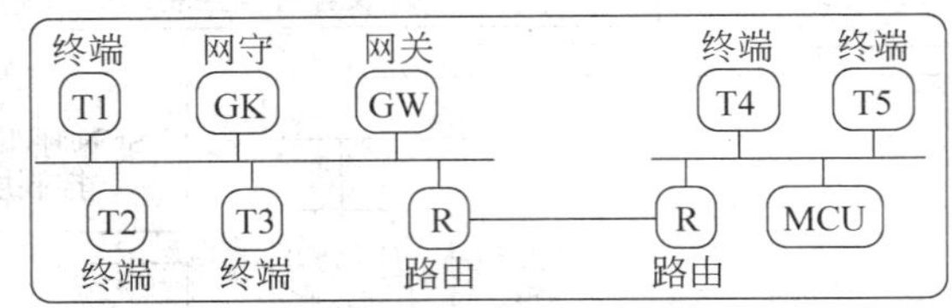

图 6-4 H.323 工作区

6.1.2 多媒体通信协议

为了满足多媒体信息表现的严格同步要求，必须对媒体发送、恢复、处理和表现进行实时调度。这种调度必须考虑在提供系统的端到端服务时所涉及的等待、时延变化和出错率等问题。另外，许多多媒体应用，如视频会议、视频点播等，已不再是简单的对等实体间的通信，而是组用户间复杂的通信关系，因此还要求通信协议系统能够支持群组通信。多媒体应用的需求促成了实时传输协议（RTP）和资源预留协议（RSVP）等协议的产生。这些协议使得一些 Internet 上的多媒体应用如视频会议、视频点播等成为可能。在此，简单介绍一下 RSVP 和 RTP 协议。

1. 资源预留协议（Resource Reserve Protocol，RSVP）

RSVP 是 Internet 上的资源预订协议，是用来为因特网中的一次会话预留资源的。使用 RSVP 能在一定程度上为流媒体的传输提供服务质量保证（Quality of Service，QoS）。RSVP 协议的目的是通过在参与支持业务（比如视频或音频会议）的每台机器上预留必要的资源来提供性能保证。值得注意的是，IP 是一种无连接的协议，并不为业务建立通路，然而 RSVP 的设计却是要为这些业务建立通路，同时保证这些通路的带宽。

RSVP 支持两种服务类型：受控载荷服务和保证服务。前者是在设定网络的载荷非常轻的情况下，所有的数据流都按照尽力的方式来处理且网络缓冲区为空。对于音频信号而言这种方法是正好合适的。而后者不是这样，不仅请求带宽，而且也要求最大传输延迟，那么所得到的结果就是在网络的负荷增加的时候不会让 QoS 有非常明显的降低。

如果从 RSVP 所支持的传输类型来区分 QoS 的服务，可以分成 3 种传输类型：最好性能（best-effort）、速率敏感（rate-sensitive）与延迟敏感（delay-sensitive）。用来支持这些传输类型的数据流服务依赖保证 QoS 的协议实施。比如各种 TCP/IP 协议就是遵循最好性能传输的传输服务协议：TFTP、HTTP、SMTP、POP3 等；速率敏感传输放弃及时性，而确保传输速率。例如：速率敏感传输请求 128Kbps 带宽，如在扩展期实际发送 256Kbps，路由器可能进行数据的队列缓冲，并且延迟传输。延迟敏感传输要求传输及时，并因而改变其速率。RSVP 服务支持延迟敏感传输，可以被看作控制延迟服务（非实时服务）与预报服务（实时服务）的混合。

2. 实时传输协议（Real-time Transport Protocol，RTP）

RTP 是为支持实时业务而设计的，是在点对点通信和多点广播网络上实时传输流媒体数据的实时传输协议。实时业务指的是业务的发送和接收必须在很短的时间内完成。RTP 为实时数据传输提供帧遗失检测、时序重构、数据安全等多种服务。RTP 协议由 RTP(数据协议)和 RTCP(控制协议)两部分组成。

RTP 也是一个封装协议,实时业务运行在 RTP 包的数据域,同时 RTP 包头包含了关于该实时业务的业务类型信息。假设某些用户设备中的视频应用采用的是 512Kbps 的视频信息流,而另一些用户设备采用的是 384Kbps 视频流。当在这两类用户之间进行实时视频传输时,传输网络也许并不支持 512Kbps 的速率,所以用户终端无法相互通信。RTP 翻译器就是要使这些用户终端之间的互通成为可能。RTP 翻译器的工作是接收业务,将这些业务翻译成另一种格式,这种格式与传输网络的带宽限制一致并且/或者与接收端的带宽限制一致。用户业务的 RTP 包表明用户传输的是同步业务。

通过使用 RSVP 建立预留通路之后,业务就可以使用 RTP 包在主机之间传送。接下来,实时传输控制协议(RTCP)将参与到业务服务中来,其作用是为主机之间提供交互下述信息的机制:①正在提供的服务质量(如果是服务提供者);和/或②正在接收的服务质量(如果是服务客户端)。

RTCP 协议对多媒体数据进行流量控制和拥塞控制,每个控制包中包含已发送数据包的数量、丢失数据包的数量等统计信息。在媒体会话过程中,RTCP 会向所有的成员周期性地发送控制包,应用程序接收 RTCP 控制包,从中获得会话成员的相关信息和网络状况等信息,通过这些信息,服务器可以动态地改变传输速率,以保证最佳的服务质量。从概念上讲,一台服务器能依据它收到的来自客户端的反馈信息调整它的服务质量。但是,对这些调整过程的管理并没有在 RTCP 中定义。

6.2 视频会议

多媒体通信网络为远程传输多媒体信息提供了必要的技术保证,多媒体会议系统是网络多媒体的重要应用之一。多媒体会议系统的基本特征是:通过计算机远程参加会议或交流,以可视化的、实时的、交互的形式实现了在不同地理位置上人们的多媒体资源共享和信息的相互交流,体现了超越空间的多点通信、群体的“面对面”的协同工作特点。

6.2.1 视频会议的系统组成

视频会议系统主要由视频会议终端、多点控制单元(MCU)、传输网络和网络管理软件 4 部分组成,以下详细叙述前 3 部分。

1. 视频会议终端

视频会议系统终端的主要功能是:完成视频、音频、数据、信令等各种数字信号的采集、编辑、处理和显示,再将符合国际标准的压缩数字信号码经线路接口送到信道,或从信道上将标准压缩数字信号码经线路接口送到终端。此外,终端还要形成通信的各种控制信息:同步控制和指示信号、远端摄像机的控制协议、定义帧结构和加密解密处理等。

视频会议终端的组成包括视频摄像机、全向话筒、多路复用传输一体机(含视频编解码器、音频编解码器和复用/分接设备等)。

会议视频由视频输入设备如摄像机等将模拟视频信号输入编码器,经编码器数字化、压缩处理后,成为数据码流,经数字信道传送到接收端,接收后解码为模拟视频信号,由监视器显示出发送端的图像。终端设备的核心部件是视频编码器,按 H.261 标准压缩视频信号(像素为 352×288,每秒 30 帧,逐行扫描方式)。

音频输入设备有麦克风、调音设备和回声抑制器等,输出设备有扩音机、扬声器等。麦克风用于接收与会者的发言,扬声器用于播放远端会场的发言。调音设备用于调节本会场的麦克风、扬声器的音色和音量。回声抑制器用来消除串入话筒中的少量对方的语音信号,保证发送的只有本端会场的发言。

复用/分接设备的功能是把视频、音频、数据、信令等各种数字信号按照标准组合成数字码流,成为与用户/网络接口兼容的信号格式。

视频会议终端设备的类型按安装方式分有桌面型、机顶盒型和会议室型等 3 种类型。

桌面型终端由台式计算机、摄像机、ISDN 卡或网卡和视频会议软件组成,能有效地使办公桌旁的人与用户进行面对面的交流。虽然桌面型会议终端支持多点会议(两个以上的会议站点),但多数用于点对点会议(两人会议)。

机顶盒型终端在一个单元内包含了所有的硬件和软件,放置于电视机上。开通会议只需一台普通的电视机和一条 ISDN 线与局域网连接。机顶盒安装简便,设备轻巧,作为各部门之间的共享资源,适用于从跨国公司到小企业等各种规模的机构。

会议室型终端主要为大中型环境而设计。它实际不是一套完整的视频会议终端,通常需要应用环境提供大型周边设备,如多媒体演示系统、摄像系统、双屏显示、多通信接口等,使终端成为高档、综合性的产品。

2. 多点控制单元(MCU)

由于目前各种网络本身的控制功能还不能满足会议系统所要求的多点对多点的控制,因此除了终端设备、通信线路外,还需要一种设备来控制各个通信会场之间的信息传输与切换,该设备称为多点控制单元。

MCU 完成的控制功能包括以下几点。

(1) 组织、管理全网视频终端的联络或分组联络。

(2) 控制人员可以选择相关视频终端的任意一路视频源向全网其他站点传送。

(3) 控制人员可以任意选择相关视频终端的图像、语音向全网其他站点传送。

(4) 控制人员可以监视各视频终端的图像信号,并对视频终端各摄像机进行遥控。

(5) 对下级的 MCU 进行控制。

MCU 是多点视频会议的核心,它不仅提供多点会议的管理和控制功能,还可同时进行多个会议活动,每个会议活动在逻辑上完全独立。MCU 中每一个会议活动均包含一个会议控制部分和通信处理部分。会议控制部分进行整个会议的通信控制、多点连接控制、级联控制和主席控制等;通信处理部分进行多点通信的数据处理,即按照会议控制的指令处理多个会议终端的通信数据。

3. 传输网络

会议系统的传输信道可采用光缆、电缆、微波以及卫星等数字信道，或者其他类型的传输信道。会议系统标准还允许它在各种计算机网络中传输，如 LAN、WAN、Internet 等。

一个典型的视频会议的示意图如图 6-5 所示。

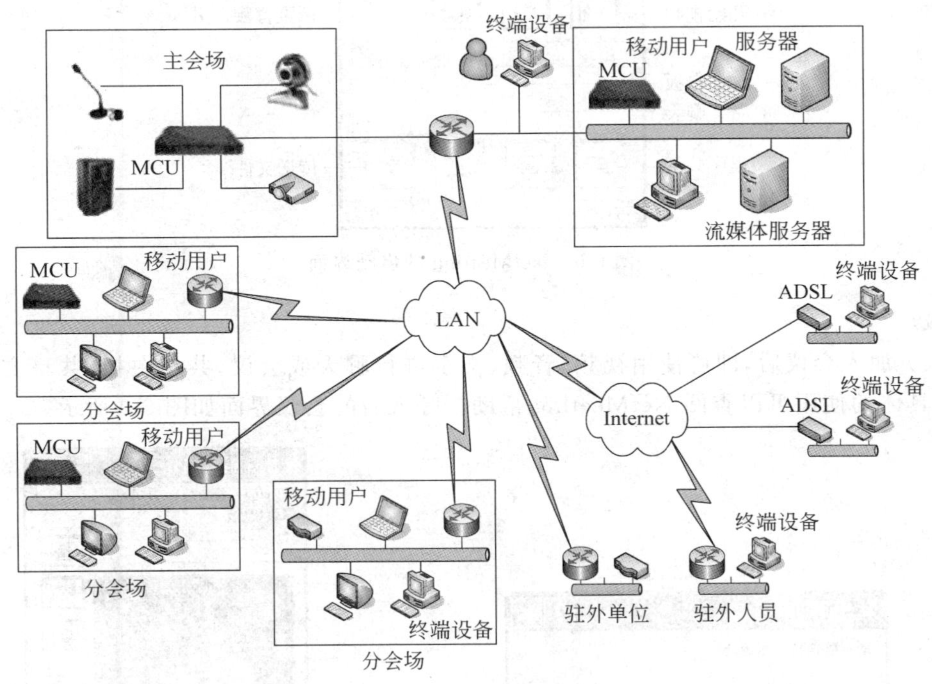

图 6-5 网络视频会议示意图

6.2.2 利用 NetMeeting 组建简单的视频会议

Windows 操作系统中提供了 NetMeeting 程序，利用该程序，可以直接进行视频会议。除语音、视频和文字传输功能外，还提供电子白板、文件传送、程序共享、远程控制和多人会议等功能。使用步骤如下。

(1) 所有与会者均须启动 NetMeeting。程序位置是“开始”|“程序”|“附件”|“通信”，或在“开始”|“运行”的“运行”文本框中输入“conf”。启动后的界面如图 6-6 所示。

(2) 会议主持者。在“呼叫”菜单中选择“主持会议”命令，在打开的“会议属性”对话框中设置会议的权限和会议使用的工具。

(3) 呼叫。可以由会议主持者发出呼叫。选择“呼叫”菜单下的“呼叫”命令，并输入对方的 IP 地址，如图 6-7 所示。

(4) 收到呼叫信号的一方会自动弹出提示框，如图 6-8 所示，单击“接受”按钮即可加

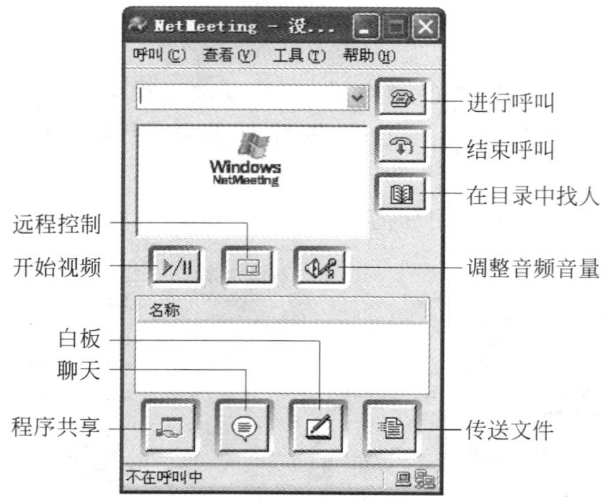

图 6-6 NetMeeting 的启动界面

入会议。

(5) 加入会议后,即可使用视频、音频、文字进行聊天或会议,共享白板、共享文件等功能,具体的使用可以查阅 NetMeeting 帮助。呼入后的会议界面如图 6-9 所示。

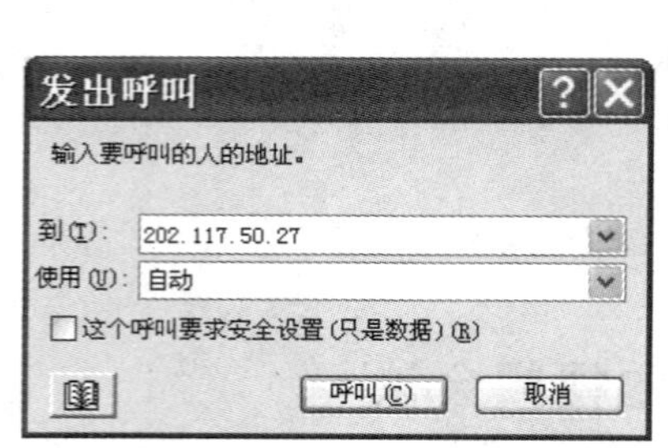

图 6-7 呼叫某一方

图 6-8 接受呼叫

图 6-9 NetMeeting 的视频会议

6.3 流媒体

“流”概念的提出,彻底改变了因特网上媒体的处理方式。与以往必须等待全部文件下载完毕之后才能播放的方式不同,流媒体可以在文件下载的同时进行播放。因特网上传输的数据在被播放后，即被丢弃，因而可以做到合理的版权保护。用户可以在播放流媒体时，像控制录像机那样控制媒体的播放，当然这需要相应的 Web 服务器支持。

流媒体的另一个特点是，用户可以用它来实时广播，或者将它作为存档文件，以便在需要时再使用。这样，那些错过现场直播的人们，可以通过流媒体来观看以前的直播。不管是要用流媒体来实时广播，还是要将它作为存档文件保存，流媒体文件的传输都受到带宽的限制。因为流媒体是实时的，所以数据的发送量受到用户接收数据能力的限制。

6.3.1 流媒体系统的组成

流技术就是把影像和声音数据经过压缩处理后，放在网络服务器上，让用户一边下载一边观看、收听，而不需要等到整个压缩文件下载到自己机器上后才可以观看的网络传输技术。该技术先在用户端的计算机上创建一个缓冲区，在重放前先下载一段数据进行缓冲处理，当网络实际速度小于所耗用的数据的速度时，重放程序会取用缓冲区中的数据，避免重放中断。流媒体是应用流技术在网上进行传输的多媒体。

1. 系统组成

一般而言，流媒体系统大致包括：转档/转码工具，用于压缩转换，将普通格式的音频、视频或动画媒体文件通过压缩转换成可由流媒体服务器进行流式传输的流格式文件；服务器，管理并传送大量多媒体内容，在流媒体传输期间，服务器同用户的播放器保持双向通信；播放器，在用户端的 PC 上呈现串流的内容，多个用户可以同时播放同一个文件，而每个用户都可以对文件进行控制而互不干扰；另外还有许多不同的多媒体制作工具。

原始音视频数据经过编码和压缩后，形成媒体文件存储，媒体服务器根据用户的要求把媒体文件传送到用户端的媒体播放器。

2. 流式传输方法

流式传输是流媒体实现的关键技术，实现流式传输有两种方法：顺序流式传输和实时流式传输。

顺序流式传输是顺序下载，在下载文件的同时用户可以观看在线媒体。在给定时刻，用户只能看到下载的部分，而不能跳到还未下载的部分。这种方式适合标准的 HTTP 服务器，不需要特殊的传输协议。其优点是播放质量高，传输途中无损耗，适合在影视片的片头、广告等高质量的短片传输时采用。缺点是用户等待的时间稍长，尤其是连接速度慢的时候。所以不适合长片和有随机访问需求的视频。

实时流式传输采用流媒体服务器和专用的传输协议，保证媒体信号带宽与网络连接相匹配，实时传送节目，用户还可以像录像机那样用快进键或后退键重复观看前后的内容。实时流式传输很适合实况转播，它对带宽有一定要求，网络拥挤时视频质量难以得到保证。用于实时流式传输的流媒体服务器如 Quick Time Streaming Server、Real Server、Windows Media Server 等，特殊协议有 RTSP(Real Time Streaming Protocol)和 MMS(Microsoft Media Server) 等。

3. 流媒体的重放方式

流媒体主要的重放方式有单播、组播、点播和广播 4 种。它们之间可以组合为点播单播、广播单播等多种重放方式。

(1) 单播。在客户端与媒体服务器之间需要建立一个单独的数据通道,从一台服务器送出的每个数据包只能传送给一个客户机,这种传送方式称为单播。每个用户必须分别对媒体服务器发送单独的查询,而媒体服务器必须向每个用户发送所申请的数据包备份。这种巨大冗余造成服务器沉重的负担,响应需要很长时间,甚至停止播放。

(2) 组播。IP 组播技术构建一种具有组播能力的网络,允许路由器一次将数据包复制到多个通道上。采用组播方式,单台服务器能够对几十万台客户机同时发送连续数据流而无延时。媒体服务器只需要发送一个信息包,所有发出请求的客户端共享同一信息包。信息可以发送到任意地址的客户机,减少网络上传输的信息包的总量。网络利用效率大大提高,成本下降。

(3) 点播。点播连接是客户端与服务器之间的主动连接。在点播连接中,用户通过选择内容项目初始化客户端连接。用户可以开始、暂停、快进、后退和停止流。

(4) 广播。广播指的是用户被动接收流。在广播过程中,客户端接收流,但不能控制流。广播方式中的数据包的一个备份将发送给网络上的所有用户,而不管用户是否需要。相反,单播发送时,需要将数据包的多个备份发送给网上的需要它的用户。

6.3.2 流媒体的编码

目前,使用较多的流媒体格式主要有 RealNetworks 公司的 RealMedia、Apple 公司的 QuickTime 和 Microsoft 公司的 Windows Media。

RealNetworks 公司的 RealMedia 包括 RealAudio、RealVideo 和 RealFlash 这 3 类文件。其中 RealAudio 用来传输接近 CD 音质的音频数据;RealVideo 用来传输不间断的视频数据;RealFlash 则是 RealNetworks 公司与 Macromedia 公司最近联合推出的一种高压缩比的动画格式。

Apple 公司的 QuickTime 于 1991 年登台亮相,是 Apple 公司面向专业视频编辑、Web 网站创建和 CD-ROM 内容制作领域开发的多媒体技术平台,QuickTime 支持几乎所有主流的个人计算平台,是数字媒体领域事实上的工业标准,是创建 3D 动画、实时效果、虚拟现实、A/V 和其他数字流媒体的重要基础。

Microsoft 公司的 Windows Media 的核心是 ASF(Advanced Stream Format)。ASF 是一种数据格式,音频、视频、图像以及控制命令脚本等多媒体信息通过这种格式,以网络数据包的形式传输,实现流式多媒体内容发布。其中,在网络上传输的内容就称为 ASF Stream。ASF 支持任意的压缩/解压缩编码方式,并可以使用任何一种底层网络传输协议,具有很大的灵活性。

以下用 3 个例子,分别讲述如何将视频文件编码为这 3 种格式的流媒体文件。

例 6-1 编码 QuickTime 流媒体文件。

解:QuickTime Pro 的播放器和编码器是一个程序。使用 QuickTime Pro 播放器便可以将原始视频文件编码为 *. Mov 文件。具体步骤如下。

（1）启动 QuickTime Pro 播放器，如图 6-10 所示（本例中为 QuickTime 6.5.1）。

（2）从 File 菜单中选择 Import 命令，导入需要转换的文件。

（3）从 File 菜单下选择 Export 命令，打开“文件保存”对话框，如图 6-11 所示。

（4）在“文件保存”对话框中的 Export 下拉列表中选择“Movie to QuickTime Movie”。

（5）单击对话框的 Options 按钮，可以进一步设置输出的音频和视频，如图 6-12 所示。

图 6-10 QuickTime 播放器界面

（6）复选 Video 和 Sound，并通过相应的 Settings 按钮，对图像和声音进行调整，如图 6-13和图 6-14 所示。

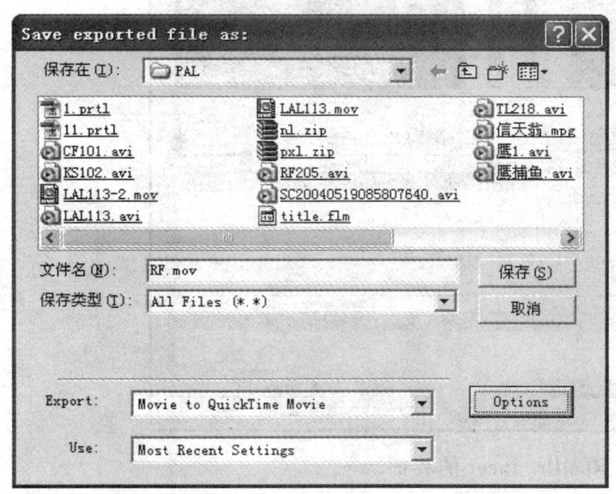

图 6-11 “文件保存”对话框

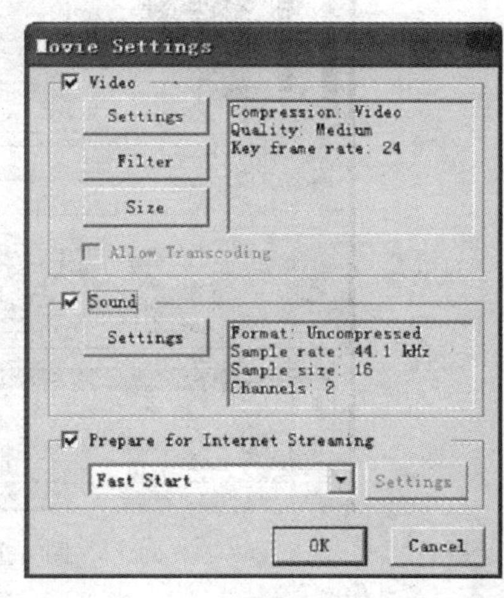

图 6-12 “电影文件设置”对话框

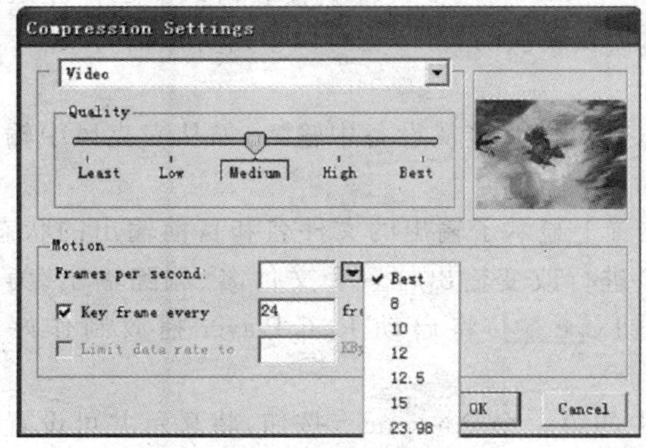

图 6-13 视频设置选项

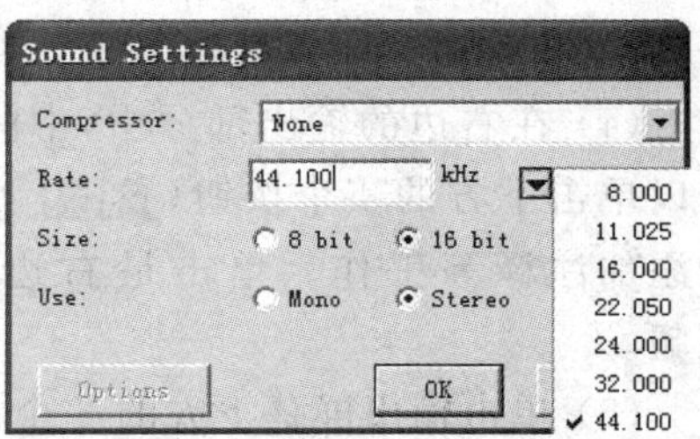

图 6-14 音频设置选项

(7) 在 Video 的设置中可以调整视频的质量和帧率等参数，在 Sound 的设置里可以设置采样频率、压缩方式等参数。

(8) 设置完成后，单击“保存”按钮，即可得到扩展名为 mov 的 QuickTime 流媒体文件。

例 6-2 编码 RealVideo 流媒体文件。

解： RealMedia 使用 RealProducer 软件来编码。RealProducer 可以从 RealNetworks 公司的网站获得。编码过程如下。

(1) 启动 RealProducer，本例使用的是 RealProducer Plus 10。启动后界面如图 6-15 所示。

图 6-15 RealProducer 的界面

(2) 在图 6-15 中，左边是输入文件，也就是原始的视频或者音频源。到目前的版本为止，支持的输入格式主要有 avi、DV、Mov、asf、wmv、wav、mpg 等格式。选择左边的 Input file 单选按钮，然后在文本框中输入需要转换的文件，也可以单击旁边的 Browse 按钮选择一个文件。

(3) 如果选中左边的第 2 项 Devices，则可以直接从设备中输入，如从麦克风中输入音频、从摄录机中输入视频等。

(4) 在右边的输出部分中，中间的位置上显示了输出的文件名和目前输出的状态。可以单击下方的 4 个按钮( )进行改变输出位置和文件名、删除输出、为输出添加注释等工作。单击最右边的按钮( )将启动 Real Player 播放制作好的视频。

(5) 单击输出屏幕下方的 3 个按钮中的第一个 Audiences 按钮，将显示并可设置有关编码的大部分参数选项，如图 6-16 所示。

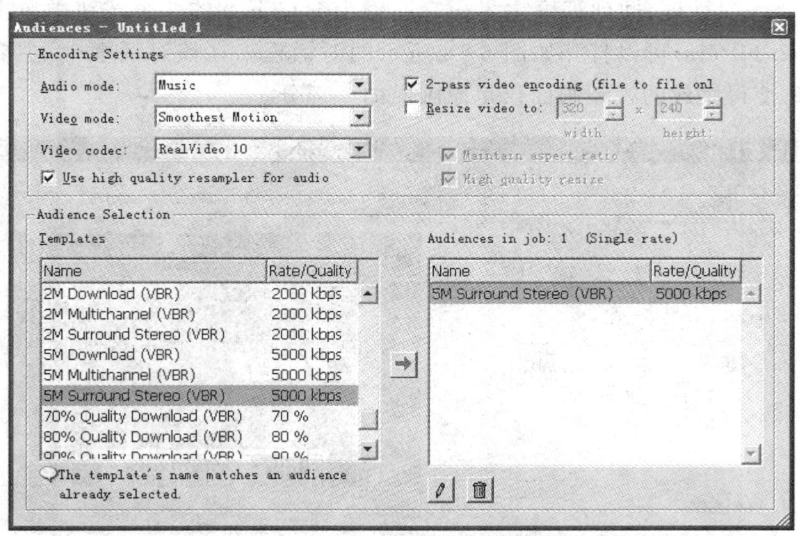

图 6-16 编码参数选项

(6) 可以在 Templates(模板)中选择一个程序预先设定好的设置,如果对模板中提供的选项不满意,还可以在模板中选择一项后双击,设定所需要的参数。双击后将弹出如图 6-17所示的对话框。

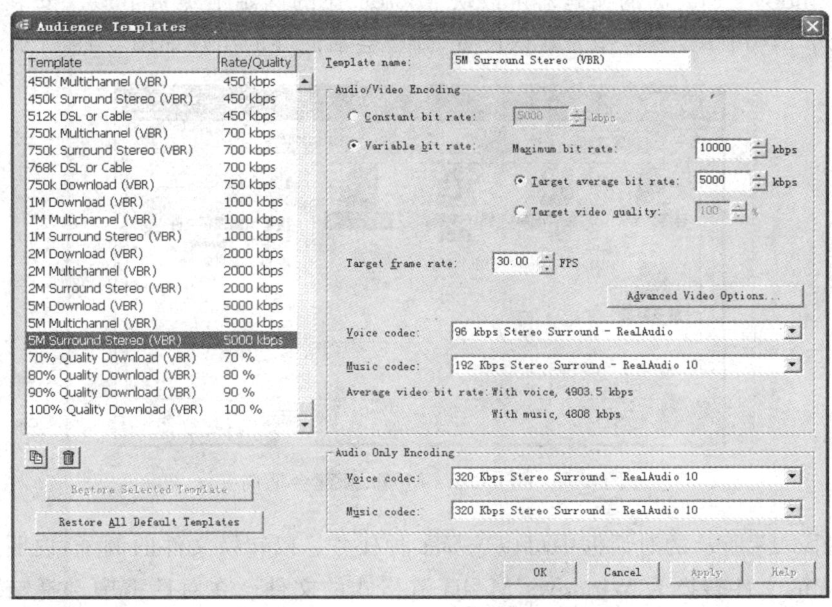

图 6-17 设定自己的输出选项

(7) 在图 6-17 的对话框中,可以删除系统提供的模板,也可以新建自己的模板(通过模板列表下的 2 个按钮)。在对话框的右边,可以指定压缩后文件的位速率(bit rate)、帧速率等选项。

(8) 关闭该对话框,回到程序主界面。在输出窗口下方的 3 个按钮中单击中间的一个按钮 Video Filters,可以打开如图 6-18 所示的对话框。在该对话框中,主要可以对画面进行裁剪,使得生成的视频画面仅是原画面的一部分。

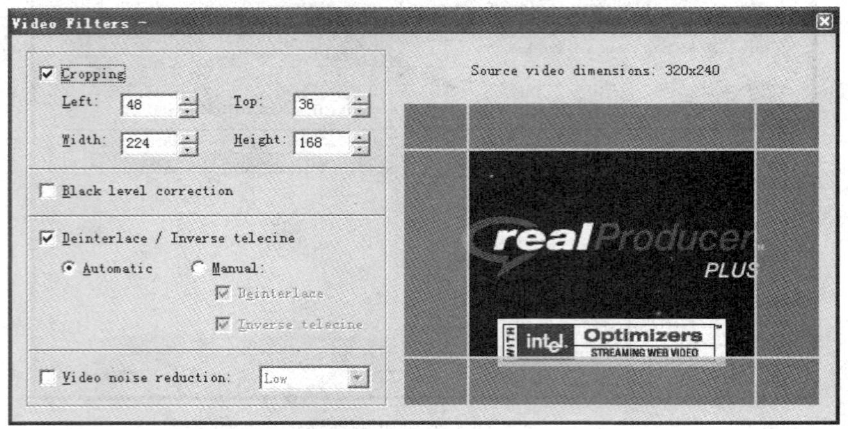

图 6-18 裁剪视频大小

(9) 设定完成后,单击主界面右下角的 Encode 按钮,便可以输出 RealMedia 文件了。

例 6-3 编码 Windows 流媒体文件。

解: Windows Media 的编码器可以从 Microsoft 的网站上免费下载。安装完毕后启动 Windows Media 编码器,作为默认设置,新建会话向导的出现如图 6-19 所示。

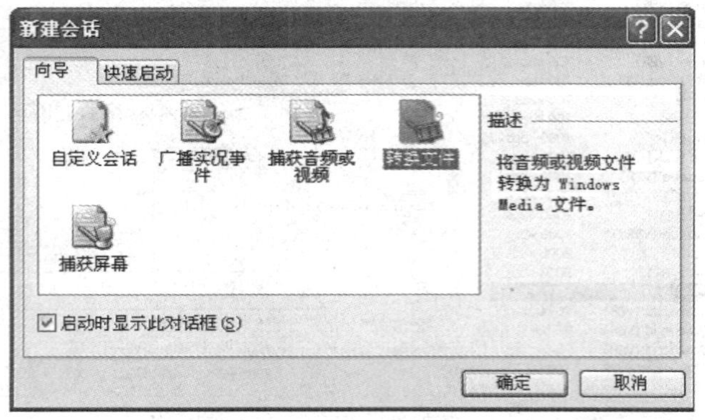

图 6-19 Windows Media 新建会话向导

在如图 6-19 所示的对话框中可以选择多种任务。以转换文件的例子,说明如何将一个其他格式的文件转换为 Windows Media 流格式的文件。在对话框中选择“转换文件”项后单击“确定”按钮。Windows Media 将启动向导以帮助转换的完成。

(1) 选择源文件。向导的第一步是选择要转换的源文件,以及输出的位置,如图 6-20 所示。Windows Media 编码器可以接收的输入源有 avi 文件、MPEG 文件、wav 文件和 mp3 文件等。

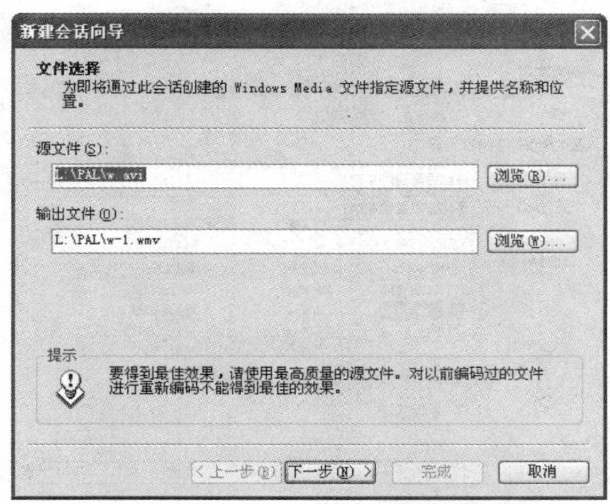

图 6-20 向导的第一步，选择输入源和输出文件

(2) 选择完成后单击“下一步”按钮，选择分发方法，如图 6-21 所示。根据本章的目的，显然是选择“Windows Media 服务器(流式处理)”。

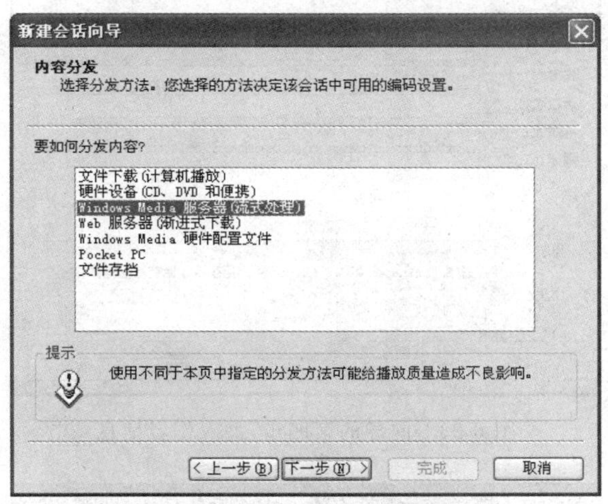

图 6-21 向导的第二步，选择分发方法

(3) 向导第三步，选择编码方式，如图 6-22 所示。注意向导的提示。从这一步开始，便可以跳过后面的步骤，直接单击“完成”按钮。

(4) 向导的第四步是加入作者信息。如果使用 Windows Media 播放器播放这些文件，则填在此处的信息会在播放器播放时显示出来，如图 6-23 所示。

(5) 最后会给出所选设置的简单总结，如图 6-24 所示。如果没有错误则可以单击“完成”按钮开始转换。如果发现了错误，可以单击“上一步”按钮去修改错误。

(6) 如果还想再进行进一步的设置与调整，则应该在图 6-24 所示的对话框中，将对话框底部的复选框清除，使完成向导后不要立即开始转换，以便进一步设置(在本例中清除了该复选框)。此时程序的主界面如图 6-25 所示。

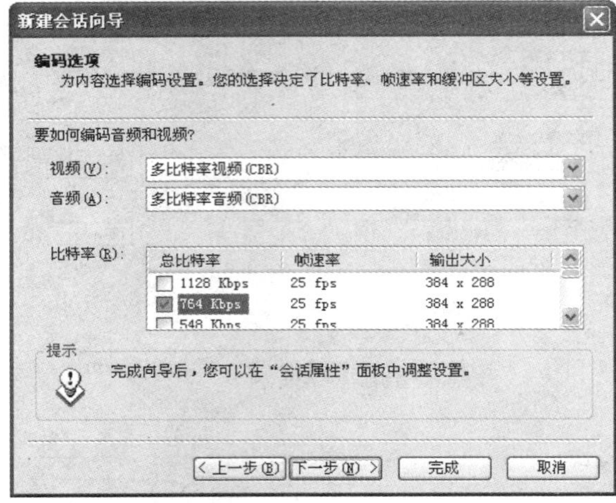

图 6-22　向导的第三步,编码的选择

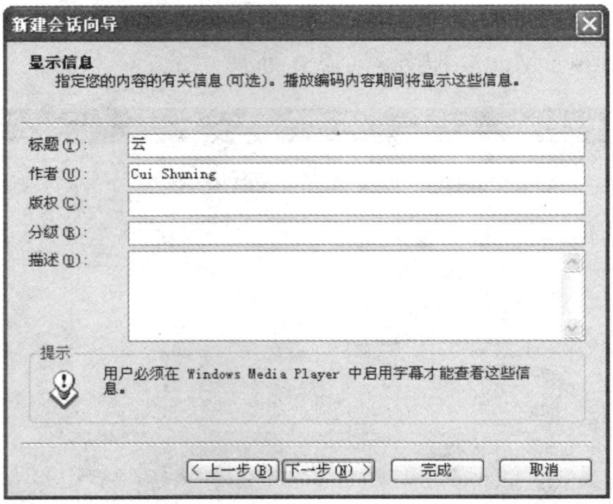

新建会话向导
显示信息
指定您的内容的有关信息(可选)。播放编码内容期间将显示这些信息。
标题(T): 云
作者(U): Cui Shuning
版权(C):
分级(R):
描述(D):
提示
用户必须在 Windows Media Player 中启用字幕才能查看这些信息。
< 上一步(B)　下一步(N) >　完成　取消

图 6-23　向导的第四步,加入作者信息

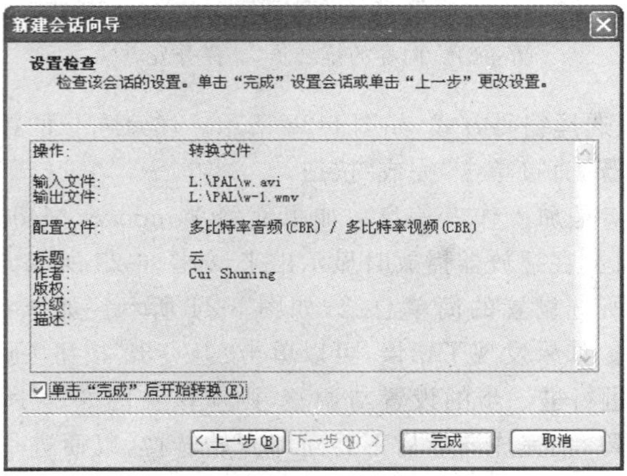

新建会话向导
设置检查
检查该会话的设置。单击"完成"设置会话或单击"上一步"更改设置。
操作: 转换文件
输入文件: L:\PAL\w.avi
输出文件: L:\PAL\w-1.wmv
配置文件: 多比特率音频(CBR) / 多比特率视频(CBR)
标题: 云
作者: Cui Shuning
版权:
分级:
描述:
单击"完成"后开始转换(E)
< 上一步(B)　下一步(N) >　完成　取消

图 6-24　向导的总结

图 6-25　Windows Media 编码器的主界面

(7) 此时如需对设置进行进一步的修改，可以单击工具栏中的“属性”按钮，界面将改变为如图 6-26 所示的样式。可以选择需要进行改动的选项页进行进一步的设置。

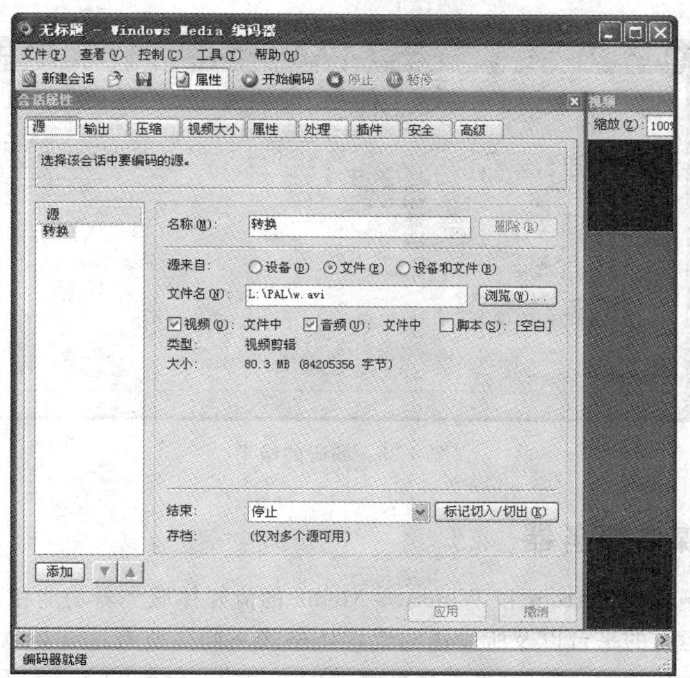

图 6-26　进一步的详细设置

(8) 设置好后单击工具栏中的“启动”按钮开始转换。

在转换时可以看到视频的预览，以及编码的进程，如图 6-27 所示。转换完成后还会给出一份详细的报告，如图 6-28 所示。

图 6-27　正在进行转换

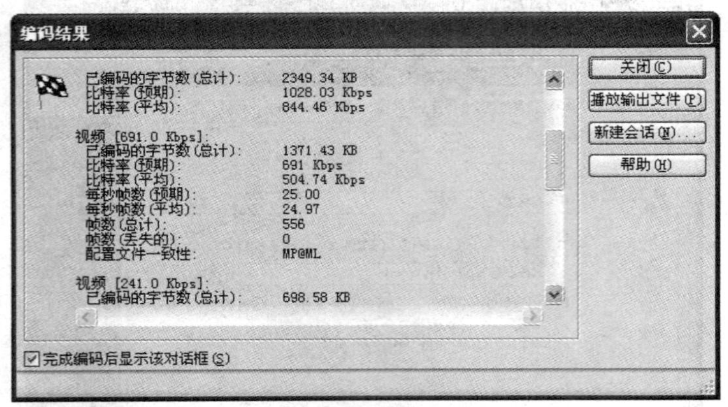

图 6-28　编码的结果

6.3.3　流媒体服务器

QuickTime、RealSystem 和 Windows Media 的流媒体服务器功能相似。它们之间最大的不同在于运行的平台以及所发送的流媒体格式不同。所有这 3 种软件都是成熟的、新的和具备完整功能的，而且这 3 种软件都被广泛使用。QuickTime 和 RealSystem 都使用 RTSP 协议来发送流媒体文件，而 Microsoft 的 Windows Media Service 使用自己的协议 MMS。3 种流媒体服务器都支持各自的文件格式，而这些格式可以在相应的媒体播放器中播放。

1. 常见的流媒体服务器

(1) Apple QuickTime 和 Darwin 流媒体服务器。QuickTime 流媒体服务器包含在 Mac OS X server 中并且只能运行于 Mac 的硬件上。QuickTime 服务器支持 QuickTime 格式的流媒体文件。Apple 还提供了 Darwin 流媒体服务器。Darwin 服务器和 QuickTime 流媒体服务器具有同样的性质并且在多种 UNIX 平台和 Windows NT/2000 上都可用。

(2) RealNetworks RealServer。RealNetworks 的流媒体服务器软件 RealServer 不但支持 RealNetworks 公司 RealMedia 格式的流媒体文件，还支持 Apple 公司的 Movie 格式，也支持微软的 wmv 格式。目前最新版本为 9.0 版，改名为 RealNetWorks Helix Universal Server。该软件根据功能的不同以及同时并发支持的连接数不同分成了不同的版本。免费版功能较弱，支持 25 个连接。

(3) Windows Media Service。Windows Media Services(WMS)只能运行于基于 Windows 的服务器上。Microsoft 规定了服务器的最低要求是 Windows 95 加 DCom 95，但是建议使用 NT 4.0加 Service Pack 4 或更新版本。Windows 2000 Server 和 Advanced Server 免费附加了 WMS。WMS 使用自己的 MMS 协议支持高级流格式(Advanced Streaming Format，ASF)文件。ASF 文件可以使用 WMA 和 WMV 等扩展名。虽然 Windows Media Player 可以播放很多格式的音频和视频文件，但 ASF 格式是 WMS 支持的唯一的流格式。微软随 Windows Server 2003 捆绑发售的新的 MMS 加入了对 RTSP 协议的支持。

2. 流媒体服务器的安装

下面以 RealNetworks 公司的 Helix Universal Server 为例简要地介绍一下流媒体服务器的安装。安装前关闭病毒防护程序和防火墙，确保机器在 Windows NT/2000/XP 下运行，将 RealNetworks 公司提供的证书文件解压缩，即可运行程序开始安装。安装到第二步时，系统提示给出安装程序“证书”文件的位置，在安装中全部接受默认设置即可。

安装后，程序会在桌面上创建两个快捷方式：一个是启动 Helix Server 的；一个是 Helix Server 管理的 Web 页面。首先运行 Helix Server，然后打开 Helix Server 管理的 Web 页面，如图 6-29 所示。通过这个页面可以对服务器进行管理和配置，如在 Mount point(安装点)中可以选择发布媒体的目录。具体的操作请参阅 Helix Server 的帮助文件。

此时，在装有 RealPlayer 的计算机上启动 IE，在地址栏中输入：RTSP://＜流媒体服务器 IP 地址＞/real9video.rm。如果安装正确，就可以看到 RealPlayer 启动、开始接收媒体流并播放。也可以在本机上使用：RTSP://127.0.0.1/ real9video.rm 进行测试。

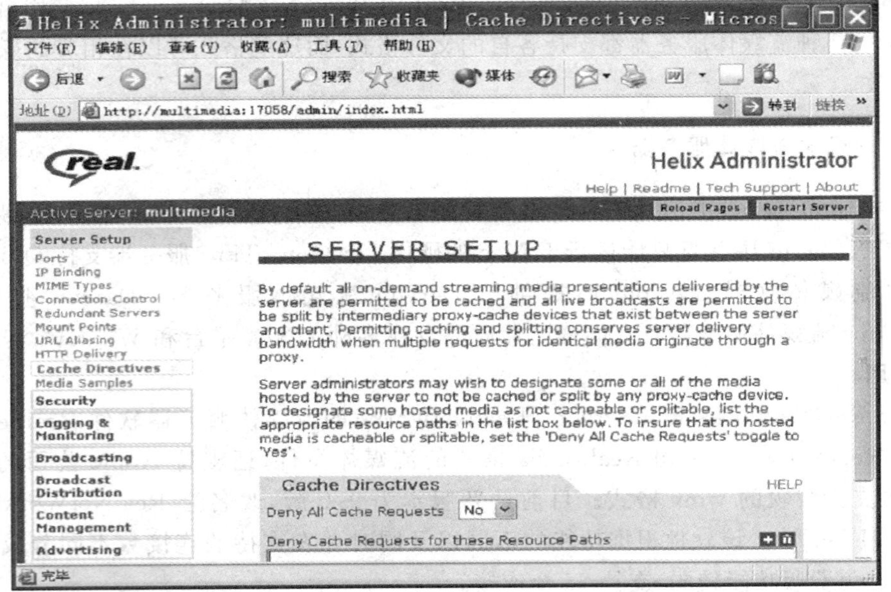

图 6-29　Helix Server 的管理页面

3. 在网页中嵌入流媒体

一般不从网页中直接链接流媒体文件，而是通过包含有流媒体地址的文本文件来指向它。这些小的文本文件被称为元文件。主流的 3 种流媒体的元文件稍有区别。

(1) 创建 QuickTime 的元文件 reference movie。

创建 QuickTime reference movie 的方法同编码文件很类似，但不是 Import 和 Export，只需要简单地 Open 和 Save。当从 QuickTime 播放器保存文件时，保存的不是视频的内容，而是包含电影文件所有组成部分位置的 reference movie(元文件)。其过程如下。

① 启动 QuickTime，选择 File|Open 菜单，打开一个 mov 文件。

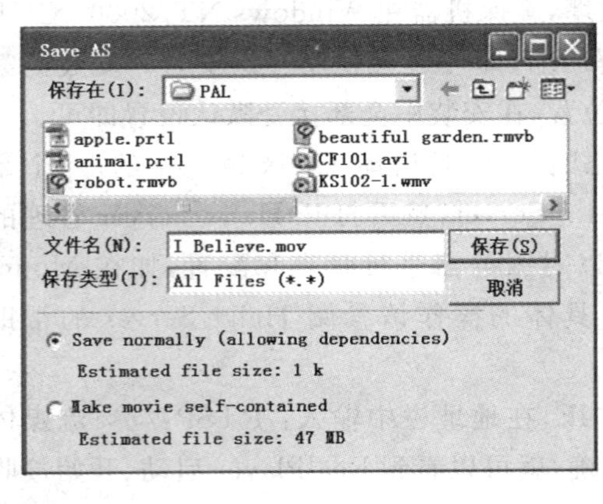

图 6-30　创建 QuickTime 的元文件

② 播放该文件，确保打开是正确的。播放后将播放指针移动到文件的起点处。

③ 在 File 菜单中选择 Save As 命令。注意在弹出的对话框中选择 Save normally (allowing dependencies)选项，如图 6-30 所示。该文件大小一般在 1KB～4KB 左右。

(2) 创建 RealSystem 的 RAM 元文件。

可以直接使用文本编辑器创建 RealMedia 的元文件。要做的是在文件中编写一行代码，并使用后缀名 ram 保存文件。代码语法如下：

```
{协议}://{服务器}/{文件路径}
```

例如链接到本地的文件 E 盘下的一个文件：

```
File://e:\real\demo.rm
```

链接到流媒体服务器上使用的格式为：

```
RTSP://流媒体服务器名或 IP 地址/real/demo.rm
```

(3) 创建 Windows 的媒体重定向文件。

Windows 媒体的重定向文件也是文本文件，这种文件是与 XML 兼容的。在文本编辑器中输入下面的代码：

```
<asx version="3.0">
    <entry>
        <ref href="mms://(<流媒体服务器名或 IP 地址>/wm/demo.wmv"/>
    </entry>
</asx>
```

使用后缀名 asx 保存文件，其中＜流媒体服务器名或 IP 地址＞替换为具体的 IP 地址或域名，如 202.117.58.113。

4. 在网页中链接元文件

下面的例子显示了如何在网页中链接一个元文件。如果对 HTML 不熟悉，请参阅有关书籍。

```
<html>
<body>
<h1>流媒体网页测试页</h1>
<!QuickTime---->
<p>
<a href="Demo.Mov">单击此处运行 QuickTime 流媒体样例</a>
<!RealMedia---->
<p>
<a href="demo.ram"> 单击此处运行 RealMedia 流媒体样例</a>
<!Windows Media---->
<p>
<a href="demo.asx"> 单击此处运行 WindowsMedia 流媒体样例</a>
</body>
</html>
```

将上述内容保存为 *.htm 文件，如 test.htm，使用浏览器打开该文件的效果如图 6-31所示，单击带下划线的文字，即可以播放相应流媒体。但前提是架设好了流媒体服务器，将媒体文件发布到了发布目录中，元文件中指定的路径正确。如果是通过网络发布上述的 test.htm，该文件及元文件应该在 Web 服务器的发布目录中。

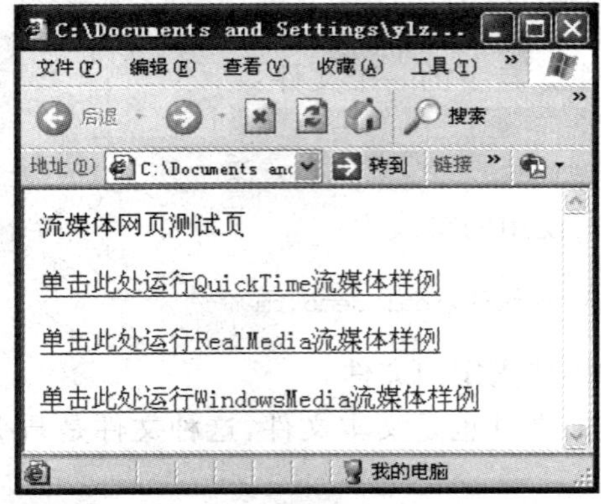

图 6-31 链接元文件的网页效果

思考与练习

1. 简单描述视频会议的系统结构。
2. 使用 NetMeeting，进行一次简短的视频会议，由指定的人担任会议的主持者。
3. 简述视频点播的系统构成。
4. 简述 H.323 的构架。
5. 将视频信号分别编码为 RealMedia 流、Windows Media 流和 QuickTime 流。
6. 安装并配置一台流媒体服务器。
7. 设计并实现一个流媒体点播网站。
8. 总结目前常用的视频压缩算法及对应的解码器。
9. 比较常用的视频播放软件及对视频格式的支持。

第7章 多媒体软件开发

本章讨论的多媒体应用系统泛指应用或包含多种媒体信息的软件系统。从程序设计角度看，多媒体应用系统设计仍属于计算机应用软件设计范畴，因此可使用软件工程开发方法进行。包括生命周期模型、瀑布模型和面向对象模型等。由于软件中包括的媒体信息类型多样，无论从技术和管理上都有其特殊性。

本章限于两类应用的介绍：一是以传递信息为主要目的的软件，如产品演示、职员培训、多媒体课件等，常用多媒体著作工具实现，本章统称多媒体作品；另一类是多媒体信息处理系统，包括多媒体信息播放器、图像浏览器、网络多媒体通信工具等，常用编程语言实现。

7.1 应用软件设计概述

多媒体应用软件的开发首先应遵循一般软件开发的步骤和开发方法。

7.1.1 软件工程概述

早期的软件开发技术不能满足用户对软件的要求，软件开发效率低、质量差、周期长、费用高的问题日益严重，导致了软件危机。1968 年北大西洋公约组织的计算机科学家在联邦德国召开国际会议，讨论软件危机问题，在这次会议上提出并使用了软件工程这个名词，一门新兴的工程学科就此诞生了，软件生产进入了软件工程时代。

1. 什么是软件工程

软件工程的基本思想是用科学的知识和技术原理来定义、开发、维护软件；用工程科学的观点进行费用估算，制定进度，制定计划和方案；用管理科学的方法和原理进行生产的管理；用数学的方法建立软件开发中的各种模型和算法。其目标是：付出较低开发成本；达到要求的功能；取得较好的性能；开发的软件易于移植；只需较低的维护费用；能按时完成开发任务，及时交付使用；开发的软件可靠性高。

2. 软件的生命周期

一个软件从提出开发要求开始直到该软件报废为止的整个时期，称为软件生命周期。软件生命周期包括：可行性分析和项目开发计划、需求分析、概要设计、详细设计、编码、测试、维护等过程。其可大体分为3个时期：计划时期(问题定义和可行性分析)、开发时期(需求分析、软件设计、编码、测试)和运行时期(软件维护)。

根据软件生命周期,软件开发的活动分为核心活动和支持活动。核心活动主要涉及软件开发及软件运行的主流程,支持活动涉及对软件开发的管理。

核心活动包括：软件需求、软件设计、软件构造、软件测试、软件维护等活动。支持活动包括：软件配置管理、软件工程管理、软件过程、软件工程工具和方法、软件质量等活动。

(1) 软件需求。

软件需求是摸清用户需要用软件解决什么问题,这些问题有什么特征、特点？要具有什么功能、性能,达到什么目的？可以抽象为何种模型？然后定义软件的规格说明,即指出什么样的软件能满足抽象出的模型,把对问题求解的描述变为对软件的需求。

对软件需求调查和分析要以书面的形式确定下来,作为软件设计的依据。这一时期需编写的文档包括“需求规格说明书”、“初步用户使用手册”、“确认测试计划”和“修改完善软件开发计划”等。

(2) 软件设计。

设计目标是显示系统如何在实现阶段被实现的。设计活动以体系结构设计为中心,用若干结构视图来表达,它们是软件结构的框架描述,初期一般不设计实现的细节。这一时期的问题是：软件总体是什么结构(分为几部分,它们在逻辑上有什么关系)？系统与使用者交互的界面是什么？如何使用？系统用到什么内部和外部数据？以什么方法实现所要求的功能和性能等。

软件设计要完成：软件系统结构(软件结构)设计、数据设计、界面设计和过程设计。

(3) 软件构造。

构造的目的是定义代码的组织结构及形式。形式包括源文件、二进制文件、可执行文件等。对于多媒体软件,其主要工作就是多媒体信息的采集、处理以及对多媒体信息进行有机组合。

(4) 测试。

测试的目的是发现系统中的问题,并加以解决。测试活动主要有以下3类。

① 单元测试是对一个模块或几个模块组成的小功能单元进行测试,对程序要检验其逻辑的正确性,对多媒体信息应保证每一个部分的艺术性和技术要求。

② 集成测试是将各模块全部或部分地组装到一起进行的测试,看软件是否达到了设计要求。

③ 确认测试通常由用户参与,将软件放到真实的环境中运行,看是否满足用户的要求。

实际上测试不是一个独立的阶段,而是在软件设计一开始就进行的,不断检验各期成果是否达到设计要求和预期目标。这样才能更好地防止因迟发现的错误而返工。

(5) 维护。

软件维护是软件开发完成后为软件的正确性、适应性、完善性维护所进行的修改工作。多媒体软件多以传递大量知识和使用多种媒体信息为特征,对艺术性要求也很高。因此维护工作并不比其他应用软件少。

（6）支持活动。

软件的开发不仅需要技术，管理也是必不可少的。软件配置管理描绘如何在多个成员组成的项目中控制大量的产出物（如文件、源程序、媒体素材、软件等），如何管理并行开发、分布式开发，如何自动化创建工程。控制有助于避免混乱，并确保内容的更新、文件的版本等问题不产生冲突。

软件工程管理是一门艺术，它平衡了互相冲突的目标，管理风险，克服各种限制来成功地发布满足用户需要的软件。项目管理根据要达到的目标做出包括人力、资源、技术过程、质量保证、进度安排的项目计划，并按此计划追踪、报告、协调来完成项目，确保开发过程的顺利进行。

7.1.2　软件开发模型

软件生命周期的各个阶段，有些过程有先后顺序，具有串行性；有些在一段期间无先后关系，可以任意安排时间完成；有的可以同时进行，具有并行性；有的需要反复进行，具有反复性。描述软件开发过程中各种活动如何执行的模型，称为软件过程模型。软件过程模型确立了软件开发中各阶段的次序关系和活动准则，便于各种活动的协调，人员之间的有效通信，有利于活动重用和活动管理。目前主要的过程模型有瀑布模型和原型模型。

1. 瀑布模型

瀑布模型将软件生存周期中各活动规定为依线性顺序连接的若干阶段，包括可行性分析、项目开发计划、需求分析、软件设计、软件构造、测试和维护等，图7-1是其结构示意图。其特点是严格按时间顺序执行，如果完不成前一阶段的任务，则不能进行下一阶段的工作。

它是一种理想的线性开发模式，缺乏灵活性，特别是无法解决软件需求不明确的问题，不适合于需求不明确、设计方案有一定风险的软件项目。

2. 原型模型

原型模型也称样品模式。开始时根据用户需求，快速建立一个系统的“样品”雏形，再根据用户意见，通过不断改进完善样品，最后得到的样品就是用户所需要的产品。原型模型的示意图如图7-2所示。

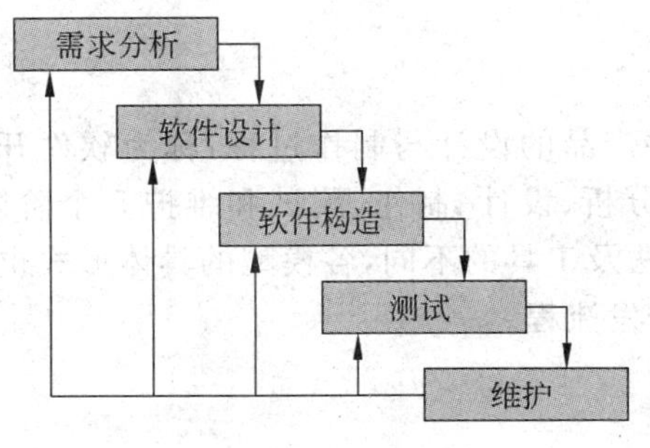

图7-1　软件开发瀑布模型

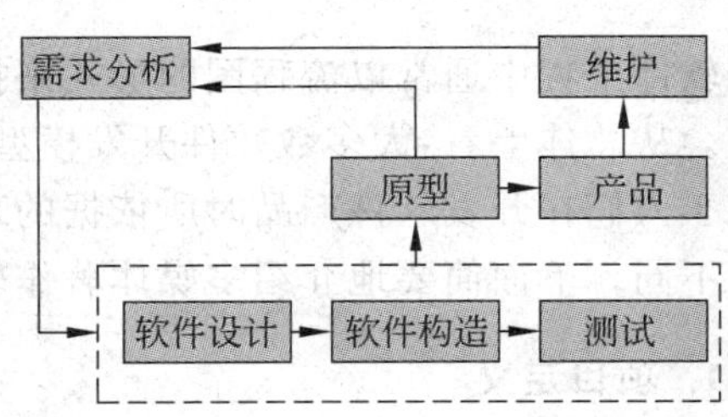

图7-2　原型模型示意图

原型模型在减少由于软件需求不明确而给开发工作带来风险方面，有显著的效果。虽然用户有时难以清楚地描述具体的需求，但可以清楚地表达“原型”的成功和不足。开发人员和用户容易在“原型”上达成一致，就共同关心的问题进行交流、磋商、研究，共同拟定改进计划，共同承担因修改原型而造成的风险。多媒体著作软件比较适合用原型模型开发。

7.2 多媒体著作软件的开发

多媒体著作通常以电子化的形式表现，主要包括电子图书、电子期刊、电子新闻报纸、电子手册与说明书、电子公文或文献、电子图画、广告和电子声像制品等。多媒体著作软件的应用类型主要包含下面的一些领域。

(1) 教育应用：多媒体应用在教育领域的应用包含了少儿故事、自然科学、音乐、美术和书法等类型。

(2) 电子图书：包括电子字典、百科全书、经典及参考杂志等。

(3) 旅游与地图：以电视或电影来录制各地的风光、文化及习俗等，是很受欢迎的节目。

(4) 商业应用：员工训练、商品介绍。

多媒体著作软件涉及多媒体技术、计算机技术、网络技术和通信技术，包含多种媒体类型的应用软件，图、文、声并茂，且具有交互性，一般以光盘或以网络为发行载体。多媒体软件一般有以下特点。

(1) 存储容量大。

(2) 媒体种类多。

(3) 电子化、网络化。

(4) 良好的交互性。

多媒体著作从本质上讲属于应用软件范畴，但有其自己的特殊性。首先，它是基于内容的，即多媒体著作包含用户所需的全部内容，用户只能进行浏览、学习使用，而不能进行添加、修改内容；其次，多媒体著作不管以哪种类型表现，其最终目的都是用来传播信息，给人以某种特定知识与技能的，从这个意义上来说，多媒体著作又称为多媒体 CAI 课件，即用于教学的软件。基于以上特点，多媒体著作的开发与一般的应用软件的开发是有区别的。简单地说，多媒体著作的开发可以综合教学设计和软件开发的方法。

7.2.1 多媒体著作软件的开发步骤

软件工程中通常以流程图的形式来描述软件产品的设计与制作过程，称为软件开发模型。从总体上看，大多数软件开发模型都包括分析、设计、制作、测试和维护 5 个阶段。但由于人们在开发软件产品时所依据的理论、方法及工具的不同，各模型的具体形式也会有所不同。下面简要地介绍多媒体著作软件的开发流程。

1. 项目定义

项目的定义是制定软件计划的第一步，其中包括以下几个方面。

(1) 确定多媒体著作的总体要求和适用范围。这个阶段要对作品的使用目的、使用对象、用途和适用环境提出具体明确的要求，目的是评价软件成败的指标。使用对象是软件评价的主体，也是设计软件的出发点。

(2) 确定所需的软、硬件支持。该部分内容包括确定开发多媒体软件所需的软、硬件系统以及多媒体软件实际运行时所需的软、硬件环境，即多媒体开发系统与多媒体应用系统。多媒体开发系统外围设备的配置应在条件许可的情况下尽量选用高档次设备，如扫描仪、数码照相机、数码摄像机、视频采集卡等，以求获得最佳的外部信号源。开发系统的主机系统的软、硬件环境也应在条件许可的情况下尽量有较高的配置，以提高系统的运行效率，加快开发速度。

(3) 分析开发多媒体著作软件系统的可行性。系统的可行性研究主要包括以下几点。

① 技术可行性——研究现有技术条件是否能够完成本项目的开发工作，人员是否具有开发的能力，开发级软、硬件系统是否满足要求等。

② 经济可行性——对投资、人员、软硬件支持或其他费用进行估算，对预期的软件销售量和效益进行估算，分析开发该多媒体软件是否有良好的经济效益。

③ 社会可行性——分析多媒体软件的社会效益。

这一阶段的工作可以通过问答的形式完成。如回答如下几个问题。

① 多媒体应用程序的主要目的或要达到的目标是什么？

② 使用该系统的用户有哪些类型？

③ 将来在什么操作系统下运行？

④ 需要或运行所具备的硬件条件是什么？

⑤ 将来使用什么介质发行？

2. 人员组织

多媒体著作项目的开发是一项复杂的系统工程，需要各类专业人员共同协作完成，多媒体著作开发小组应该包括以下几类人员。

(1) 项目管理人员。

管理人员的职责类似于影视片的制片人，是整个开发工作的核心。他们具备组织能力和管理技巧，能够有效地与组内其他成员进行沟通，对项目开发工作的日常运行全面负责。

项目管理人员的任务是定义项目、控制管理文档、协调人员、保障环境。

(2) 内容专家。

内容专家，或者称为教材专家，通常是由经验丰富的优秀教师或相关领域的知识专家来担任。他们熟悉作品所要表现的内容，懂得心理学、教学法，并且掌握作品使用对象的情况。他们的工作就是提供作品所要表达的知识内容和有关用户的特征信息。

简单地说，他们负责将哪些内容告诉用户。

(3) 系统分析员。

系统分析员的工作是应用系统科学的观点和方法，以对作品的教学目标和用户的特征分析为基础，进行总体的、结构上的设计，包括哪些内容用什么样的媒体形式来表现，负责任务的分割、进度控制等。

（4）多媒体制作人员。

这一部分人员的工作是把内容专家和系统分析员所提供的作品内容、设计思想、设计结构和设计模块变成能在计算机上运行的多媒体作品。其中包括以下几种类型人员。

① 美工——负责多媒体作品中所有程序界面的美化工作，如颜色搭配、界面设计等。

② 音频创作——负责声音素材的录制、编辑和音效处理。

③ 动画创作——负责二维动画、三维动画以及视频的设计、创作与制作。

④ 程序员——负责程序代码的编写，形成程序构架，完成最终软件系统的集成与调试。

⑤ 其他——主要包括如编写文档的人员、配音人员、字幕制作等。

多媒体作品的创作需要各方面的技术人员、管理人员的共同协作，一个优秀的多媒体作品是许多人员共同参与、共同劳动、共同智慧的结晶。

3. 教学设计

教学设计是应用于教育领域的多媒体著作设计中所必需的重要一步，其主要任务是选择知识内容、划分知识单元、选择控制教学单元进度的策略等；划分知识单元、知识点要遵循教育理论、教学法，充分理解并深刻领会这些学习理论对多媒体创作的指导意义。不仅应考虑作品内容的知识结构，还应针对学生的预备知识和起点能力合理规划每个教学单元的教学目标，确定教学内容。教学设计是多媒体作品设计过程中最能体现教师的教学经验和个性的部分，是教学思想的直接表现，因此在设计中占有十分重要的地位。通常包括对学习者特征的分析、确定教学目标、媒体信息的选择、知识结构设计和诊断评价的设计等。这部分工作通常由多媒体内容专家设计完成，最后以多媒体作品文字稿本形式提交给项目管理人员。

4. 系统设计

经过上述的教学设计工作之后，基本上完成了教学目标与教学内容的确定、媒体信息的选择、知识结构的设计以及诊断评价的设计等工作。这些工作，确保了作品内容的准确性和媒体节目呈现的科学性。但如何将这些知识内容在计算机上通过灵活多样的形式加以表达，发挥多媒体作品的教学优势，突破教学难点，突出教学重点，培养学生的能力和素质，这就需要进行教学软件的系统设计。

多媒体作品的系统设计主要包括封面、导言设计、屏幕界面设计、交互方式设计、导航策略设计和超文本结构的设计等内容。也有的文献将多媒体作品的系统设计分为知识库设计、教师模块设计和学生模块设计 3 大部分，这类设计更适合于大型的多媒体作品创作系统。这部分工作以系统分析员为主，由内容专家、创作人员共同协助完成，最后以多媒体作品屏幕脚本形式提交给项目管理人员。

5. 媒体素材的收集、整理与编辑

多媒体作品中媒体素材主要包含文本、图形、图像、动画、声音和视频等媒体类型。多媒体素材的采集和处理需要专用的硬件设备和软件支持，不仅技术复杂，而且工作量巨大。不同类型的媒体数据其采集方法、处理方法都不相同。该项工作主要由多媒体制作人员如文档编写人员、音频编辑人员和动画、视频制作人员根据已经掌握的多媒体技术的基础知识进行收集、整理和编辑。

文本内容在文字稿本中已经确定下来，下面简要介绍其他媒体素材的制作。

(1) 声音媒体的录制。

声音媒体，通常包括两种类型：MIDI 音乐和 WAV 语音。其中，MIDI 音乐通常作为背景音乐使用，选择格调比较轻松优雅的轻音乐比较适合，一般通过 MIDI 音乐光盘库或网络直接复制获取。录制语音使用普通的设备即可。一个比较好的声卡、话筒，再加上一个相对安静的录音室和普通话比较标准的播音员即可。在录制之前要把录音脚本准备好，录制好的声音文件名称按照其所在的章节编号，并且在脚本上也要给声音编号，以便在编程时查找。对于已录制并按一定规范命名的声音文件，要采用相应的声音编辑软件对其进行剪辑，使其成为多媒体作品能够直接引用的声音素材。

(2) 图像的制作。

制作漂亮、有创意的图片，对于多媒体作品是非常重要的。这些图片往往用在程序的界面、控制元素、背景上，比如选择按钮、程序的整体背景等。这些图片做得是否和谐美观，直接影响多媒体作品的使用效果。

在制作图像之前首先要确定多媒体作品的总体风格。然后再给这个作品定一个基调，这个基调包含了界面的主体颜色色调、音乐风格等。最后再围绕这个主体基调制作图像。

图像的来源主要通过收集现成图片、扫描等数字化方式获取，并进行进一步的加工。

(3) 视频的录制。

视频素材的录制通常使用录像机或摄像机等，录制时要体现视频节目的主题，将录制好的视频内容通过视频采集卡输入到计算机，一般转化为 AVI 文件或 MPG 文件。然后根据作品要求进行编辑、配音、特技处理以及添加字幕、标题等。

视频部分的制作可能要用到其他的声音和图像资源，有的需要制作与文字对应的图表，在讲解对比性的内容时常用。

(4) 动画的制作。

动画的制作通常采用两种方法进行：一是通过专用动画制作工具；二是通过使用高级语言编写 ActiveX 控件程序来产生动画效果。对于使用动画制作工具产生动画，相对简单易掌握，但其动画过程不能精确控制，不具有交互性，只能作为一般的定性演示。而采用高级语言编程去实现动画，虽然技术复杂，难度较大，但可对动画过程实现精确控制，且具有交互性。

通过 ActiveX 控件可以模拟物理模型的演示效果，动画的细节可以通过用户输入相关参数自动调节，最适合于作为模型的演示。

6. 作品的集成

程序设计人员根据预先编写好的屏幕制作脚本，将制作好的文字、图形、图像、音频、视频、动画等多媒体素材，利用现成的著作工具进行集成，生成最终产品。

软件集成不是各种媒体素材的简单罗列或相加，而是要根据教学内容、教学目标，充分调动各种手段，发挥各种媒体的特性，并进行艺术方面的布局，探索最恰当的表现方式和方法，形成一种能充分表现多媒体作品内容并具一定美感的整体效果。要能从多角度刺激感官，使学习者产生愉悦感，以激发用户的学习动机，维持学习兴趣，达到最佳使用效果。

用于作品集成的多媒体著作工具一般应具备以下功能。

(1) 良好的、面向对象的编程环境——著作工具应提供编排各种媒体素材的环境，能对媒体元素进行基本信息和信息流控制操作，包括条件转移、循环、数学计算、逻辑运算和数据管理等。多媒体著作工具还应具有将不同媒体信息导入程序的能力、时间控制能力、调试能力和动态文件输入与输出能力等。编程方法主要是流程结构式，先设计流程结构图，再组织素材。

(2) 较强的多媒体信息的 I/O 能力——在多媒体作品的创作过程中，多媒体素材一般由多媒体编辑软件独立制作完成，而著作工具只负责将各种媒体素材进行有机的连接。多媒体著作工具应具有导入各种格式素材的能力和导出所需格式的作品的能力。

(3) 动画制作能力——一般著作工具都具有简单动画制作与处理能力。利用这种功能，可以实现显示区的位块移动和媒体元素的移动以制作和播放简单动画。另外，著作工具还应能播放由其他动画制作软件生成的动画，制作各种过渡特技效果等。

(4) 超级链接能力——能够将具有一定知识结构的内容实现超级链接，即具有用非线性网状结构组织多媒体素材的能力。

(5) 应用程序的连接能力——能启动另一个多媒体应用程序，并加载数据，且运行后能够返回主程序。

(6) 模块化与面向对象特性——允许将整个应用程序分成几个独立的逻辑结构模块，由多人协作完成，每一部分可以用不同的应用程序进行编辑，最后再合成一个多媒体软件作品。

(7) 界面友好、易学易用——多媒体著作工具应具有友好的人机交互界面。屏幕元素的布局及操作要符合一定的规范标准。应具备必要的联机检索帮助和导航功能，使用户可以快速掌握基本使用方法。

7. 测试、调整与发行

多媒体创作完成之后，在正式上市之前，必须经过严格的测试和优化，以发现问题，改正错误，修补漏洞。具体任务包括测试、优化、打包发行、评估、修改和升级软件。

(1) 测试。

多媒体作品的测试主要包括下面 3 大部分。

① 单元测试——查找软件中的错误，包括文字错误、配音声音、编程错误等。首先对

每一个独立的元素进行测试,然后对每个单独模块进行测试。

② 功能测试——系统集成之后,一方面要注意程序集成之后对各模块内部是否会产生新的影响;另一方面,要反复实验,检验各个模块是否都能按照预期的目的实现其功能,是否遗漏掉了某些模块。

③ 效果测试——在完成以上两步测试后,运行程序看是否能够达到预期的视觉、听觉效果。例如,由于色彩控制不合理,导致图片显示质量下降;声音压缩过大而使得不够悦耳,界面操作过于复杂,而使用户难于掌握等。这一步测试需要全体项目组成员和预期用户共同参与。

(2) 评估与优化。

在多媒体作品发行之前,需对该软件作品进行评估、优化。主要包括如下内容。

① 功能性——指多媒体作品满足功能需求的能力。

② 可靠性——指在规定的条件下和时间内运行多媒体作品的成功比率。

③ 可用性——指用户对学习、操作简易性和学习效果的评价。

④ 经济性——指多媒体作品使用时间和利用资源的效率。

⑤ 维护性——指对多媒体作品修改和升级的难易程度。这个特性直接影响到将来对作品的修改和升级。通常,使用结构化设计,并且合理地使用说明文档,会大大地降低维护的难度。

⑥ 通用性:指在各种平台和各种软硬件配置下的可移植性。

(3) 打包发行。

多媒体作品的发行是通过压缩或刻制成一张完整的光盘进行的。在程序打包之前,要对硬盘上的文件组织结构进行优化,并做好源程序的备份,最后根据发行介质是光盘或网络的不同,选择不同的打包发行方式。

7.2.2 脚本设计

脚本是一张蓝图,是多媒体应用系统如何制作的描述,它也是沟通用户与开发人员的有效工具。脚本在某种程度上和电影剧本很相似,最终应该细化为“分镜头”剧本,包括版面设计、图文比例、显示方式、交互方式、音乐的表现、视频的选择与控制等。脚本不仅要描述所有可见的活动,规划各内容的显示顺序和步骤,而且还要陈述其间环环相扣的流程以及每一步骤的详细内容。对于有解说的多媒体作品,脚本要给出台词。脚本设计既要考虑整个系统的完整性和连贯性,又要注意每一个片段的完整性和独立性,还要善于利用声、光、画、影的组合来达到更好的效果,使系统具有更高的集成性和交互性。

脚本包括文字脚本和制作脚本。文字脚本是按照多媒体演示过程的先后顺序,描述每一个演示环节的内容及其呈现方式,其主要目的是规划多媒体软件中模块的组织结构和细化模块内容,使软件开发者对软件的总体框架有一个明确的认识,并将所要传播的内容清晰化。文字脚本除了要表达清楚演示内容之外,还需要对演示目标、演示策略、交互活动、表现方式和软件的总体结构有明确的表述。

1. 文字脚本的编写

一般情况下,文字脚本由内容提供方和内容制作单位共同完成。文字脚本至少包括以下几方面内容。

(1) 使用对象与使用方式的说明:包括软件的使用对象;软件的功能与特点;软件的适用范围与使用方式;系统的需求等。

(2) 演示内容与目标的描述:阐明软件的组织结构,以及组成软件结构的模块,列出所有模块的演示内容及其显示方式,并详细介绍演示的目标和要求。

(3) 软件的总体结构:根据用户需求确定软件的总体结构,划分软件的基本组成模块,并确定各模块间的链接与导航关系。

(4) 模块单元的内容结构:表述一个模块单元的内部结构和展示的内容,它是文字脚本设计的主体,一般都由多张有关联的文字卡片组成,每个卡片一般都包含有序号、编写者、编写日期、版本号、具体的演示内容、演示模式、采用的媒体类型及其规范、信息的呈现方式、交互活动和模块间的交叉引用、相关内容的详细说明等内容。

文字脚本主要传递信息的内容、信息的结构及人机交互活动的描述,但不能作为多媒体软件制作的直接依据。为了让信息充分、有效地展示,必须考虑详细的信息呈现方案,包括各种信息的背景,信息显示的位置、大小、显示特点、交互方式以及可采用的媒体类型,媒体的表现形式,还要考虑信息处理过程中的各种编程方式和技巧,这就需要编写制作脚本。

2. 制作脚本的编写

制作脚本的设计是根据文字脚本的信息规划,调动所有的设计人员,包括程序设计、编剧、导演、美工、配乐等人员,这些人员都应互相沟通,充分发挥各自的想象力和创造性思维能力,设计全部场景、画面、音乐效果以及动作或动画的细节。

制作脚本一般采用卡片形式,通常与软件原型配合使用。

(1) 制作脚本的内容。

制作脚本的内容包括系统的结构说明、功能模块的分析、界面设计和链接关系的描述等。

系统结构说明是根据软件的结构流程图,结合系统在实际应用中的具体情况,对整个系统的主要框架及其功能进行详细说明。

系统的功能实现通过模块来完成,功能模块的划分有两条准则:一是考虑模块内容的属性,可按照内容展示、数据采集、数据处理等内容分类;二是考虑模块内容之间的逻辑关系,如因果关系的内容应尽量划分为不同的模块。模块的内容呈现是由若干页面(屏幕)来完成的,页面数的确定可以参考文字脚本中与该模块相对应的卡片数,并确定各页之间的关系。

界面设计一般包括屏幕版面设计、显示方式设计、颜色搭配设计、文字形象设计和修饰美化设计等。不同的多媒体系统,展示的内容特色各异,使用对象也有所不同,因此界面设计应在满足布局合理、整洁美观、生动形象、操作方便的基本要求下进行，能够体现系统独有的特色和艺术美感。

页面之间关系通过媒体的链接来实现。在制作脚本过程中，可以从"进入方式"和"键出方式"两方面来描述页面之间的跳转联系。

(2) 制作脚本卡片的设计。

多媒体软件的展示是将一页一页的内容呈现给用户并进行交互。每一页的设计与制作方式应该有相应的说明，这需要设计制作脚本卡片，制作脚本卡片可以用来描述每一页的内容和要求，作为软件制作的直接依据。

在卡片部分描述信息的内容、类型、来源及处理要求；详细地说明各种信息显示的逻辑关系，即先显示什么内容，后显示什么内容；后来的内容显示时，先前的内容是否保留；操作信息的作用等。

设计时要考虑用户的知识结构和用户获取知识的习惯，方便用户。层次结构不宜设计得过于复杂，使浏览者通过简单的操作就可看到真正要看的内容。不要强迫用户查看不需要的内容，不要强迫用户做不需要做的操作。

7.2.3 媒体元素的设计原则

从策划和制作管理角度看，对将要集成到多媒体应用软件中的图形、声音、视频和文本的选择，对应用开发的成功极为重要。

1. 图形图像

通常人们从图片获取和掌握的信息，要比从其他信息形式获得的信息多得多。要集成到多媒体应用软件中的图形包括：背景、照片、三维图片、图表、流程图、组织图表、绘画、剪贴画、按钮等。

(1) 背景是多媒体应用软件中最重要的成分。背景决定了应用软件的基调和主题，有时背景还会决定开发的复杂性。

背景的设计和选择应考虑以下因素。

① 应用软件的主题。

② 播放应用软件时所用的投影仪或显示器的显示能力。

③ 用于销售的存储媒体的存储能力。

④ 放在背景上的文本的数量。

⑤ 背景可以是纯色、渐变色到复杂的图形，如照片、地图和企业标志等。

背景反映应用软件的设计目的或主题。例如，商业演示中的背景应该反映产品或企业形象；历史教学应用软件的背景应该反映相应的历史阶段。

(2) 照片的使用使人身临其境。使用照片最好给每一幅照片起一个合适的名字，起到画龙点睛的作用。

照片可以作背景，但不要使屏幕变得凌乱。可以对照片进行模糊、水印、浮雕处理，或改变其透明度，然后再将其他多媒体构造块放在背景照片上。

(3) 三维图形，如三维标题、标志、漫游路径和建筑透视图，可以加强应用软件的真实性和深度。这些图形成分的丰富程度和复杂性非常吸引人。三维图形的使用要恰当,不是越多越好,不恰当的图形虽然可以吸引人们的注意力,但可能会喧宾夺主或显得杂乱。

(4) 图表在与商业或训练有关的应用软件中,是表示事实和数字的良好途径。可用电子表格、统计程序或集成的应用软件来绘制图表。图表适合表现产量对比、发展趋势、地区对比、百分比等类型的内容。用图表表示数据或数字信息时,要选择正确的图表类型,如饼图、线图或柱状图。

当将图表集成到屏幕上时,图表背景必须与屏幕背景相匹配。

(5) 流程图以图形方式表示设计达到某目的或结果的顺序或逻辑过程。当制定流程图时,应考虑将多媒体技术的交互能力集成到演示中,给用户参与控制的机会。

设计流程图时,应尽量简单。不要在一屏中包括所有信息,如果流程图内容很多,过程很复杂,应将该流程划分为多屏。

(6) 组织图表是团体、学校、企业或政府实体的组织结构的图形表示。它描述构成该组织的单位、单位负责人以及各部门间的管理关系。

(7) 线段艺术。在表示方位或路线时,常用地图或路线图表示,加强方位感。使用时,要标注的地点或路线要突出。

(8) 剪贴画在幻灯片和网页设计中被大量使用。使用剪贴画使画面形象、生动、活泼、幽默,一目了然。

(9) 按钮或导航工具由图形或文本组成。通常,按钮带有一个脚本(专用语言)。脚本是用创作程序的编程语言编写的计算机命令或代码行。当按钮被选取或按下时,这些脚本或命令确定将会发生什么操作,实现程序的跳转或控制。

按钮的设计要简单明了,不宜太复杂,其上的图形或文字要能确切地表示其功能。

(10) 文本是使用最广泛的多媒体构造元素。使用多少文本与程序的目的密切相关。用于配音的文本可以详细,而用于屏幕显示的文本要简明扼要。

文本的显示要清晰。将文本放在背景之上时,必须考虑字体颜色、字体大小和与背景的对比度。要考虑用户的观看环境,要让用户在实际环境中看得清楚、看得明白。如果字符在背景上不清楚,则应将文本放在一个有背景色的实心或半透明的文本框中。文字还可以添加动画效果。

2. 视频与动画

视频与动画是多媒体应用软件极有魅力的篇章,它们的应用要考虑软件的目的、信号质量、时间长度、窗口大小和位置、播放条件、投影条件。

应尽量选用质量好的视频源。如果通过网络或有限容量的存储介质发布,应对视频进行压缩,播放时可以使用较小的窗口,这样看起感觉质量较好。

视频和动画的设计要用脚本来描述。

例 7-1 某实验室介绍视频片段的脚本。

解:由于首先写出了介绍的文字内容,所以,以解说词为线索编写脚本,见表 7-1。

表 7-1 某实验室介绍视频片段的脚本

解说词	场景
课程的硬件条件十分优越：	实验室全景，摇镜头
拥有 700 多套计算机、服务器供学生实验使用，	不同角度实验室全景或中景、学生上机实验近景、各服务器近景，静止镜头切换
2003 年投资 60 万元建设了一个专门的网络硬件实验室，	硬件实验室标牌推镜头，实验室全景
可以进行交换和路由技术、	交换机、路由器特写
防火墙、	学生上机实验近景
无线局域网	无线设备
等一系列高级网络硬件实验。	学生实验拉近镜头

3. 声音

声音的运用可以大大增强现场效果和感染力。可应用的声音包括：特殊音响效果、解说词、从模拟或数字信号源获得的音频片段、背景或环境声音等。设计声音应考虑表现目的、节奏、音量、过渡等。

7.2.4 屏幕界面设计原则

设计界面首先应当合理地规划现有的屏幕区域，以使不同的区域完成不相同的功能。通过颜色、文字、图片的巧妙安排，获得友好的用户界面。界面整体设计应遵循以下几个基本原则。

(1) 用户原则。人机界面设计首先要确立用户类型。划分类型可以从不同的角度，视实际情况而定。可以考虑用户的知识层次、年龄层次、职位、行业、性别、地域、目的性等。确定类型后要针对其特点预测他们对不同界面的反应。这就要从多方面设计分析。

(2) 一致性。指多媒体软件的所有界面设计要给人前后一致的感觉。具体而言，对于具有相同功能的操作对象，在形象和格式上要一致，起控制作用的按钮和图标也应一致。否则会增加用户的思考时间。

(3) 简洁性。指在分析使用该软件的用户基础上，设计的界面复杂程度和清晰度应与用户的能力相适应，让用户把注意力放在软件所要表达的内容和功能上，而不是仅仅被吸引到界面上。

(4) 可理解性。指屏幕的设计应让人容易领会和理解，即用户应在界面中找到要做什么，何时做，怎样去做，通过图形、文字提示使用户通过尽可能简单的操作便可得到所需要的信息。

屏幕界面设计要力求做到美观、均衡、有创造性。要能快速地吸引用户的注意力并准确传递信息。

屏幕设计应画出草图，然后对其结构、内容、色调、按钮动作等属性进行详细描述。

例 7-2 为关于某大学介绍的多媒体软件设计一个主界面。

解：布局设计如图 7-3 所示，图 7-4 是一个效果实例。

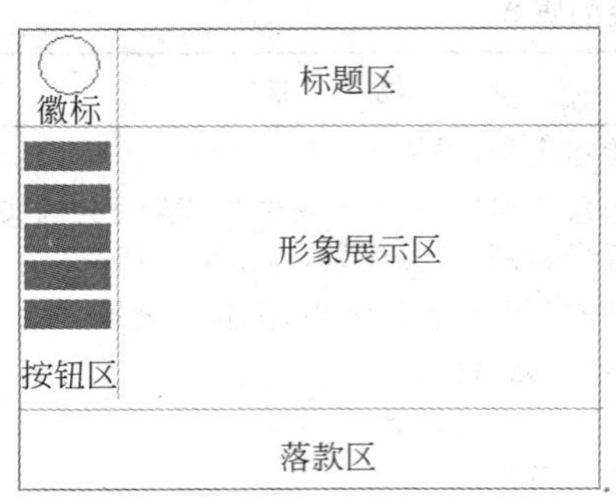

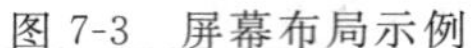
图 7-3　屏幕布局示例

图 7-4　布局效果实例

说明：

(1) 大学是一座神圣的知识殿堂，其介绍应比较正规，所以屏幕布局结构比较传统。

(2) 屏幕背景为淡灰色，亮色调。

(3) 徽标和标题区使用白灰相间的细线条做背景。

(4) 按钮用文字表示，至少有两种状态(按下和弹起)。

(5) 形象展示区用 Flash 表现，展示校园标志性建筑和校训。

7.3　多媒体程序设计

Visual Basic(VB)是在 BASIC 语言基础上发展而来的，是微软推出的基于 BASIC 语言的可视化软件开发工具。它提供丰富的用户控件，强大的多媒体、数据库、网络功能，既可用于开发个人或小组使用的小型软件，也可以开发多媒体软件、数据库应用程序、网络应用程序等大型软件。本节主要介绍在 VB 中应用多媒体信息的方法。

7.3.1　在 Windows 窗体上绘图

本节介绍基本的 Windows 图形系统，在 Windows 的.NET 基础上结合 Visual Basic 2005 讲述基本图形系统的使用。启动 Visual Basic，弹出“新建工程”对话框，选择“标准 EXE”工程类型，打开如图 7-5 所示的程序设计界面。

左面是 VB 的工具箱，其中的各种图标是开发程序时经常用到的标准控件；正中间是窗体编辑器，又称对象窗口，程序的大部分界面是在它上面设计的；右上方是工程资源管理器，对工程中的文件或对象进行整体性的管理；右中部的是属性窗口，列出程序中所涉及的各种窗体和控件的属性；右下方是窗体布局区，能够调节程序运行时窗体在屏幕中的位置。

在 VB 中建立应用程序的一般步骤如下。

(1) 建立用户界面的对象。一般是在窗体编辑器中布局各种控件。

(2) 对象属性的设置。对象属性是对象特征的象征，如位置、大小、颜色等。

(3) 对象事件过程及编程。该步确定用户在对象上做何操作时，系统做何处理。用户的操作是事件，所做处理是事件过程。事件过程代码的编写是在代码窗口中进行的。单击工程“资源管理器”的“查看代码”按钮打开代码窗口(也叫代码编辑器)。

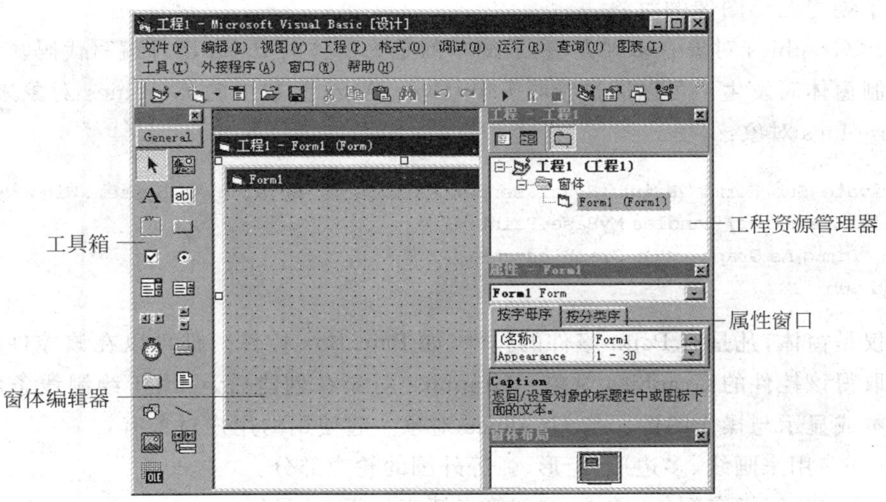

图 7-5 VB界面

(4) 运行和调试程序。

(5) 保存程序。

(6) 编译成可执行文件。编译的作用是将程序代码翻译成计算机能执行的语言,这样程序就可以脱离 VB 环境运行了。执行"文件"|"生成工程 *. exe"命令。

在 Visual Basic 中,控件放置在窗体对象中,而窗体又放置在屏幕对象中,这些能够放置其他对象的对象称为容器,如窗体、屏幕都是容器。

每个容器都有一个坐标系统,以便为对象的定位提供参考。容器坐标系统的默认设置是容器的左上角为坐标原点,横向向右为 X 轴方向,纵向向下为 Y 轴方向。窗体的原点在紧靠菜单和工具栏(如果有的话)的下方。默认的长度单位为像素(Pixel)。

可以使用 Point 结构来描述 X 和 Y 坐标的有序对,它定义了二维平面上的一个点,成员 X 代表 X 坐标,成员 Y 代表 Y 坐标。例如:

```
Dim pt1 As Point=new Point(30,30)
Dim pt2 As Point=new Point(110,110)
```

Visual Basic 的图形系统图形设备接口(Graphics Device Interface,GDI+)是应用程序编程接口,可以理解为用来与特定设备进行交互的一些类。GDI+可以创建图形、绘制文本以及将图形图像作为对象操作。GDI+目前是在 Windows 窗体应用程序中以编程方式呈现图形的唯一方法。

1. Graphics 对象

所有的 GDI+相关的类主要分布在 System. Drawing、System. Imaging 和 System. Drawing2D 命名空间中。GDI+中最主要的对象是 Graphics 对象,它封装了 GDI+图画板,是 GDI+绘图中最核心的类。总是需要先创建 Graphics 对象,然后才可以使用 GDI+绘制线条和形状、呈现文本或显示与操作图像。Graphics 对象表示 GDI+绘图表面是用于创建图形图像的对象。

创建 Graphics 对象有多种方法，最简单的是为窗体的 Paint 事件编写代码。Paint 事件在绘制窗体时发生。可以通过接收 PaintEventArgs 参数中的 Graphics 对象来获得自己的 Graphics 对象：

```
Private Sub Form1_Paint (ByVal sender As Object, ByVal e As System.Windows.Forms.
PaintEventArgs) Handles MyBase.Paint
    Dim g As Graphics=e.Graphics
End Sub
```

不仅是窗体，凡是有 Paint 事件的控件（如 PaintBox 控件），都可以在该控件的 Paint 事件中取得该控件的 Graphics 对象。Graphics 对象在创建后，可用于绘制线条和形状、呈现文本或显示与操作图像。与 Graphics 对象一起使用的用户对象有：

Pen——用来画线、多边形、矩形、弧等外围的轮廓部分。

Brush——用指定颜色、样式、纹理等来填充封闭的图形。

Font——用来描述字体的样式。

Color——用来描述颜色，在 GDI＋中，颜色可以是透明或半透明的。

2. 设置绘图属性

在窗体上绘图时，需要设置对象的绘图属性以确定所绘制图形的特征，例如所画线的颜色、宽度、图形的填充样式以及文字的字体等。

使用 Pen 对象来设定画线的宽度和样式，例如：

```
Dim redPen As Pen=New pen(Color.Red)
Dim bluePen As Pen=New pen(Color.Blue, 5)
```

第一行代码使用红色创建了一个新的画笔对象，而第二行代码则在创建了一个蓝色画笔的同时指定了画笔的宽度是 5 个像素。.NET 框架的 Color 结构用于表示不同的颜色，可以通过 Color 结构访问若干系统定义的颜色。例如：

```
Dim myFavorColor as Color
myFavorColor=Color.Red
myFavorColor=Color.Aquamarine
myFavorColor=Color.LightGoldenrodYellow
```

封闭图形都包括轮廓线和内部区域。Pen 对象定义轮廓线的属性，而内部区域的属性就由 Brush 对象来定义。GDI＋提供了几个笔刷类来填充内部区域，包括 SolidBrush 类、TextureBrush 类和 RectangleGradientBrush 类等。这些类都派生自 Brush 类。

单色刷对应着 SolidBrush 类，用一种颜色填充图形。SolidBrush 类只有一个属性，即 Color 属性。下面的代码声明了一个红色的 SolidBrush 对象：

```
Dim redBrush As SolidBrush=New SolidBrush(Color.Red)
```

也可以使用一个图片来填充图形，需要用一个 Bitmap 对象作为构造函数的参数。

```
Dim bitBrush As TextureBrush=New TextureBrush(New Bitmap("e:\MyPhoto.jpg"))
```

其中，MyPhoto.jpg 是存放在 e 盘的一个标准的 jpg 文件。

3. 设置文字属性

用 Graphics 类的 DrawString 方法可以在图形中引入文字，Font 类定义了文字的特定的格式，如字体、大小、样式属性等。

Font 类的构造函数需要 3 个参数，即字体名、字体的大小和字体样式（FontStyle）。例如：

```
Font fontMyWord=new Font("Times New Roman", 26, FontStyle.Italic)
```

这条语句声明了一个字体对象："Times New Roman"、大小为 26pt(Point，磅)、字体样式为斜体。

4. 绘图

设置好了绘图属性之后，就可以调用 Graphics 中的方法来绘制各种图形了。

可以使用 DrawLine 方法画直线，格式如下：

```
DrawLine(pen,x1,y1,x2,y2)
```

其中 pen 是定义好的画笔。x1、y1 代表直线起始点的 x 坐标和 y 坐标，x2、y2 代表直线结尾点的 x 坐标和 y 坐标。或者使用格式：

```
DrawLine(pen,pt1,pt2)
```

pt1、pt2 是 Point 结构类型，分别代表起点和终点的坐标。

用 DrawRectangle 方法绘制矩形：

```
DrawRectangle(pen,x,y,width,height)
```

其中 x,y 代表矩形的左上角的 x、y 坐标值，width 和 height 分别代表这个矩形的宽度和高度。

使用 DrawEllipse 函数画椭圆：

```
DrawEllipse(pen,x,y,width,height)
```

其中 x,y 代表椭圆外接矩形的左上角的 x、y 坐标值，width 和 height 分别代表这个外接矩形的宽度和高度。同样类似的还有填充矩形方法 FillRectangle 和填充椭圆方法 FillEllipse。DrawString 方法用于输出一个字符串：

```
DrawString(String,Font,Brush,x,y)
```

其中的 5 个参数分别是要输出的字符串、字体、颜色刷、字符串的起始位置坐标。

例 7-3 绘图的演示。

解：创建一个新的工程命名为 Ex0701。打开代码窗口，添加 Form 的 Paint 事件处理程序，然后添加代码。

程序代码：

```
Private Sub Form1_Paint(ByVal sender As Object, ByVal e As System.Windows.Forms.
PaintEventArgs) Handles Me.Paint
    Dim g As Graphics=e.Graphics

    Dim redPen As Pen=New Pen(Color.Red)
    Dim bluePen As Pen=New Pen(Color.Blue, 5)

    Dim greenBrush As SolidBrush=New SolidBrush(Color.DarkGreen)
    Dim bitBrush As TextureBrush=New_TextureBrush(New Bitmap ( "MyPhoto.jpg"))

    Dim myFavorFont As Font=New Font("幼圆", 26, FontStyle.Italic)

    Dim p1 As Point=New Point(12, 12)
    Dim p2 As Point=New Point(200, 100)

    '画直线
    g.DrawLine(redPen, 55, 55, 224, 99)
    g.DrawLine(bluePen, p1, p2)

    '画矩形和椭圆
    g.DrawRectangle(bluePen, 55, 100, 100, 100)
    g.DrawEllipse(redPen, 0, 0, 300, 200)
    g.DrawEllipse(bluePen, 300, 0, 400, 300)

    '画填充的矩形和椭圆
    g.FillEllipse(greenBrush, 155, 200, 100, 100)
    g.FillEllipse(bitBrush, 300, 0, 400, 300)

    g.DrawEllipse(bluePen, 300, 0, 400, 300)

    '输出文字
    g.DrawString("欢迎来到西安交通大学!", myFavorFont, greenBrush, 0, 400)
End Sub
```

程序运行结果如图 7-6 所示。

7.3.2 声音和视频

声音和视频程序的编写有多种接口方式。

1. MCI 简介

Windows 媒体控制接口(MCI)在控制音频、视频等设备方面，提供了与设备无关的 API 接口。用户的应用程序可以使用 MCI 控制标准的多媒体设备。不同的 MCI 设备其驱动控制方式不同，一些 MCI 设备驱动程序(影碟机和影片播放服务的驱动程序)可直接控制目标设备；一些 MCI 设备驱动程序(像 MIDI 函数和波形函数服务的驱动程序)可使

图 7-6 画图程序的输出示例

用 MMSYSTEM 函数间接控制目标设备；还有一些 MCI 设备驱动程序，像 MCI 影片演播器这样的设备驱动程序，则提供了与其他 Windows DLL 的高层接口。Windows 应用程序通过设备的类型来区分设备，如果要通过 MCI 去控制设备，必须将相应的 MCI 驱动程序和设备的驱动程序、DLL（如果需要）装入。

程序可以通过对 MCI API 的调用来控制媒体设备。Windows 采用两种 MCI 接口与 MCI 设备通信：一是使用命令消息接口函数，直接控制 MCI 设备；二是使用命令字符串接口函数，基于文本接口或命令脚本来控制 MCI 设备。不同之处在于它们的基本命令结构及其将消息发送到设备的原理不同。命令消息接口使用消息控制 MCI 设备。标志的位向量以及数据结构的指针是带着消息发送的，这些标志和信息数据结构允许应用程序把信息发送到设备，并接收返回的数据。MCI 把设备消息和信息直接发送到设备。命令字符串接口使用文本命令控制 MCI 设备。文本串中包含执行一个命令所需的所有信息。除此之外，还可以利用 Windows 提供的额外的“高级”方式进行多媒体编程。

2. Windows Media Player SDK

Microsoft Windows Media Player 为数字音频和视频提供了出色的播放效果，使用 Windows Media Player 软件开发工具包（SDK），可以扩展独立播放器的功能，并将播放功能嵌入到自己的应用程序中。Windows Media 播放器可以嵌入 Web 应用程序或基于 Microsoft Windows 的应用程序中。Windows Media Player 具有模块化体系结构，可以只使用所需的部分，尤其是用户界面与音频和视频内容的播放功能相互独立。可以使用其播放功能，并可决定在应用程序中是使用播放器的现有用户界面，还是创建自己的用户界面。

Windows Media Player 提供了外观功能，可以使用该功能创建个性化的 Player 外观，也可以基于 Player 创建截然不同的功能。还可以创建插件来扩展 Player 的主要功能，方法是向用户界面添加新的交互式控件，在 Player 呈现音频或视频数据前对其进行修改，然后在 Windows Media 文件中呈现非标准数据流。

Windows Media Player 包括用于播放视频和音频的 Microsoft ActiveX 控件。该控件可在任何运行 Windows Media Player 的计算机上获得。Windows Media Player 是一种独立的技术，此外，它还包括一个 ActiveX 控件形式的组件对象模型(COM)服务器(Player 与 ActiveX 控件之间的关系相当于 Microsoft Internet Explorer 与其所提供的 WebBrowser ActiveX 控件之间的关系)。

有两种方法可用于创建使用 Windows Media Player ActiveX 控件的应用程序。可以在 Web 应用程序中使用该控件，也可以在基于 Windows 的应用程序中使用它。

要在 Web 应用程序中使用 Windows Media Player，应在页面的超文本标记语言(HTML)中包含一个 OBJECT 元素。并在 OBJECT 元素中包含嵌套的 PARAM 元素，以指定 Windows Media Player ActiveX 控件是否可见、包含哪些操作按钮以及该控件的其他属性。通过包含多个 OBJECT 元素，可在一个 Web 页面中包含多个控件。要完全控制嵌入的 Player，可以在页面的 HTML 中编写脚本代码。

要在基于 Windows 的应用程序中使用 Windows Media Player，可以包含一个对服务于该控件的动态链接库(DLL)的引用。例如，在 Microsoft Visual Basic 中，使用 Components(组件)对话框设置一个对"Windows Media Player"(这是 Wmp. dll 文件中库的助记名称)的引用。如何设置控件属性取决于所用的编程环境，例如，在 Visual Basic 中，使用自定义 Properties(属性)对话框在设计时设置属性，也可以通过编写代码设置或读取属性以及在运行时调用方法。最终用户可在任何安装了 Windows Media Player 的基于 Windows 的计算机上运行该应用程序。他们可以通过已经熟悉(或由新创建)的用户界面收听音频或观看视频。

编程的详细帮助，可以通过 SDK 的帮助文档(SDK 及其帮助文档均可以在 Microsoft 的网站上下载)得到，在此就不多介绍了。

3. DirectX

微软的 DirectX 软件开发工具包(SDK)提供了一套的应用程序编程接口(API)，这个编程接口提供给开发高质量、实时的应用程序所需要的各种资源。DirectX 技术的出现将极大的有助于发展下一代多媒体应用程序和计算机游戏。DirectX 主要为软件开发者提供硬件无关性以及为硬件开发提供策略。

DirectX 最主要的目的之一是促进在 Windows 操作系统上的游戏和多媒体应用程序的发展。在 DirectX 出现以前，主要的开发平台是 MS-DOS，开发者们为了使他们的程序能够适应各种各样的硬件设备而绞尽脑汁。自从有了 DirectX，开发者们便可以获益于 Windows 平台的设备无关性，而又不失去直接访问硬件的特性。DirectX 主要的目的就是提供像 MS-DOS 一样简捷的访问硬件的能力，来实现并且提高基于 MS-DOS 平台应用软件的运行效果，并且为个人计算机硬件的革新扫除障碍。

另一方面，DirectX 是为了在当前或今后的计算机操作系统上提供给基于 Windows 平台的应用程序以高表现力、实时的访问硬件的能力。DirectX 在硬件设备和应用程序之间提供了一套完整一致的接口，以减小在安装和配置时的复杂程度，并且可以最大限度地利用硬件的优秀特性。通过使用 DirectX 所提供的接口，软件开发者可以尽情地利用硬件所可能带来的高性能，而不用烦恼于那些复杂而又多变的硬件执行细节。

DirectX 的另外一个重要的目的是给硬件厂商提供开发策略，他们可以从高性能程序的开发者和独立的硬件供应商(Independent Hardware Vendors，IHVs)那里得到反馈。所以，在 DirectX 程序员参考书中有时可能会提供那些还不存在的硬件加速设备的技术细节。在很多时候，软件可以模拟这些特性，在另外一些情况下，软件根据硬件的指标判断出其特性，并且可以忽略那些硬件并不支持的性能。

DirectX SDK 为基于 Windows 平台的应用程序提供了以下几个组件。

(1) DirectX Graphics。

新的 DirectX Graphics 集成原有的 DirectDraw 和 Direct3D。主要用于图像的处理。DirectX Graphics 组件已经进行了大幅度更新，现在更容易使用，并且支持最新的图形硬件。最引人注目的新特性是支持可编程着色器(着色器是用着色语言编写的一段代码，着色语言是专为在可编程顶点流水线或可编程像素流水线中使用而设计的)。DirectX Graphics 具有以下特点。

① DirectDraw 和 Direct3D 完整集成。

② 可编程顶点处理语言。

③ 可编程像素处理语言。

④ 多重采样渲染支持。

⑤ 点对象。

⑥ 三维立体纹理。

⑦ 更高阶的图元支持。

⑧ 针对各种 D3D 的三维内容创建工具支持。

⑨ 带索引的顶点混色。

⑩ 扩展的 Direct3DX 工具库。

图 7-7 显示了 DirectX Graphics 的体系结构。

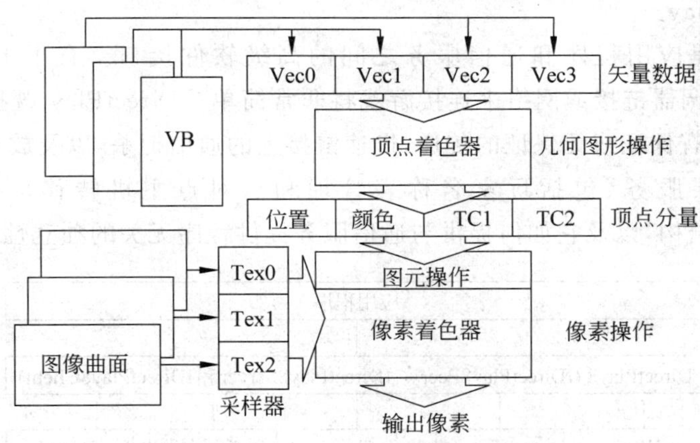

图 7-7　Graphics 体系结构

(2) DirectX Audio。

DirectX Audio 集成了原有的 DirectMusic 和 DirectSound，提供音频的处理能力。

WAV 文件或其他资源现在可以由 DirectMusic 加载器加载，通过 DirectMusic 演奏器进行播放，并用 MIDI 音响进行同步。DirectX Audio 的部分特性如下。

① wav 文件和基于消息的声音集成在一个播放机制中。

② 音频通道模型灵活、强大，其中包括对段落状态进行个别控制。

③ DLS2 合成，包括特殊效果。

④ 音频脚本编写。

⑤ 容器对象，用于在单个文件中保存 DirectMusic Producer 工程的所有组件。

⑥ 对演奏、段落和声道的强大控制。

DirectX Audio 的体系结构如图 7-8 所示。

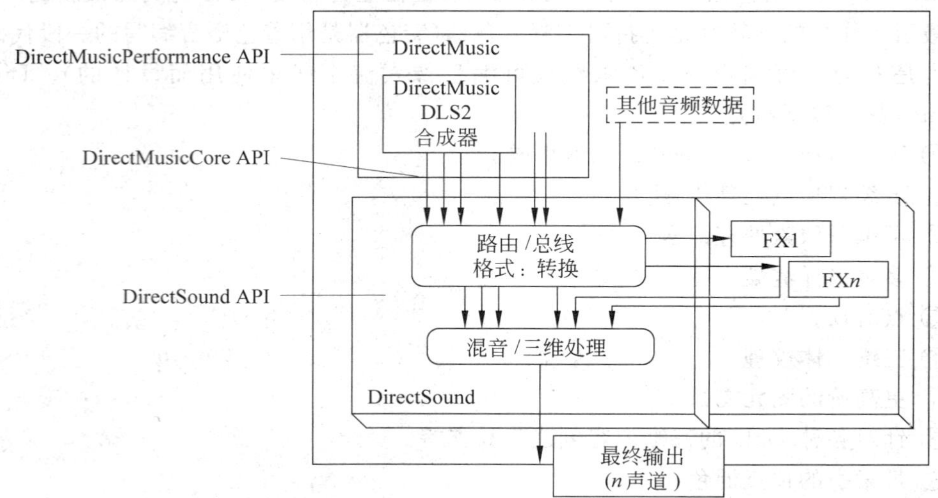

图 7-8　DirectX Audio 结构体系

(3) DirectPlay。

DirectPlay 是应用程序和通信服务之间的高级软件接口。有了 DirectPlay，通过 Internet、调制解调器链接或网络来连接游戏将非常简单。DirectPlay 既提供了高级的传输层服务（例如，有保证或无保证的传递，慢速链接上的通信扼杀，以及放弃连接检测等），也提供了会话层服务（包括玩家名称表管理和点对点主机转移）。图 7-9 显示了 DirectPlay 体系结构，以及它如何提供与通信服务提供程序无关的独立性。

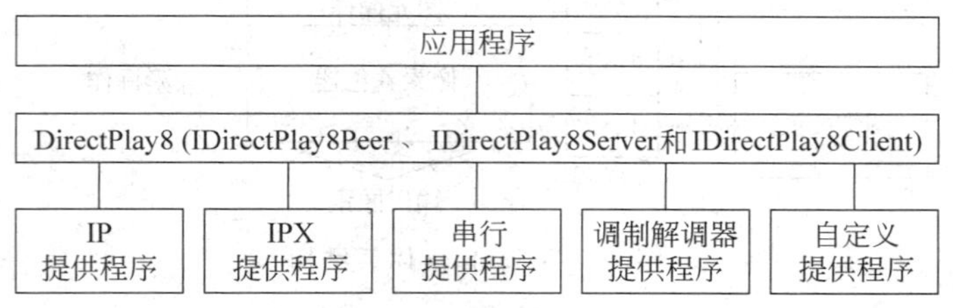

图 7-9　DirectPlay 体系结构

(4) DirectX DirectInput。

DirectInput 为游戏杆、头盔、多键鼠标以及力回馈设备等各种输入设备提供了最先进的接口。通过直接与设备驱动程序配合，DirectInput 绕过了 Windows 消息系统，提供了最佳性能。

(5) DirectX DirectShow。

DirectShow 提供图形的过滤和对视频的支持，也提供了视频编辑支持和 DVD 支持以及 MPEG-2 传输和程序流支持。其中的过滤图形管理器支持动态图形生成和实时来源合成。使用动态图形生成，可以在图形运行过程中对过滤图形进行修改。

DirectShow 中过滤器使 DirectShow 应用程序可以读取或写入 Microsoft Windows Media 格式的文件。ASF Reader 过滤器用于读取和分析 Windows Media 格式的文件；ASF File Writer 过滤器用于写入 Windows Media 格式的文件，并能够执行必要的复合和压缩操作。

4. 编程实例

下面用一个实例讲述如何将 Windows Media Player 嵌入到自己的程序中，并使之播放文件。使用的语言是 Visual Basic .NET，开发换环境为 Windows XP SP1，Visual Studio .NET 2003。要求计算机上安装有 Windows Media Player 9 Series。通过在程序左侧的树状控件中选择目录，在左侧下方的列表框中选择文件，在右侧的 Media Player 控件立即自动播放选择的媒体。媒体类型可以是图片、音频和视频。编制好的程序运行界面如图 7-10 所示。

图 7-10 程序的运行情况

编程步骤如下。

(1) 新建工程。

运行 Visual Studio .NET，选择“文件”|“新建”|“项目”，在“新建项目”对话框中选择 Visual Basic 程序。为项目取名为 MyPlayer 后单击“确定”按钮。

（2）添加控件。

① 向窗体中添加一个 Panel 控件，在属性窗口将其 Dock 属性设置为“Left”，随后再放置一个 Splitter 控件到窗体上。

② 右击工具箱，在弹出的菜单中选择“添加”|“移除项”菜单命令。在弹出的对话框中选择“COM 组件”选项卡，浏览到“Windows Media Player”，并选中它，如图 7-11 所示。单击“确定”按钮后 Media Player 的图标将会出现在工具箱中。拖动 Media Player 的图标放置到程序窗体的右侧（Splitter 控件的右侧），Name 属性设置为“axWMP”，Dock 属性设置为“Fill”。

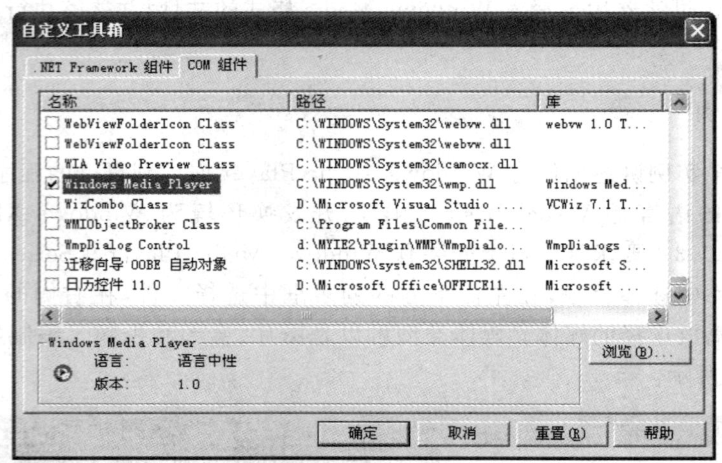

图 7-11 在工具箱中引入 Media Player 控件

③ 在工具箱中选择 TreeView 控件将它放置到 Panel 控件上，设置 Dock 属性为“Top”，Name 属性为“TreeView”。

④ 在工具箱中选择 Splitter 控件放置到 Panel 控件上，设置 Dock 属性为“Top”。

⑤ 在工具箱中选择 ListBox 控件放置到 Panel 控件的下部，设置 Name 属性为“ListBoxView”，Dock 属性为“Fill”。

（3）添加代码。

① 在设计窗体上右击选择“显示代码”命令，转到代码页。

② 加入 Form 的 Load 事件处理函数；加入 TreeView 的 After Expand 和 After Select 事件处理函数；加入 ListBoxView 控件的 Click 事件处理函数。程序代码参见程序清单。

（4）编译运行程序。

程序代码清单如下。

在程序窗口的顶部，输入：

```
Imports System.IO
```

各事件处理函数代码如下。

```
Dim listFile() As FileInfo

Private Sub Form1_Load(ByVal sender As Object, ByVal e As System.EventArgs) Handles
MyBase.Load
'装入页面时得到计算机驱动器列表

    Dim LogicDrivers() As String
    LogicDrivers= Directory.GetLogicalDrives()

    Dim Root(LogicDrivers.Length) As TreeNode
    Dim i As Integer= 0
    For i= 0 To LogicDrivers.Length - 1
        Dim driversNode As New TreeNode(LogicDrivers(i))
        TreeView.Nodes.Add(driversNode)
        If LogicDrivers(i) <> "A:\" And LogicDrivers(i) <> "B:\" Then
            GetSubNode(driversNode, True)
        End If
    Next
End Sub

Private Sub GetSubNode(ByVal PathName As TreeNode, ByVal isEnd As Boolean)
    '得到树状目录的字节点
    If Not isEnd Then
        Exit Sub
    End If

    Dim curNode As New TreeNode
    Dim subDir() As DirectoryInfo
    Dim curDir As New DirectoryInfo(PathName.FullPath)

    Try
        subDir= curDir.GetDirectories()
        Dim d As DirectoryInfo
        For Each d In subDir
            curNode= New TreeNode(d.Name)
            PathName.Nodes.Add(curNode)
            GetSubNode(curNode, False)
        Next
    Catch ex As Exception

    End Try
End Sub

Private Sub TreeView_AfterExpand(ByVal sender As Object, ByVal e As System.Windows.
Forms.TreeViewEventArgs) Handles TreeView.AfterExpand
'用户单击节点后展开节点
    Try
```

```
            Dim tn As TreeNode
            For Each tn In e.Node.Nodes
                If Not tn.IsExpanded Then
                    GetSubNode(tn, True)
                End If
            Next
        Catch ex As Exception

        End Try
    End Sub

    Private Sub TreeView_AfterSelect(ByVal sender As Object, ByVal e As System.Windows.
    Forms.TreeViewEventArgs) Handles TreeView.AfterSelect
    '选择某个目录后,将文件加入列表框
        ListBoxView.Items.Clear()
        Dim selDir As New DirectoryInfo(e.Node.FullPath)
        'Dim listDir() As DirectoryInfo

        Try
            listFile=selDir.GetFiles()
            'listDir=selDir.GetDirectories()

            'Dim d As DirectoryInfo
            'For Each d In listDir
            'ListBoxView.Items.Add(d.Name)
            'Next

            Dim f As FileInfo
            For Each f In listFile
                ListBoxView.Items.Add(f.Name)
            Next
        Catch ex As Exception
        End Try
    End Sub

    Private Sub ListBoxView_Click(ByVal sender As Object, ByVal e As System.EventArgs)
    Handles ListBoxView.Click
        Dim index As Integer
        index=ListBoxView.SelectedIndex
    '播放选择的媒体
            AxWMP.URL=listFile(index).FullName
        End Sub
    End Class
```

程序简要说明：程序只是将选中的文件名交给 Media Player 播放，也只使用 Media Player 控件的播放模型。播放模型(Play Model)中其他常用的属性和方法见表 7-2 和表 7-3。

此外，在媒体对象(Media Object)里面提供有关获取媒体信息的属性和方法，如媒体持续时间、媒体画面大小等。而在控制对象中，提供快进、快退、暂停等方法。在此就不一一介绍了，详细情况可参阅 Media Player SDK 的文档。

表 7-2　Windows Media Player 控件常用属性

属　　性	描　　述
cdromCollection	获得 CdromCollection 对象
closedCaption	获得 ClosedCaption 对象
currentMedia	指定或获得当前播放媒体的对象
currentPlaylist	指定或获得当前播放列表
dvd	获得 DVD 对象
enableContextMenu	是否允许播放器的上下文菜单(在播放器上单击鼠标右键时的菜单)
enabled	播放器控件允许或禁止
fullScreen	播放时使用全屏模式
playState	返回播放器的操作状态
status	返回播放器目前的状态
stretchToFit	播放视频时，是否使视频大小适应窗口
URL	要播放媒体的地址
versionInfo	播放器版本信息

表 7-3　Windows Media Player 控件常用方法

方　　法	描　　述
close	关闭播放器
launchURL	发送 URL 到用户默认的浏览器
newMedia	创建一个新的媒体对象
newPlaylist	创建一个新的播放列表对象
openPlayer	用给定的地址打开一个新的媒体播放器

7.4　Authorware 使用基础

Authorware 是原 Macromedia 公司于 1991 年推出的多媒体制作工具，目前的版本是 Authorware 7。Authorware 是一种基于流程图的交互式可视化多媒体开发工具，是一个优秀的多媒体编程工具，用于多媒体教学和商业领域。Authorware 直接采用面向对象的流程线设计，通过流程线的箭头指向就能了解程序的具体流向，用户不需具备高级语言的编程经验，就可迅速掌握，并创作出高水平的多媒体作品。组成多媒体应用程序的基本单元是图标，图标内容直接面向最终用户。每个图标代表一个基本演示内容，如文本、动画、图片、声音、视频等。Authorware 应用程序由图形化的流程线和图标组成，用户可以像搭积木一样在设计窗口中组建流程线，制作多媒体应用程序，只需将图标用鼠标拖放到流程线上按一定的顺序组合图标。在主流程线上还可以进行分支，形成支流线，程序流向均由箭头指明，程序结构、流向一目了然。Authorware 预留有按钮、热区、热键等 10 种交互作用响应方式，实现应用系统与用户的交互。Authorware 程序调试完毕后，可将程序打包成脱离 Authorware 运行的可执行文件。

7.4.1 Authorware 的窗体结构

启动 Authorware,界面如图 7-12 所示。Authorware 工作窗口由标题栏、菜单栏、工具栏、设计图标栏、设计窗口栏、图标调色板和演示窗口组成。

图 7-12 Authorware 的工作窗口

1. 菜单栏

Authorware 的菜单:"查看"菜单用于控制某些窗口、工具栏或网格的打开和关闭;"插入"菜单可以向设计窗口中插入各种图标、控件、动画及视频等元件;"修改"菜单用于修改文件、图标的属性以及图形元素的排列方式和群组等操作;"文本"菜单用于控制文本的各种属性,如字体、大小、风格、对齐等;"调试"菜单用于控制播放、调试程序的运行;"窗口"菜单用于控制工作界面中的窗口、面板是否显示。

2. 工具栏

工具栏是文件操作、文字格式和播放控制等方面的常用工具按钮。将光标指向一个按钮并在其上面稍停一段时间,屏幕会显示该按钮的名称,其中主要按钮功能如下(与其他软件相似的按钮不再列出)。

导入按钮 :用于导入外部媒体文件,如图像等。

查找按钮 :用于查找指定的对象,还可以将查找到的对象用指定的内容替换。

文本风格下拉列表框 (默认风格) :用于选择文本样式,以应用到当前选中的文本中。

运行按钮 :用于运行当前打开的程序。如果流程线上使用了开始标志,则从开始标志位置处开始运行程序。

控制面板按钮：用于打开控制面板，该面板用于控制程序的运行。

函数按钮：用于打开"函数"面板。

变量按钮：用于打开"变量"面板。

帮助按钮：用于打开"知识对象"面板。

3. 设计图标栏

工作界面的左侧是图标工具栏，上方包含了14个图标，下方为开始标志和停止标志以及图标调色板，如图7-13所示。

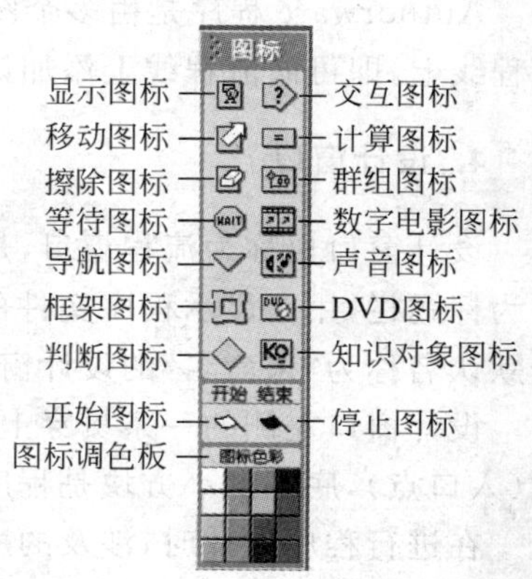

图 7-13　图标工具栏

显示图标：用于显示文本、图形、静态图像等。这些文本和图像可以从外部引入，也可以直接由Authorware提供的工具创建。另外，还可以在其中放置函数、变量进行动态地运算执行。

移动图标：使用该图标，可以使选定的对象(文本、图像、动画等)实现简单的路径动画，有多种运动方式。

擦除图标：用于擦除选定图标的文本、图像、声音、动画等。Authorware系统内部提供多种擦除过渡效果使程序变得更加眩目生动。

等待图标：可以使程序暂停，直到设定的响应条件满足为止。

导航图标：用于建立超级链接，控制程序在各个页面图标之间进行跳转。通常与框架图标结合使用。

框架图标：它包含一组默认的导航设计图标，框架图标右边可以下挂许多图标，包括显示图标、群组图标、移动图标等，每一个图标被称为框架的一页，可作为导航设计图标的目的地。而且它也能在自己的框架结构中包含交互图标、判断图标，甚至是其他的框架图标内容。

判断图标：用于设置逻辑判断结构，决定分支路径的执行次序和被执行的次数。

交互图标：提供用户响应，实现人机交互。

计算图标：是存放程序的地方。在该图标中可以为变量赋值、执行系统函数、编写程序等，灵活地运用程序可以实现复杂功能。计算图标并不是Authorware计算代码的唯一执行场所，其他的设计图标同样有附带的计算代码执行功能。

群组图标：群组是多个对象的集合，群组图标可以把流程线上的多个图标组合在一起，形成下一级流程线。群组图标解决了流程设计窗口的工作空间限制问题而提高了程序流程的可读性。

数字电影图标：主要用于存储各种动画、视频及位图序列文件。利用相关的系统函数变量可以控制视频动画的播放状态，实现例如回放、快进/慢进、播放/暂停等功能。

声音图标：存储和播放各种声音文件。利用相关的系统函数变量可以控制声音的播放状态。

DVD图标：允许使用者从DVD上播放一段DVD视频、静态图像或者声音。

知识对象图标：用来包含一个知识对象。知识对象是一组功能非常强的程序模块，它使没有开发经验的人员也能快速地完成一般任务，并且可以把程序界面设置得比较美观。知识对象可以提高创作效率。每一个知识对象有一个图标和一个向导。可以将一个知识对象合并到工程中。

设计图标的下方，分别是开始标志（开始图标）、停止标志及图标调色板。开始标志用于设置程序运行的起点；停止标志用于设置程序运行的终点；图标调色板用于为图标着色，以便让用户快速区分各类图标，它不影响程序的运行。

Authorware 程序是由多个图标组成的，将图标从图标工具栏中拖曳至设计窗口中的流程线上，即可向流程线上添加该图标。

4. 设计窗口

设计窗口也称为流程窗口，是进行多媒体程序设计的主要操作窗口。设计窗口的上方为标题栏，用于显示程序文件的名称和控制按钮。Authorware 启动后，将自动创建一个默认名称为"未命名"的设计窗口。当保存程序文件后，其名称就显示为指定的名称了。

设计窗口左侧的一条贯穿上下的直线叫"流程线"。流程线顶端的小方块是程序的起点（入口点），底端的小方块是程序的终点（出口点）。程序运行时从起点开始到终点结束。

在进行程序设计时，涉及的所有图标都要添加到流程线上。当用户向流程线上添加的图标超出了设计窗口的范围时，流程线将自动向下继续延伸。如果需要查看超出设计窗口范围的图标，可以改变窗口的大小，或在设计窗口的空白处单击鼠标右键，从弹出的快捷菜单中选择"滚动条"命令，拖曳设计窗口右边出现的滚动条。

流程线的定位指示器是一个手形状的标记，用于指示图标插入点的位置。设计窗口右上角的"层 1"表明了当前设计窗口的层级。默认情况下，启动程序后打开的设计窗口为"层 1"。如果在流程线上添加了群组图标，则表示在流程线上嵌套了子流程线。双击群组图标，可以打开一个新的设计窗口，该窗口的层级为"层 2"；如果再在该设计窗口中添加群组图标，则再打开的设计窗口的层级为"层 3"，以此类推，理论上可以一直派生下去。

5. 演示窗口

在设计多媒体程序时，用户看到的只是程序中包含的图标，如果要查看和编辑图标中的内容，就必须通过演示窗口完成。Authorware 中，演示窗口是多媒体程序运行的窗口，是进行程序界面设计的主要操作对象。在程序设计期间，双击显示图标或交互图标打开演示窗口。打开演示窗口的同时，会出现（绘图）工具箱。演示窗口的属性可通过窗口下方的属性面板设置。

执行"修改"|"文件"|"属性"菜单命令，打开"属性：文件"面板设置整个文件的属性如图 7-14 所示。

在"属性：文件"面板中，影响程序界面外观的参数都集中在"回放"选项卡中。

(1) 文件信息：显示文件的基本信息。

(2) 窗口标题文本框：设置程序打包后运行时，运行窗口的标题。默认情况下，窗口标题是不包括扩展名的程序文件名。

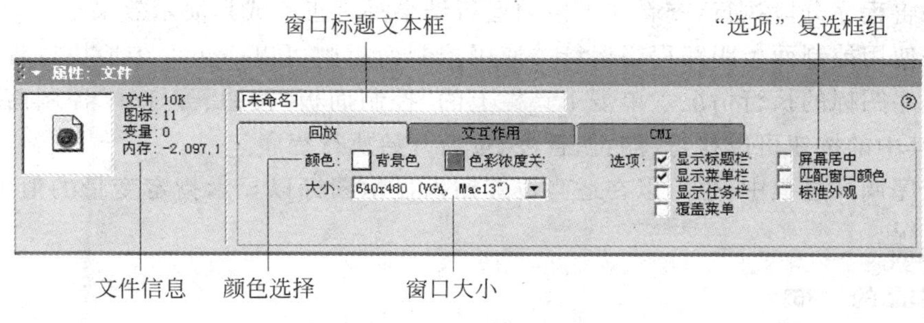

图 7-14 文件属性面板

(3) 颜色选择："背景色"设置演示窗口的背景颜色，"色彩浓度关键色"设置视频的关键色。

(4) 大小：用于设置演示窗口的大小。从打开的下拉菜单中可以选择所需的窗口尺寸：当需要满屏播放时，可以选择其中的"使用全屏"选项；如果想在程序运行时使用变量控制演示窗口的大小，则可以选择其中的"根据变量"选项。

(5) "选项"复选框组：共有 7 个选项，其中前 4 项使用比较频繁，其中 "屏幕居中"，可以在运行时使演示窗口位于屏幕的中间位置。

如果"属性：文件"面板中的参数不能满足程序设计的需求，还可以使用计算图标来完成。这种方法是通过使用变量和函数来控制演示窗口的大小和显示状态，如在流程线上添加一个计算图标，双击该图标，在打开的窗口中输入：

```
ResizeWindow(640,480)
ShowMenuBar(OFF)
```

程序运行时将演示窗口的大小设为 600×480 像素，同时取消菜单栏。

6. Authorware 多媒体作品制作的过程

(1) 创建新文件。启动 Authorware 时，系统会有一个文件模板选择的对话框，选择"不选"命令，创建一个空白文件。

(2) 设计程序的逻辑结构。要设计出具体的程序包括的几个模块，每个具体模块所要完成的功能，还应指明在每个模块中的具体内容包括哪些，但是它不涉及 Authorware 中具体的各种图标的设计。

(3) 编辑各图标。包括主程序窗口中流程线上所要设计的所有图标内容。在图标中所设计的内容就是最终用户使用过程中所看到的信息，因此要求设计者要将所有的内容、顺序表达清楚，还要通俗易懂，并且还要有良好的界面效果，使操作上方便、简捷，外观上又能让人耳目一新。

(4) 运行与调试程序。在 Authorware 中主要有两种方法对设计好的程序进行运行与调试：一是使用开始/结束标志。只要将开始标记和结束标志分别放在流程线上所要运行的程序段的起始和结束位置，就可以使程序在运行时只执行指定的部分程序。使用开始/结束标志可以大大地提高程序调试的效率，特别是在调试规模较大的程序时，可以利用它们将程序分段执行，查看在本段内运行结果是否正确或是演示效果是否合适。

二是使用控制面板跟踪程序运行。使用控制面板则可以一步一步地执行程序，查看每一个程序图标的执行情况。单击工具栏上的“控制面板”按钮打开“控制面板”对话框，单击其中的按钮可以执行、停止、暂停、重新开始执行程序。

在程序调试过程中，也可以在适当位置插入显示图标以显示指定变量的值来监控程序执行情况。

7. 作品的发布

一个完整的 Authorware 作品，不仅要包括 Authorware 应用程序文件，同时也要包括程序运行时所需要的支持文件，包括外部文件、Xtras 插件、外部函数、动态链接库 DLL、库文件等。这些文件在 Authorware 程序的打包过程中是不被打包的，但只有确保所有这些文件都存在，打包后的 Authorware 程序才能正确运行。

程序打包时，一般需要包括以下两部分。

(1) 所有链接的外部文件。以嵌入方式和链接方式使用的文件。

(2) 程序文件所使用的 Xtras 支持文件。在制作多媒体作品时，使用了各种格式的图像、声音、数字化电影等，它们都需要相应的 Xtras 支持文件，例如，BMP 文件需要 Bmpview. x32，GIF 文件需要 Gifimp. x32 和 MixView. x32，JPEG 文件需要 Jpegimp. x32 和 MixView. x32，MP3 文件需要 Awmp3. x32 和 Swadcmpr. x32，MPG 文件需要 A7mpeg32. xmo 及相关驱动程序等。

打包程序文件一般有两种方法：一种是单击菜单“文件”|“发布打包”命令，把程序文件打包成. EXE 文件，然后手工查找相应的支持文件，并复制到执行文件. EXE 所在的文件夹下；另一种方法是，单击菜单“文件”|“发布”|“一键发布”命令，可以把程序打包成执行文件. EXE 或以网络打包和网络发行方式生成 . AAM、. HTM 文件，此命令会将大部分支持文件自动复制到执行文件 . EXE 所在的文件夹下，当然还有一些相关支持文件需要手动去复制。

例 7-4 使用 Authorware 制作一个校园风景展示的系统。系统每隔 2 秒钟显示一张图片，图片间使用特效过渡。

解：(1) 新建空白文件。

(2) 使用“文件”|“导入和导出”|“导入媒体”命令或工具栏“导入”按钮，依次导入 3 张图片。

(3) 在流程线上，选择一个包含图片的显示图标，按 Ctrl+I 组合键打开属性面板，单击“特效”后面的省略号按钮，在打开的对话框中选择一种特效。

(4) 依此为其他图片设置过度特效。

(5) 在流程线上，每两个包含图片的显示图标之间添加一个等待图标，在属性面板中设置时限为 2 秒，其他的复选框全都不选。

(6) 在流程线开始处单击鼠标，将手形指针移到开始处，按 Ctrl+R 组合键或单击工具栏按钮测试影片。

(7) 保存文件，执行“文件”|“发布”|“一键发布”命令发布文件。在保存文件的文件

夹中，会有一个 Published Files 文件夹，其中的 local 目录中会有一个与保存的文件同名的可执行文件，双击该文件，运行制作的演示系统。该可执行文件可以单独复制。

7.4.2 显示图标

显示图标是 14 种设计图标中最基本的图标，它提供对文本、图形、图像、系统表达式等多种静态媒体信息的显示功能。添加显示图标的方法就是直接从图标工具栏上将图标拖动到设计的流程线上。在显示图标的演示窗口中可以绘制图形，书写文字，插入图像，使用变量。

1. 图形绘制

将显示图标拖动到流程线上，图标右侧显示“未命名”是显示图标的默认名称，单击图标名称，重新输入文字以修改图标名，如改为“背景”等。双击显示图标，打开演示窗口，同时会打开(绘图)工具箱。在演示窗口中可以使用工具箱中的工具绘制图形。

使用工具箱，可以绘制直线 ＋、任意角度的斜线 ／、矩形 □、椭圆 ○、圆角矩形 ▢、多边形 ⊿ 等形状。

此外，文本工具 A 可在演示窗口中输入文本或修改已输入的文本的内容和风格。指针工具 ↖ 用于选择、移动演示窗口中的对象(如直线、矩形、图像等)，或者调整对象的大小(拖动控制点)。如果要一次选择多个对象，按住 Shift 键的同时依次单击每个对象。

在工具箱下方的按钮用于设置对象的颜色、线型、模式和填充颜色，其中前景色按钮设置文字、线条和边框的颜色；填充/背景色按钮设置图形填充区的前景色和背景色(含文字背景)，默认色为黑色(前景色)和白色(背景色)；线型按钮选择线条的宽度；模式按钮设置所选对象的叠加模式，如透明、反转、擦除等，以调整对象叠加时的显示效果；填充图案设置所选对象的填充图案，如点、砖、斜线、网格等形状的填充。

2. 文本的输入与属性设置

(1) 文字的输入。可以使用文本工具直接输入文字，也可以粘贴文字，还可以使用“文件”|“导入和导出”|“媒体文件”菜单命令导入文本文件，设置使用函数来读取指定的外部文件。

(2) 属性设置。属性设定使用“文本”菜单中的命令，主要包括文本的字体、字号、颜色、对齐方式和风格等，其中风格即字型，如加粗、倾斜、下划线等。设置文字属性前要先在演示窗口中单击文字以将其选定。

(3) 定义样式。样式将文字的各种属性综合在一起，对文字应用某种样式就设置了一组属性，这样可免去每次都要求对这些属性进行重复设置。定义样式使用“文本”|“定义样式”菜单命令，在弹出的“定义样式”对话框中设置文字的属性，输入样式的名称，单击“添加”按钮。如对输入的文本使用某种文本样式，可选中文本，执行“文本”|“应用样式”命令。

3. 图形的加载

简单的图形可以通过工具箱的图形工具来绘制。对于照片等图像文件，可以使用“文

件"|"导入和导出"|"导入媒体"菜单命令或工具栏导入按钮导入。如果导入时选中"链接到文件"复选框，则图像文件并没有插入到 Authorware 程序文件中，只是链接到该图像文件的位置，这样可以减小 Authorware 程序文件的大小，但在打包时必须将原文件复制到打包文件夹中，才能正常地显示该图像的内容。如果导入前没有打开演示窗口，则系统会在流程线上自动添加一个显示图标，并将图像导入其中。

4. 显示图标的属性设置

显示图标除了显示静态的文字、图形外，还可以通过对显示图标的属性设置，调整对象的定位、层叠和动态展示等特殊效果，使设计出的多媒体作品更具有交互性和趣味性。

要设置显示图标的属性，单击选定流程线上的显示图标，再执行"修改"|"图标"|"属性"菜单命令，在设计窗口的下方会弹出显示图标属性设置面板，如图 7-15 所示。

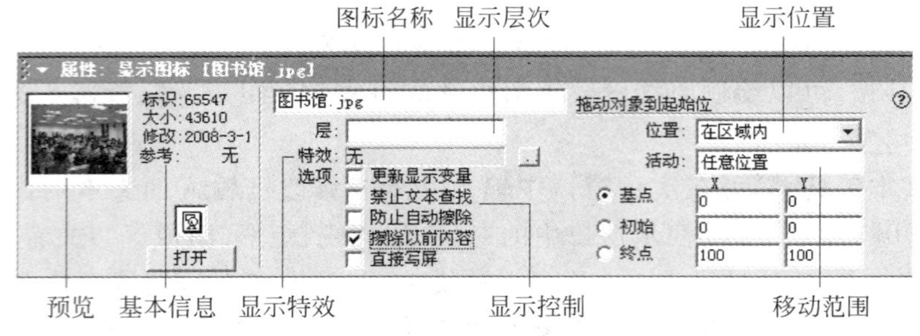

图 7-15 "属性：显示图标"对话框

基本信息：包括图标在 Authorware 应用程序中的唯一标识号(标识)，图标的信息量大小(大小)，显示变量是否涉及这个图标(参考)等。

显示特效：为了给显示图标中的对象设置更强的视觉效果，Authorware 提供了许多过渡特效。单击"特效"对话框后面的小按钮，在弹出的对话框中选择所要设置的特效，并设置特效的过渡周期和平滑值及影响范围，就可实现显示的过渡特效。

显示控制：更新显示变量，可以在程序运行时更新显示图标中的变量表达式的值；禁止文本查找，当前显示图标中的文本不在函数和菜单命令的查找操作的作用范围之内；防止自动擦除，该图标的内容不允许自动删除，但可以用删除图标删除；擦除以前内容，运行到该图标时先删除演示窗口中已有内容，然后显示该图标的内容；直接写屏，当前图标显示的内容总是位于最前面，不管层的高低。

位置：设置显示图标中对象的位置和活动。"位置"下拉列表有 4 个选项：不能改变，对象在程序运行时总是按编辑时的位置显示；在屏幕上，按屏幕实现二维定位显示，即对象可以出现在显示对话框的任何位置，只是必须使整个对象完整地显示，其位置可以由"初始"中参数或变量控制；在路径上，指定的一维路径上定位显示，即对象可以出现在指定路径上的某个位置，路径可以由"基点"和"终点"决定；在区域内，在定义的二维区域中定位显示，即对象可以出现在规定区域中的任意位置。规定区域由"基点"和"终点"的基本坐标决定。

"活动"设置确定打包后是否允许用户移动该显示图标中的对象，"活动"下拉列表框中有 4 个选项：不能改变，编辑时可以移动，文件打包后不能移动；在屏幕上，用户可以随意在对话框中移动对象，但必须使对象在对话框中完整显示；打包前后都可以在整个演示窗口移动；在区域内，编辑时可任意移动，打包后只能在设置的二维区域范围内移动；任意位置，可以随意移动对象，甚至移出显示框。打包前后都可以任意移动。

7.4.3 移动图标

Authorware 虽然没有制作动画文件和视频文件的功能，但它提供了一个动画图标，可使屏幕上的图形、图像、文字等对象能按不同方式移动，形成位移动画效果。

移动图标又称动画图标，它的作用是移动某个对象，使该对象产生各种位移动画效果。移动图标可以移动的对象有文本、图形、图像、动画或视频等。移动图标本身不能载入对象，因此在使用移动图标时，首先要保证演示窗口中有可移动的对象，再使用移动图标设置移动的效果。

添加移动图标的方法和添加其他图标的方法相同，只要从图标工具栏上将移动图标拖动到流程线上。

选择流程线上的移动图标，执行"修改"|"图标"|"属性"菜单命令，在设计窗口的下方会弹出移动图标属性设置面板，如图 7-16 所示。"定时"用来控制动画效果移动的速度，可以使用时间或速度为单位。"执行方式"用来控制执行移动图标时的同步方式，该下拉框包括 3 个选项：等待直到完成，执行到移动图标时，停止其他所有的动作，等到移动图标执行完后，再继续向下执行；同时，同其他所有的动作继续同步执行；永久，当被激活的对象得以显示，并且在给定的表达式为真的条件下，带有"永久"并发性设置的移动图标才被执行。

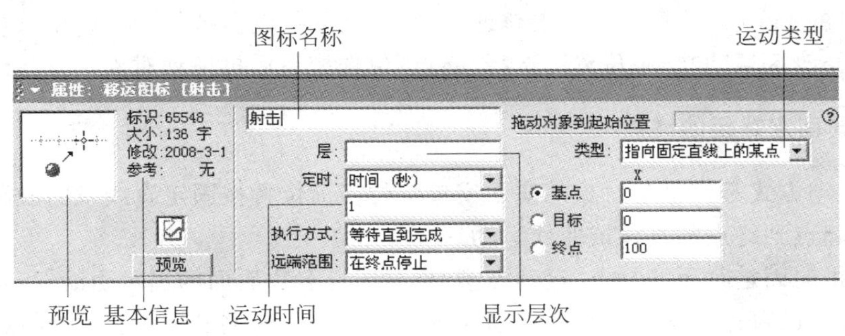

图 7-16　"属性：移动图标"对话框

移动图标属性面板中最关键的设置是移动对象的移动类型，不同的移动类型可以实现不同移动效果。需注意的是，移动类型不同时，移动图标属性栏也不相同。

1. 指向固定点的运动

这种运动方式是将对象从演示窗口中的当前位置移动到另一点。

在"类型"下拉框中选择"指向固定点"，在图标名称框后面就有一句提示语"单击对象进行移动"，说明在演示窗口中要选择移动的对象。打开演示窗口单击对象后，预览窗口中显示出选择的对象，此时名称框后面的提示语变为"拖动对象到目的地"，此时可以将对象拖动到终点，也可以在“目标”后面的 X，Y 文本框中输入终点坐标。

如果拖动对象，X，Y 文本框中显示出当前目的地位置的坐标；如果没有单击任何对象，X，Y 文本框中显示的是“0，0”；如果单击对象后而没有拖动，X，Y 文本框中显示的是单击对象当前的坐标。

当设置完毕后，可以单击左下角的“预览”按钮，在展示窗口中预览移动效果。如果不满意，可以继续修改。

2. 指向固定直线上的某点的运动

这种运动方式是将移动对象从演示窗口的当前位置移动到固定直线的指定位置上。

在“类型”下拉框中选择“指向固定直线上的某点”，根据名称框后面的提示语设定直线的“起始位置”和“结束位置”以确定一条直线。选择“类型”下拉框下面的“目标”再拖动对象，以设置移动到的目标，它在上面设定的直线上。要修改直线的“起始位置”，选择“基点”单选按钮后再拖动对象，要修改直线的“结束位置”，选择“终点”单选按钮后再拖动对象。

3. 指向固定区域内的某点的运动

这种运动方式是将对象从演示窗口的当前位置移动到已经定义好的一个固定区域中的某点上。

选择“指向固定区域内的某点”运动类型，根据图标名称后面的提示语设置对象的“起始位置”和“结束位置”从而确定运动的矩形区域，再拖动对象到“目的地”以设定对象的目标位置，“目的地”在矩形区域中。要修改区域的“起始位置”，选择“基点”单选按钮后再拖动对象，要修改区域的“结束位置”，选择“终点”单选按钮后再拖动对象。

4. 指向固定路径的终点

这种运动方式是将移动对象从演示窗口中的当前位置按固定直线或曲线路径移动到终点，即从起点到终点的直线或曲线运动。

选择“指向固定路径的终点”运动类型，根据图标名称后面的提示语设置运动的对象，多次拖动对象设置运动路径。每次拖动对象都会增加一个转折点（也称控制点、编辑点、关键点），转折点可以通过拖动来移动位置。双击转折点变为光滑路径，再次双击又变成折线。选择转折点单击属性栏中的“删除”按钮，可以删除一个转折点。

5. 指向固定路径上的任意点

这种运动方式是显示对象从演示窗口中的当前位置沿着定义好的路径运动到路径上的任意位置。

选择“指向固定路径上的任意点”运动类型，根据图标名称后面的提示语设置运动的对象，多次拖动对象设置运动路径。向后沿路径拖动对象以设置运动的目标点。

例 7-5 制作一个小球沿曲线运动的动画。

解：(1) 新建空白文件。

(2) 在流程线上添加一个显示图标,命名为"小球"。双击该显示图标,在其中插入一个小球的图片(也可以画一个圆来代替)。

(3) 在流程线上添加一个移动图标,在属性面板中选择"类型"为"指向固定路径的终点",单击"小球"图标中的小球以确定移动的对象,再拖动小球以确定路径,每次释放鼠标确定一个编辑点(关键点),通过多次拖动和释放鼠标以确定一条折线路径。双击三角形的编辑点,角点变为光滑点。在路径上单击鼠标可以添加一个编辑点,使用属性面板中的"删除"按钮可以删除一个编辑点。

(4) 在移动图标的属性面板中设置"定时"参数为 5 秒。执行方式为"等待直到完成"。

(5) 保存、测试、导出文件。

7.4.4 擦除图标、等待图标、群组图标

擦除图标可以擦除已经使用过的内容,还用于设置页面过渡的效果。等待图标主要用来对程序的运行进行简单控制。群组图标将一组相关的图标组合在一起,使同一内容保存在同一模块中,将它们进行按模块分类,便于管理和以后的修改。

1. 擦除图标

在 Authorware 程序设计过程中,很多显示对象经常互相遮盖,而且有很多显示对象用过之后就不再使用,需要将它们擦除掉。尽管在"显示图标"的属性对话框中有"擦除以前的内容"选项,但是它将该图标之前演示窗口中所有的显示对象全部擦除。如果有些显示对象在后来还要使用,那么使用这种方法,就会将有用的内容也擦除,因此就必须使用擦除图标。

擦除图标可以同时擦除几个显示图标或交互图标中的内容。如果要单独擦除某个对象,必须将该对象单独放在一个显示图标中。

使用擦除图标的一般步骤如下。

(1) 在流程线上待擦除内容之后添加一个擦除图标。

(2) 双击待擦除的显示图标,将内容显示在演示窗口中。

(3) 在流程线上再选择擦除图标,在演示窗口中单击待擦除的对象。

第(2)、(3)步的操作可以多次执行,可以擦除多个显示图标中的内容。删除的图标的名称在擦除图标属性面板中列出,选择删除的图标,单击"删除"按钮取消删除(即不再删除该图标)。

(4) 擦除图标属性面板中的"特效"用来定义过渡效果,单击后面的省略按钮,打开"擦除模式"对话框,其中可以选择"开门"、"关门"、"马赛克"、"百叶窗"等过渡方式。

(5) 擦除图标属性面板中的"防止重叠部分消失"复选框用来控制擦除显示对象时程序应该如何进行。如果选择该选项,Authorware 会等到擦除图标执行完后才继续执行程序;如果不选择该选项,会在执行擦除图标的同时开始继续运行下面的程序。

2. 等待图标

程序运行过程中有时需要一定的停顿，等待图标用来控制程序的暂停。

在“属性：等待图标”对话框中可以指定等待图标要响应的事件的类型，如鼠标单击或按任意键；也可以使用等待图标来指定是否等待一段时间后才继续执行程序，以及是否显示一个小时钟来显示剩余的等待时间；或者是设置屏幕上是否显示一个“等待”按钮。“显示按钮”复选框被选中后，屏幕上会出现一个“继续”按钮（按钮的位置可以移动），程序执行时单击此按钮，则结束等待状态。

执行“修改”|“文件”|“属性”菜单命令，打开文件属性对话框，选取“交互作用”选项卡，右下方有一个“等待按钮”的设置项，单击右边文本框中任意位置或右侧的省略按钮 ...，打开按钮编辑器，选择一个合适的等待按钮。文件属性对话框的“标签”右边的文本框可以输入按钮上的显示文本，如写成“单击继续”等。

3. 群组图标

群组图标提供了放置其他图标的一个容器，将多个图标组合在一起，在主流程线上当一个图标看待，使程序设计更具有条理性，结构更清晰。利用群组图标可以把应用程序划为若干个功能模块，每一个模块都完成一个功能，并且使每一个模块都只有一个入口和一个出口，而模块里面也可以嵌套另外一些子模块，这样可以形成结构化程序设计。

群组图标有以下两种使用方法。

(1) 直接将群组图标拖动到流程线上，双击群组图标可以打开一个和主设计窗口类似的群组图标的设计窗口，其中可以放置任何图标，包括群组图标。不管是在主设计窗口还是在群组窗口，右上角都有一个“层 N”的字样（N 表示一个具体的数值），这是设计窗口的层次标志。Authorware 的主设计窗口的层次为 1，在主程序的流程线上放置的群组图标的层次为 2，而在层次为 2 的群组图标的流程线上放置的群组图标的层次为 3，依次类推。

(2) 将原来多个图标组合成一个群组图标。在主流程线上拖动鼠标，框选所要组合的图标，再单击菜单“修改”|“群组”，就将所选择的图标组合成一个新的群组，默认的名称为：未命名。

若要取消群组，可在选择群组图标后，单击菜单“修改”|“取消群组”命令，将其中的图标分散为组合前的状态。

7.4.5 交互图标

Authorware 的交互功能由交互分支结构来实现。交互分支由“交互图标”和“响应”图标共同构成，如图 7-17 所示。

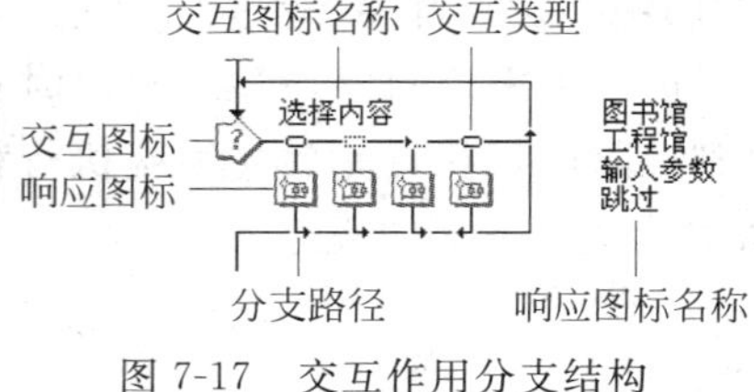

图 7-17 交互作用分支结构

交互图标构成一个框架，响应图标是不同响应类型的实现，可以是除交互图标、框架图标和判断图标外的其他图标，一般是群组图标，然后在其中放置其他任何图标。分支路径指示程序执行的顺序和方向，可由箭头和线条表示。交互类型共有

11 种，可以是按钮响应、热区域响应、文本输入响应、按键响应、时间限制等。

1. 交互的建立

建立交互结构的具体步骤如下。

(1) 向流程线上拖一个交互图标，为其命名。

(2) 选择除交互图标、框架图标和判断图标以外的其他任意一个图标，将其拖入交互图标的右下方作为其第一条交互分支，放开鼠标时将会弹出“交互类型”对话框，可在11 种交互类型中选择一种。

(3) 选定交互类型后，为该分支命名。

(4) 继续在交互结构右侧添加交互分支的图标，此时不再出现“交互类型”对话框，而沿用前一个图标的交互类型。单击“交互类型”符号，在设计窗口下方的属性面板的“类型”下拉列表中可以重新选择交互类型。

(5) 重复上一步，可以为该交互结构添加多个交互分支。

2. 交互响应的属性设置

单击交互类型图标，设计窗口下方显示“属性：交互图标”面板，其中“响应”选项卡有各种响应类型一致的设置参数。

“激活条件”，在文本框中的数值、变量或表达式为 true 时，此响应才被允许同用户的交互操作进行匹配，否则此响应处于非激活状态。

“擦除”下拉列表框：用于设置何时擦除交互图标中的内容。系统提供了 4 个擦除选项：“在下一次输入之后”，系统在此交互作用分支结构进行下一次交互的同时，将其相应的分支路径中的程序在演示窗口中的显示内容擦除；“在下一次输入之前”，擦除时间变为执行完该响应图标时；“在退出时”，退出当前的交互分支结构时，擦除交互作用在演示窗口中所显示的内容；“不擦除”，即使退出交互，也不擦除内容。

“分支”下拉列表中有 4 个选项：重试、继续、退出交互和返回。“重试”，系统在响应完此处交互后回到本交互的起点，等待用户再次做出响应；“继续”，继续本分支的交互，直到用户做出正确的响应，然后回到本交互分支的起点；“退出交互”，退出本交互；“返回”，循环执行本交互。

“状态”只用于标记编辑窗口中的响应图标，以便于用户调试程序。

3. 交互响应的类型

在流程线上单击交互类型图标，属性面板中除“响应”标签外，还有一个与交互类型同名的图标，用于该类型响应特有的属性设置，如按钮响应的位置、大小、按钮文字等。响应类型有 11 种，这里仅介绍常用的几种。

(1) 按钮交互。

单击该按钮可执行某个任务。在属性面板的“按钮”选项卡中，可以设置按钮的大小、位置、标签(按钮上显示的文字)、形状等。双击交互图标打开演示窗口，可以拖动按钮移动其位置，拖动四周的控制柄以调整其大小。

（2）热区域交互。

热区域指的是在演示窗口中的一个矩形区域，程序执行时，在此区域中单击得到相应的反馈信息。双击交互图标打开演示窗口，拖动热区域移动其位置，拖动四周的控制柄以调整其大小。热区域必须是一个规则的矩形。

（3）热对象交互。

热对象是屏幕上的特定显示对象，它与普通显示对象的区别就是可以对用户的操作做出反应。热对象可以是任意的复杂形状，而且可以在演示窗口中移动。设置热对象交互，交互图标前面应有一个显示图标，其中放置某个对象，将响应类型设置为“热对象”时，在演示窗口中单击一个对象以选择响应对象。

（4）下拉菜单交互。

运行时，菜单显示在程序窗口顶端，菜单的名称是交互图标的名称，下拉菜单项是在“下拉菜单”类型的交互的属性面板的“菜单”标签中，“菜单条”中设置的表达式的值，可以填写一个变量，然后赋一个初始值。

（5）条件交互。

条件交互根据设置的条件是否被满足来进行匹配。当用户的操作符合制作者所设置的交互条件时，计算机才能进入分支路径，读取响应图标中的程序。条件响应类型以“＝”号作为标记。

在属性面板的“条件”标签中，“条件”文本框中输入表达式，条件为真时做出响应。“1”为真，“0”为假，符号常量为 TRUE 和 FALSE。“&”表示“与”，“|”表示“或”。如表达式“RightMouseDown＝TRUE”表示“鼠标右键按下时”（为真）。条件响应还与“条件”文本框下的“自动”选项有关：“关”，只有当存在其他交互分支路径，它们的路径“分支”属性均设为“继续”，并且本分支条件为“TURE”时，才会执行该响应分支的内容；“为真”，计算机读到此交互作用分支结构，且本匹配条件成立时，就会读取其分支路径上的程序；“当由假为真”：只有在条件由假变为真时，才会执行该响应。

（6）文本输入交互。

使用文本交互可以接受从键盘上输入的文字、数字和符号等，并判断其输入与响应的标题是否吻合。这种方式常用在测试中。“文本输入”类型的属性有匹配字符的个数、大小写、是否忽略空格、是否忽略多余的符号或单词、是否忽略单词的顺序等。

（7）按键交互。

按键交互就是按下键盘上的特定键而产生交互效果。响应图标的名称就是响应条件，若名称为“c”，则按下 c 键时就会执行该分支。对于非字母键，直接使用键盘上出现的名称命名。例如 Esc、Enter、Home 等。组合键可以将两个键名连写，如“Altw”表示同时按下 Alt 和 w 键。“?”表示按下任意键都可进入此分支路径，而“\?”表示？号作为响应键。

（8）重试限制。

重试限制响应类型通常用于限制用户尝试次数的场合，它必须与其他类型的响应结合使用放在其他类型右边，限制左边的各响应的次数。

（9）时间限制。

当计算机读到交互作用分支结构以后，系统便从此刻开始计时，若在指定的时间内还没有离开这个交互作用分支结构的话，计算机便进入此分支路径读取程序。

例 7-6 制作一个多媒体演示系统。开始显示一幅图像作为片头，按任意键，显示两个选项：浏览参观和问答测试。单击“浏览参观”命令，显示一系列图像，每单击一次鼠标，切换一幅图像，图像显示完再显示“浏览参观”和“问答测试”选项。单击“问答测试”命令，显示一道选择题，从键盘输入 A、B、C、D 选项，选择错误，给予提示并继续选择；选择正确，给予提示，按任意键回到“浏览参观”和“问答测试”选单。

解：(1) 新建空白文件。

(2) 在流程线上添加一个显示图标，命名为“片头”，其中插入一幅图像。

(3) 在“片头”下添加一个等待图标，在属性栏中选中“单击鼠标”和“按任意键”两个基选项，不选“显示按钮”。

(4) 添加一个擦除图标，设置擦除的对象是“片头”图标的对象。

(5) 添加一个交互图标，命名为“主控”，双击该图标，使用文字工具输入“浏览参观”和“问答测试”，移动它们到窗口的合适位置。

(6) 拖动一个群组图标到“主控”图标右方，选择交互类型为“热区域”，将演示窗口中的带控制点的热区域移动到“浏览参观”文字上方，调整热区域大小覆盖文字，命名该群组图标为“浏览参观”。

(7) 使用与(6)相同的方法添加另一个群组图标，命名为“问答测试”，热区与相应文字对齐。

(8) 双击“浏览参观”群组图标，在其中插入 3 幅图像，设置它们的过渡特效，在每个图像的显示图标下方各添加一个等待图标，参数与步骤(3)设置的参数相同。

(9) 在最下方添加一个擦除图标，擦除内容为步骤(8)插入的 3 幅图像。

(10) 在层 1 的主流程线中双击“问答测试”群组图标，在其中插入一个交互图标，命名为“选择题 1”，双击该图标，在演示窗口中输入题目。本例题目为：

下列古诗的作者是谁？

墨　梅

我家洗砚池头树，朵朵花开淡墨痕。
不要人夸好颜色，只留清气满乾坤。

A. 宋，杨万里　　B. 清，袁枚　　C. 元，王冕　　D. 唐，李桥

请选择：

其中 C 是正确的。

(11) 在“选择题 1”交互图标右侧添加 3 个显示图标和一个群组图标，依此命名为 A、B、D、C，其中 C 是群组图标的名字，它们对应待选答案。在 A、B、D 显示图标的演示窗口中分别输入：“答错了”、“加油啊”、“很遗憾”，使用移动工具调整文字到合适的位置。在 C 群组图标中，添加一个显示图标，其中输入文字“恭喜恭喜答对了”，调整位置。再在该图标下方添加一个等待图标，参数与步骤(3)的相同。

(12) 单击层 2 交互分支 C 上方的交互类型图标→┈，在属性面板中设置分支属性为“退出交互”。

(13) 双击“选择题 1”交互图标，在演示窗口中将文本输入框移动到“请选择”右边，并

调整其大小。

(14) 保存、预演、发布文件。

7.4.6 声音与视频

声音是传递信息的重要方式。在 Authorware 中，使用声音图标加载并播放声音文件，给屏幕上展示的信息添加解说词或背景音乐，增加多媒体作品的表现力。利用数字化电影技术，可以达到生动、形象、逼真的目的。

1. 声音对象的加载与属性设置

声音图标可以导入的声音文件类型有 MP3、WAV、VOX、SWA、AIFF、PCM 等。添加一个声音图标到流程线上合适的位置，单击该图标，打开“属性：声音图标”面板，单击“导入”按钮，将弹出一个“导入哪个文件?”对话框，从中选择一个声音文件。在该对话框的下方有“链接到文件”复选框，选择它则表示声音文件以外部存储的形式存在。

声音文件导入后，可以在声音属性面板中的“声音”选项卡中查看该文件的相关信息，如文件路径、大小、格式等。属性面板的“计时”选项卡中播放方式：“执行方式”下拉列表框，选择声音图标的执行过程同其他图标的执行过程之间的同步方式，包括“等待直到完成”、“同时”和“永久”，其中“永久”表示声音播放完毕后，声音图标处于待命状态，一旦“开始”属性的值为 TRUE，声音图标就立刻播放声音，同时其他图标继续。还可以设置播放速度(100%、80%等)和播放次数。

2. 数字电影

数字电影图标可以播放的动态影像格式包括 AVI、MPEG、DIR、FLC、ASF 和 WMV 等。

加入数字电影，添加数字电影图标至流程线上，打开“属性：电影图标”面板，单击左边基本信息栏中的“导入”按钮，打开“导入哪个文件?”对话框，选择所需的视频。导入数字电影文件后，属性面板左上角的播放控制面板变为有效，用这组按钮可控制在演示窗口中演示所导入的数字化电影。

属性面板的“电影”选项卡中的几项设置含义如下。

“文件”文本框指示数字电影文件的存储位置。

“层”指定数字电影文件的显示层次，以决定同一位置上几个显示对象出现的前后层次关系。想让数字电影在其他显示对象的前面，可以增大图层的值。

“模式”下拉列表框只对内部文件有效：“不透明模式”，不允许显示该电影后面的对象；“透明模式”，允许该数字电影后面的对象在一定范围(通常是某一种颜色)内显示出来；“覆盖模式”，不显示电影边缘的空白部分，只显示电影本身的显示部分；“反显模式”，选中对象的白色部分将以背景色显示，而有色部分以其反色显示。

“选项”复选框组中：“防止自动擦除”，可以防止该电影图标被其他图标设置的自动擦除选项所擦除，而只能通过擦除图标擦除；“擦除以前内容”将擦除该电影图标前面的展示窗口中的内容;"直接写屏"将把该电影放置在播放最上层;"同时播放声音"如果数字电影包含声音,选择该选项将播放声音。

属性面板的"计时"选项卡中,可以设置执行的方式:等待直到完成、同时或永久,还可以设置播放次数、播放速率、播放范围等。

7.4.7　计算和判断

使用交互图标,程序最终用户的不同响应改变其流向,而判断图标将会按照其属性设置,自动决定分支路径的执行次序以及分支路径被执行的次数,而不等待用户的交互操作。

判断分支结构由判断图标以及附属于该图标的分支图标共同构成,如图 7-18 所示。首先向主流程线上拖放一个判断图标,然后,再拖动其他设计图标至判断图标的右边并释放,该设计图标就成为一个分支图标

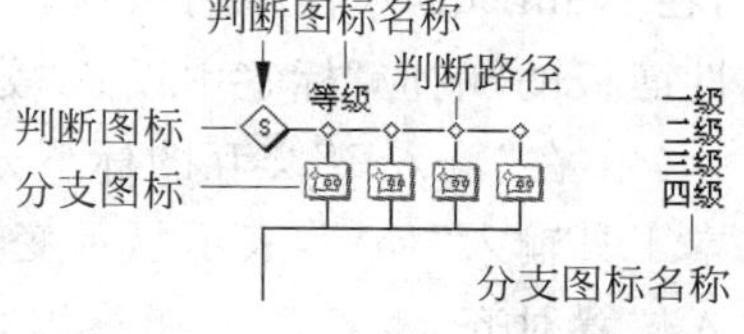

图 7-18　判断分支结构的组成

1. 决策图标属性

单击流程线上的判断图标,打开"属性:决策图标"面板,其中的设置参数有以下几个。

时限:用于限制判断分支结构的运行时间。这里可以输入代表时间长度的数值、变量或表达式,单位为秒。

显示剩余时间:如果设置了"时限"项,此复选框就变为可用状态,选中该选项会在演示窗口中出现一个时钟,用于提示剩余时间。

"重复"下拉列表框:设置判断分支结构中循环执行的次数。其中有 5 个选项:"固定的循环次数",执行固定次数,需在下面的文本输入框中输入退出分支结构前执行分支项的次数;"所有的路径",直到执行完所有分支项后才会退出该分支结构;"直到单击鼠标或按任意键",不停地在判断分支结构中循环执行,直到用户按下键盘上的按键或鼠标键;"直到判断值为真",直到下面的文本输入框中表达式的值为真时,才结束该分支结构;"不重复",只执行一条分支项后就退出分支结构。

"分支"下拉列表框:配合重复属性使用,设置执行到判断分支结构时选择路径的方式,它有 4 个选项:"顺序分支路径",按顺序执行判断分支结构;"随机分支路径",随机执行一条路径;"在未执行过的路径中随机选择",随机选择一条从未执行过的分支路径;"计算路径结构",在下面的表达式域中输入变量或表达式,它们的当前值选择到相应的分支项,如果该值等于 1,则执行第一条分支,如果该值等于 2,则执行第二条分支,以此类推。

2. 分支属性设置

单击分支路径上方的小菱形◇图标,设计窗口显示"属性:判断路径"面板,其中:"擦除内容"下拉列表框用于设置何时擦除对应分支图标显示的内容。选中"执行分支结构前暂停"复选框,则程序在离开当前分支路径前,会在演示窗口中显示一个"断续"按钮,用户

单击该按钮，程序才继续执行。

例 7-7 从键盘输入两个数，计算两个数的和并显示在窗口中。然后判断结果，大于50则播放一段视频，小于等于50则播放一段声音。

解：(1) 新建空白文件。

(2) 添加一个显示图标，命名为"片头"，在其中输入文字"计算 A+B"，移动文字到合适的位置。

(3) 再添加一个交互图标，命名为"输入 1"，在其中输入"请输入 A："。在该图标右侧添加一个显示图标，交互类型设为"文本输入"，单击交互类型图标，在属性面板的"响应"标签中设置分支为"继续"。调整交互图标中的文字和文本输入框的位置。

(4) 在"输入 a"显示图标右侧添加一个计算图标，分支类型选择"条件"。双击该图标，在 NumEntry(程序输入窗口)中输入"a :=NumEntry"。单击条件分支图标，在属性面板的"响应"标签中设置"分支"为"退出交互"。

(5) 在"输入 1"交互图标下方添加一个显示图标，命名为"回显 1"，在该图标中使用文本工具输入"{a}"，表示显示变量 a 的值。调整文字的位置，与交互图标"输入 1"中的输入位置对齐。

(6) 在"回显 1"下方再插入一个交互图标，命名为"输入 2"，在右侧添加一个显示图标和一个计算图标。计算图标中输入表达式"b :=NumEntry"。交互方式和属性与"输入 1"中的相应图标相同。

(7) 在"输入 2"下方插入显示图标，命名为"回显 2"，在其中输入文字"{b}"，调整位置。

(8) 在"显示 2"下方插入计算图标，命名为"a+b"，输入表达式"C :=a+b"。

(9) 在"a+b"计算图标下方插入显示图标，命名为"显示结果"，输入文字"{a}+{b}={C}"，调整位置。

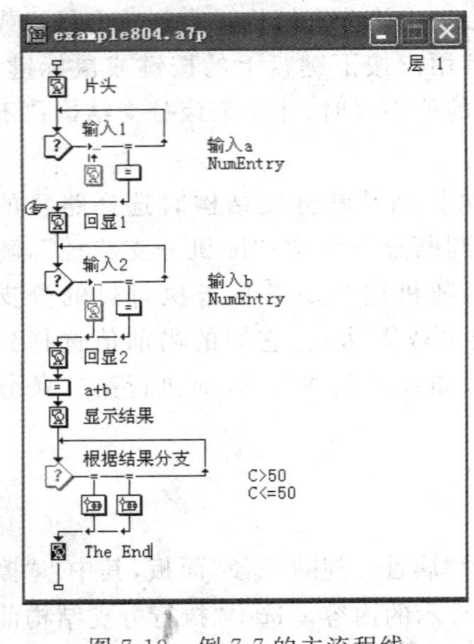

图 7-19　例 7-7 的主流程线

(10) 在"显示结果"下方插入一个交互图标，命名为"根据结果分支"。在右侧插入两个群组图标，交互类型为"条件"，命名分别为"C>50"和"C<=50"。在"C>50"的交互属性面板的条件选项卡中设置"条件"为"C>50"，"自动"为"真"。在"响应"标签中选择"分支"为"退出交互"，"擦除"值为"在下一次输入之后"。在"C<=50"的交互属性面板中进行相应的设置。

(11) 可以在两个群组图标中分别插入数字电影和声音图标，播放视频和音频，最好在最后加一个等待图标。

(12) 在流程线末尾添加一个显示图标，在其中输入"The End"，表示结束。整个主流程线如图 7-19所示。

7.4.8 框架与导航

在阅读电子图书时，用户可以自由地选择浏览各种信息，或者查看某个感兴趣的专题，并继续跟踪下去，而且随时可以返回到刚才浏览过的页面。在Authorware中，框架结构能实现上述功能。

框架结构由框架图标、附属于框架图标的页图标和导航图标组成，它们必须结合在一起使用，单独使用其中之一没有意义。

1. 框架图标

框架图标是框架结构的标志。双击框架图标，会显示框架窗口。框架窗口是一个特殊的设计窗口，窗格分隔线把它分割成两部分，上方的入口窗格和下方的出口窗格。窗格分割线右边有一个实心矩形，用鼠标移动它可调节两窗格的大小，如图7-20所示。

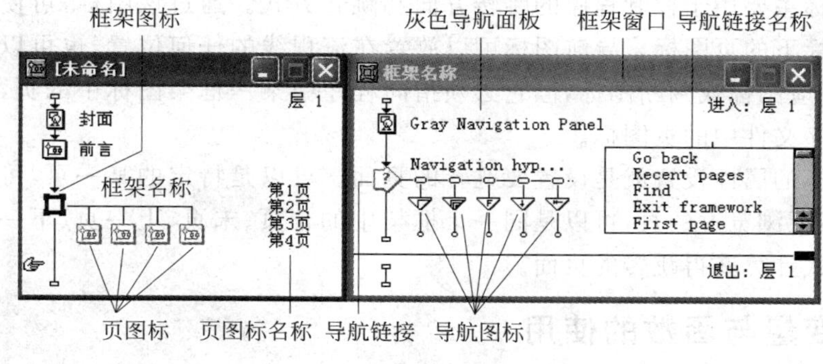

图7-20 框架结构

当程序执行到框架图标时，在执行附属于它的第一个页图标之前会执行入口窗格中的内容，这样入口窗格中的内容会影响附属于框架图标中的每一页。例如，当在入口窗格的显示图标中放置一幅背景图时，此背景图会在每一页中显示；而在退出框架时，程序会执行框架窗口出口窗格中的内容，然后擦除在框架中显示的所有内容，包括各页中的内容及入口窗格中的内容，并撤销所有的导航控制。利用这个特点，可以把程序每次进入或退出框架图标时必须执行的内容，比如设置变量的初始值、恢复变量的初始值等加入到框架窗口中。

单击框架图标，打开“属性：框架图标”面板，其中：“页面特效”可以设置各页显示内容的过渡效果；“页面计数”显示此框架图标下共依附了多少个页图标；“打开”按钮弹出框架窗口。

2. 分页图标

框架中的内容通常被组织成页，它们被附加在框架图标右边。直接附属于一个框架图标的任何一个图标称为一页。页图标不是固定的哪一种图标，它可以是显示图标、数字电影图标、声音图标或包含复杂逻辑结构的群组图标等。不过，一般使用群组图标作为页图标，因为它里面可以包含任何类型的图标，修改起来比较方便。框架结构中页的页码按从左至右的顺序固定为 1，2，3。注意，这里的页码不是页图标的名字。

3. 默认的导航控制

在默认情况下，在框架窗口的入口窗格中包含一个显示图标和一个交互作用分支结构。显示图标被命名为"灰色导航面板"，包含一幅作为导航按钮的背景图片。

交互作用分支结构被命名为"导航超链接"，包括 8 个设置为永久性响应的按钮，按钮的响应图标为导航图标，分别实现返回、最近页、查找、退出框架、第一页、上一页、下一页、最后一页的功能。

程序运行后，8 个导航按钮显示在演示窗口的右上角，单击其中的按钮，可以实现翻页的功能，如果在显示的作品中，不想要这些导航图标，可把它们全部删掉。

4. 导航图标

导航图标主要用于控制程序的跳转方向和跳转方式。通过该图标，可使程序跳转到任意框架图标下的页图标。导航图标可以放置在流程线的任何位置，也可以附属于框架图标、交互响应图标或判断图标，但它必须指向程序中某一框架图标中的页，而且必须是位于当前程序文件中的页图标。

导航图标的属性设置就是设置要跳转的页面。可以是特定的某一页，可以返回上一页，可以是最近浏览过的页，可以是同一个框架中的首页、末页、上一页、下一页等。还可以通过表达式计算获得跳转的页面。

7.4.9 变量与函数的使用

在 Authorware 程序设计中使用变量和函数，可以使程序的控制更加灵活。

1. 变量

变量是在程序运行过程中可以改变的量，它用来保存程序的中间结果或临时结果，其值可以通过变量名来引用。Authorware 中的变量分为系统变量和自定义变量，它们都是全局变量。

Authorware 7 提供了 CMI(计算机管理教学)、决策、文件、框架、常规、图形、图标、交互、网络、时间、视频等 11 类 200 多个系统变量，都具有唯一的名字，且以大写字母开头，由一个或几个单词组成，单词之间没有空格，例如 FileLocation。Authorware 还允许使用自定义变量。表 7-4 列出了一些常用的系统变量。

系统变量可以在 Authorware 中的 System Variables 中找到。

2. 自定义变量

自定义变量可以记录软件使用者登录的个人信息，或者在程序执行过程中存储中间值或系统变量的值等特定信息。

Authorware 创建的自定义变量需满足以下规则。

(1) 变量名必须唯一，不能与系统变量名重名。

表 7-4　Authorware 的常用系统变量

变量名	类型	说明
ExeCutingIcOnTitIe	文字	目前正被执行的图标名称
FileLocation	文字	目前文件所在的文件夹路径
FileName	文字	目前文件的名称
FuUDate	文字	以长格式表明目前是星期几、几月、几号和第几年
FuIITime	文字	以长格式表明目前的时间包含小时、分钟和秒钟
IconTitle	文字	图标名称
Key	文字	用户最后按下的按键名称
LastWordClicked	文字	用户在文字对象中所点选的字
MonthName	文字	目前月份的名称
ScreenHeight	数字	屏幕像素的高度
ScreenWidth	数字	屏幕像素的宽度
Year	数字	目前的年份

(2) 变量名必须以字母开头，由字母、数字或下划线和空格组成。

(3) 允许有空格，但空格不能被忽略。

自定义变量有两种方法：一是在变量窗口中定义，另一种方法是在编程过程中在计算图标中直接定义。

(1) 在变量窗口中自定义变量。

单击工具栏中的变量按钮，打开“变量”面板，如图 7-21(a)所示。其中左边显示了“全部”系统变量，可以通过类别的选择查看不同类别的变量，双击变量名，该变量自动添加到打开的计算图标或显示图标中。单击左下角的“新建”按钮，打开如图 7-21(b)所示的“新建变量”窗口，在其中输入自定义变量的名称、初始值和变量说明(描述)。

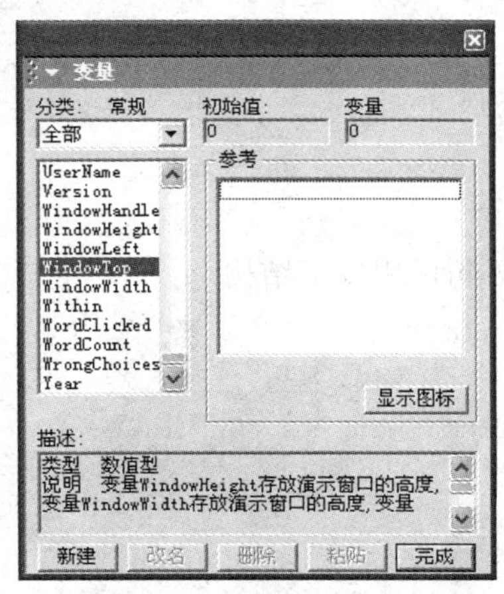

(a) 变量面板

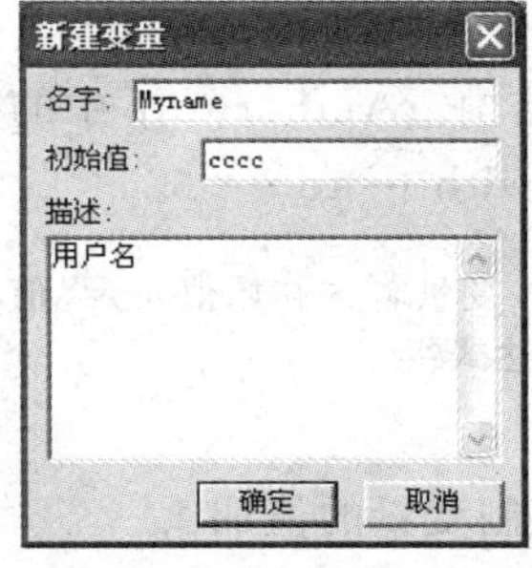

(b) “新建变量”对话框

图 7-21　变量的使用

(2) 在计算图标中直接定义。

如果不先在“新建变量”窗口中定义变量，也可以在计算图标中直接使用变量符号，当试图关闭计算图标的窗口时，系统会自动打开“新建变量”窗口提示用户建立自定义变量。

Authorware 的变量、常数通过 16 种运算符连接起来，构成表达式，用在显示、计算等图标中。Authorware 的赋值运算符为“:=”，“&”、“|”、“~”分别表示逻辑的与、或、非(具体的运算符和数据类型请查看帮助)。

3. 函数

函数用于执行一些特殊的操作，如写外部文件、与数据库对话、实现程序之间的跳转等。每个函数都有唯一的名字和自己的语法结构。Authorware 把函数分为系统函数和自定义函数。

系统函数是 Authorware 中预定义的函数。外部函数和自定义函数是对系统函数的补充，在使用之前必须从外部动态链接库加载到 Authorware 中。

外部函数存在于特定格式的外部函数文件中，这些外部函数文件的扩展名为 DLL、UCD、U32 等，其中 DLL 文件是标准的 Windows 动态链接库文件，UCD 和 U32 是 Authorware 专用的外部函数库文件，分别用于保存 16 位和 32 位版本的外部函数。

在程序中引用函数，需要先使用菜单命令“窗口”|“面板”|“函数”或工具栏中的函数按钮 打开函数窗口，然后从中选择函数，将其粘贴到计算或显示等图标中。

4. 分支和循环语句

(1) 分支结构。Authorware 中的分支使用以下结构。

```
if <条件> then
    多个语句
endif
```

或

```
if <条件> then
    语句组 1
else
    语句组 2
endif
```

(2) 循环结构。Authorware 中的循环语句使用以下结构。

① repeat with … to …

```
repeat with 变量名:=初始值 to 终值
        表达式组
end repeat
```

每循环一次，控制变量的值加 1。

② repeat with … down to …

```
repeat with 变量名:=初始值 down to 终值
        表达式组
end repeat
```

每循环一次，控制变量的值减 1。

③ repeat while …

```
repeat while <条件>
        表达式组
end repeat
```

④ repeat with … in …

```
repeat with 变量名 in 线性列表
        表达式组
end repeat
```

其中变量名和线性列表都是数组。

7.4.10 Authorware 制作实例

本节使用 Authorware 制作一个简单的实例，对该软件的特点有一个更直观的认识。制作的实例是对黄山风景的简单介绍。

(1) 启动 Authorware，在弹出的 New Project 窗口中单击 None 按钮。此时将出现一个空白的窗口，内有一条流程线，右上角的 Level 1 说明在最顶端的设计窗口中。

(2) 设置作品属性。选择菜单 Modify|File|Properties，在出现的属性窗口中清除 Menu bar 和 Title Bar 前面的复选标记，在 Size 下拉框中设置合适的分辨率，如图 7-22 所示。

图 7-22 文件的属性设置

(3) 将一个 Display 图标从图标工具箱中拖动到流程线上。命名该图标为 Introduction，如图 7-23 所示。

(4) 双击该图标，在弹出的新的空白页(Presentation 窗口)上可以放置要显示的内容。

(5) 导入图片。从 File|Import and Export|Import Media 浏览到要导入的图片后导入。图片放置在刚才的空白页上，调整好图片的位置。

(6) 添加文本。在 ToolBox 中选择文本工具，如图 7-24 所示。

(7) 选择 Text|Font 和 Text|Size 命令设置字体和大小。注意选择 Other 项，在弹出的窗口中挑选字体，如图 7-25 所示。

(8) 在 Presentation 窗口中要书写文字处单击，输入需要的文字。本例输入了 3 段文字，分别是“黄山风光”及一段简介。此时，Presentation 窗口如图 7-26 所示。

(9) 导入声音。在此时导入一段背景音乐。选择 File|Import And Export|Import Media 命令，在本例中导入了一段 MP3 音乐。

(10) 双击在流程线上的音乐图标，打开音乐的属性对话框。转到 Timing 属性页，在 Concurrency 下拉列表中选择 Concurrent，如图 7-27 所示。在这个窗口中也可以用左侧的播放按钮播放音乐。

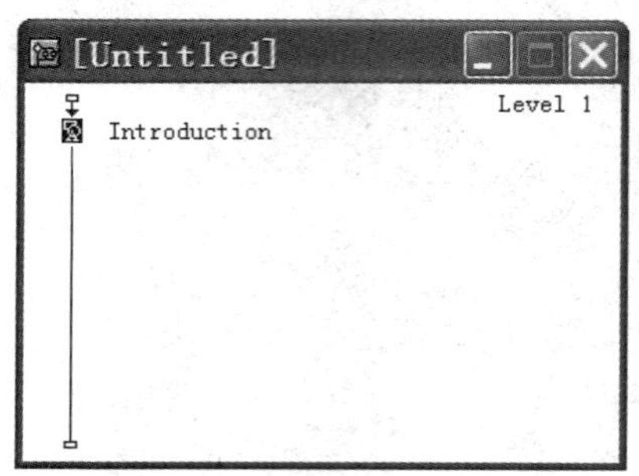

图 7-23 放入第一个图标并命名

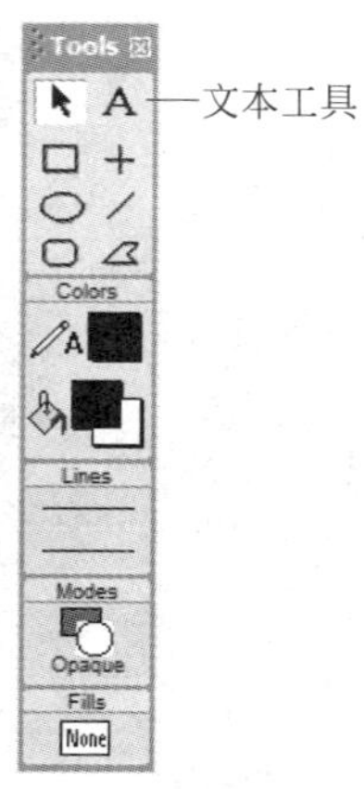

图 7-24 选择文本工具

图 7-25 字体的选择

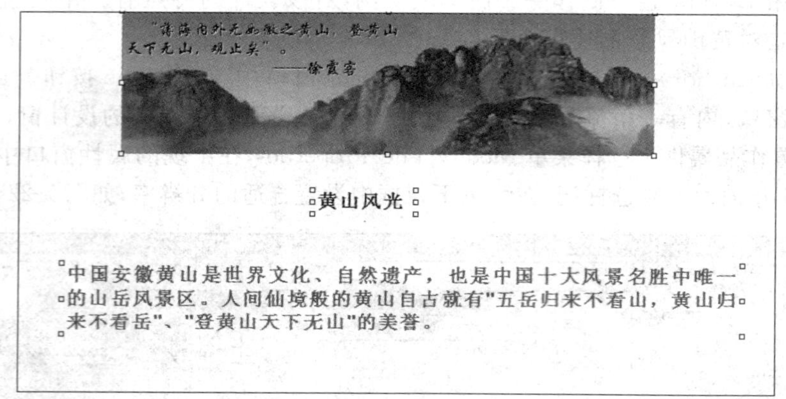

图 7-26 Presentation 窗口

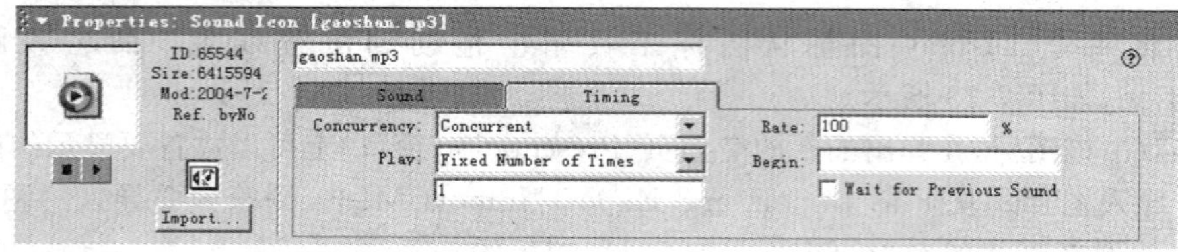

图 7-27 声音媒体的属性设置

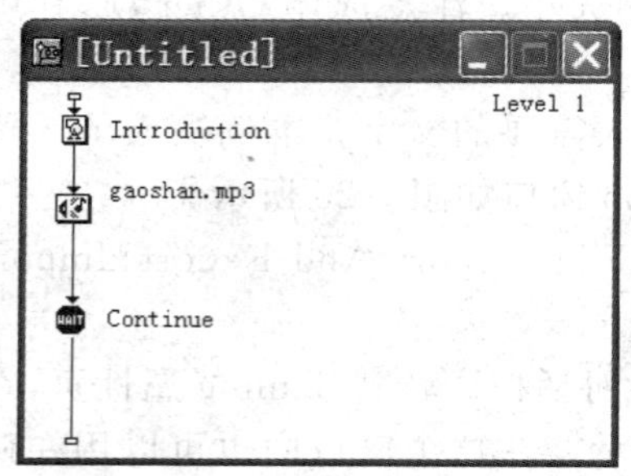

图 7-28 加入 Continue 按钮

(11) 加入按钮。程序运行到此暂时停止一下，直到用户单击了“继续”按钮。从图标工具箱中拖动一个 Wait 图标到流程线上，如图 7-28 所示。将该按钮命名为 Continue。双击 Wait 图标，打开属性窗口，去掉 Key Press 前的选项，将 Mouse Click 选中。

(12) 保存程序。选择 File|Save 命令。

(13) 运行现阶段的成果。选择 Control|Start 或者 Control|Restart 命令。程序运行显示刚才设计的

画面，背景音乐被自动播放。

(14) 调整按钮位置。选择 Control|Pause。程序暂停，选中按钮，将其放到合适的位置上，如图 7-29 所示。

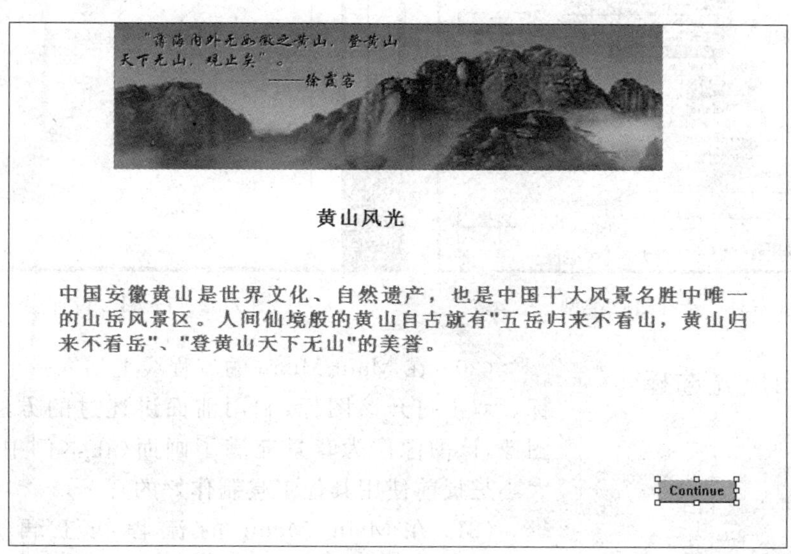

图 7-29　暂停程序并调整按钮位置

(15) 擦除。在显示下一个画面之前，计划将该画面完全擦除，当然也可以只擦除某个对象。从图标工具箱中拖动 Erase 图标到流程线上。命名该图标为"Erase All"。双击该图标打开属性对话框。选择 Icons to Erase，然后在 Presentation 窗口中单击，选择擦除对象为 Introduction，如图 7-30 所示。

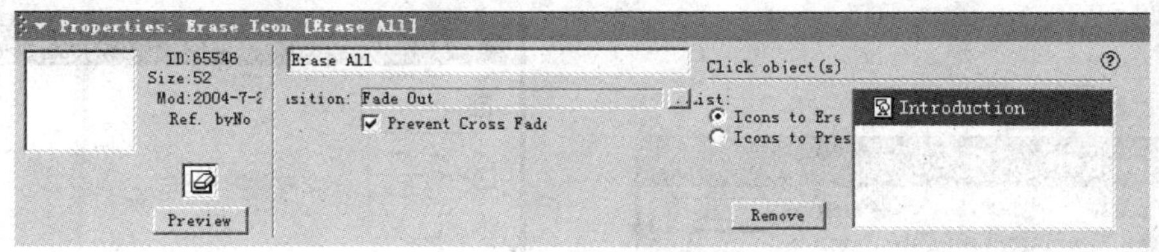

图 7-30　选择擦除对象

(16) 在 Transition 右侧带有省略号的按钮上单击，在弹出的窗口中选择一个过渡类型。在本例中选择的是 Fade Out，如图 7-31 所示。

(17) 重新启动程序，单击 Continue 按钮，应该看到图像被逐渐擦去。

(18) 将图标打包为一个组。在流程线窗口拖动鼠标，同时选中所有图标。选择 Modify|Group 命令，将该组图标命名为 Introduction。

(19) 下面制作一个简单的菜单。在流程线上，Introduction 组图标的后面再加入一个组图标(Map Icon)，命名为 Main Menu。双击该图标将显示 Level 2 流程的设计窗口，如图 7-32 所示。

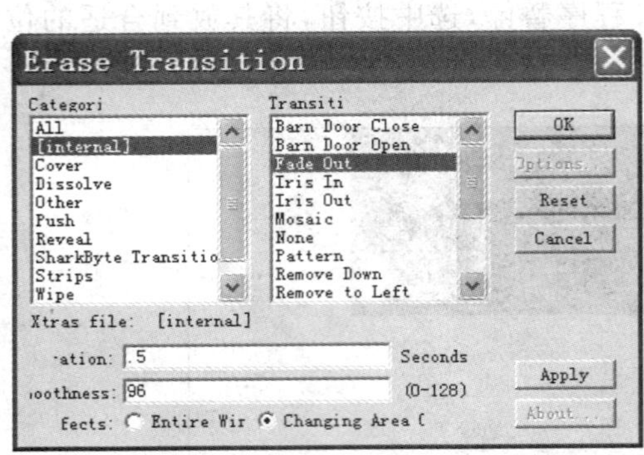

图 7-31 选择过渡类型

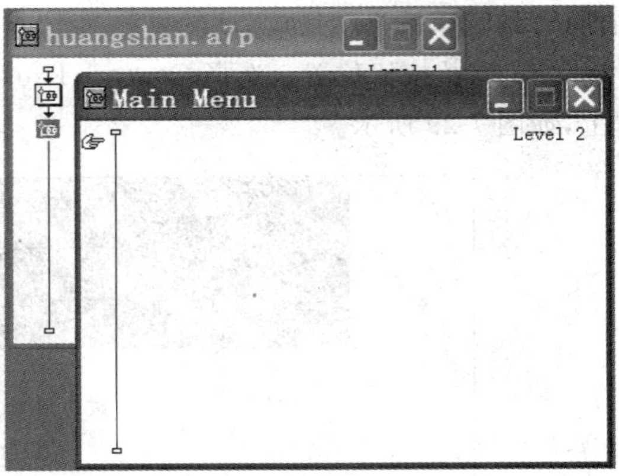

图 7-32 Level 2 设计层

图 7-33 主菜单

(20) 在 Main Menu 的流程线上加入一个 Display 图标。双击打开该图标，利用前面讲述过的方法导入一幅图像，该图像作为背景充满了画面(在本例中，该图像的大小是提前使用其他工具制作好的)。

(21) 在 Main Menu 的流程线上再加入一个 Interaction Icon，命名为 Select。双击该图标，选择文本工具，在打开的窗口中输入如图 7-33 所示的文本。

(22) 响应用户的选择。用户每单击一项菜单时，显示一幅相关的图片。在 Select 图标的右边加入一个 Navigate 图标。在弹出的响应类型选择对话框中选择 Hot Spot，如图 7-34 所示。此时的流程线如图 7-35 所示，注意图中的响应标记图标。

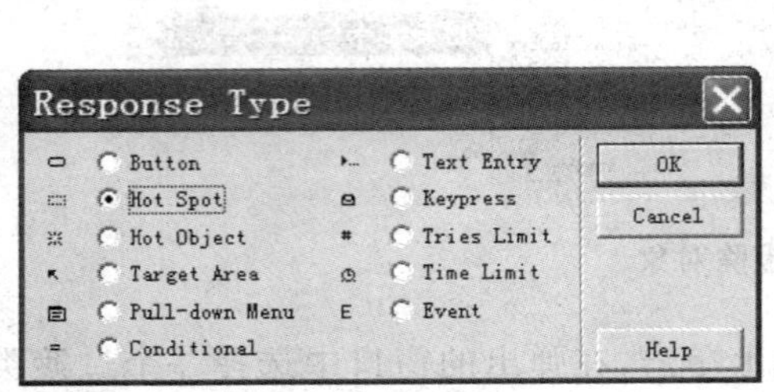

图 7-34 响应类型选择

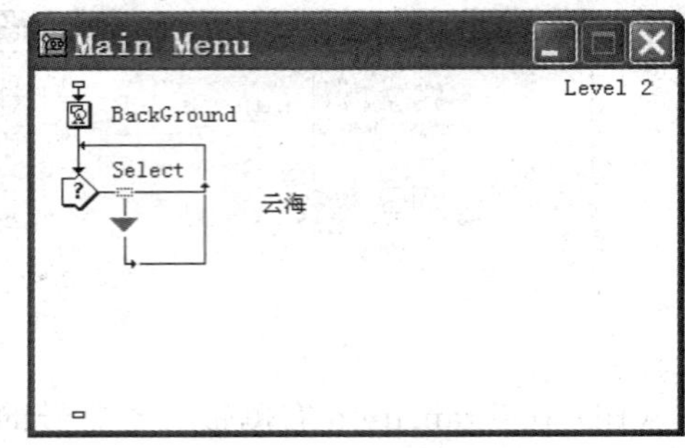

图 7-35 菜单响应流程

(23) 双击响应标记图标，在属性窗口的 Hot Spot 页中选中 Highlight on Match，如图 7-36 所示。在 Cursor 中单击带有省略号的按钮，在弹出的窗口中选择光标类型，如图 7-37所示，这样，当鼠标指向该行时，鼠标将变为手指状。

(24) 依次再加入 3 个 Navigate 图标，并重复以上的设置，如图 7-38 所示。

(25) 关联响应。运行程序到菜单出现，选择 Control|Pause。

(26) 调整好菜单的位置。

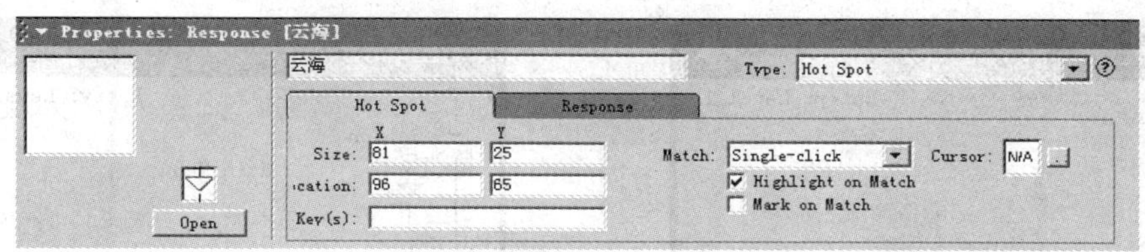

图 7-36　响应的属性设置

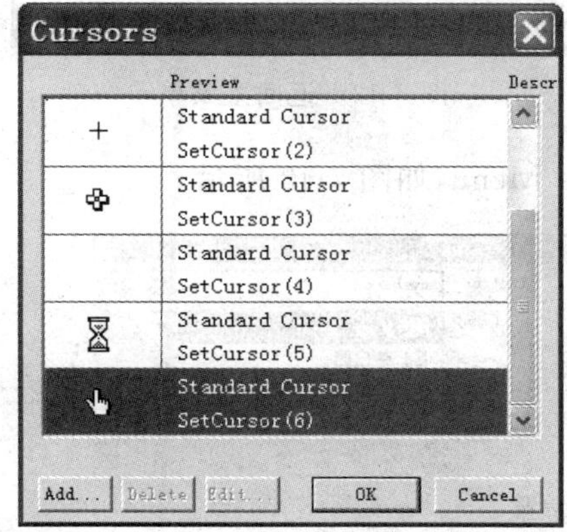

图 7-37　光标形状的设置

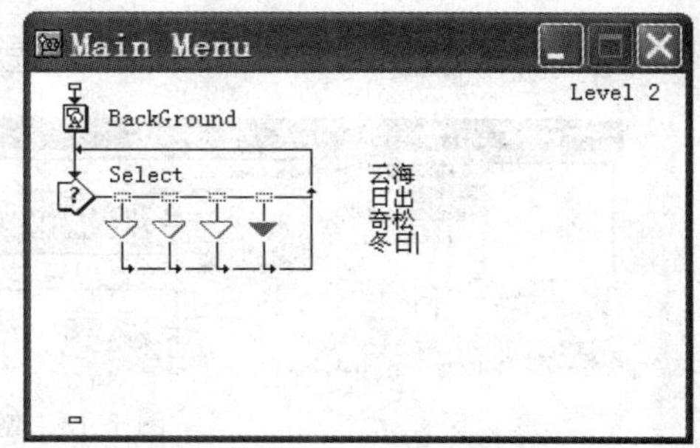

图 7-38　加入更多的响应

(27) 将 Navigate 项拖动到关联的菜单项上，如图 7-39 所示。

(28) 在流程线上加入一个 Framework 图标。在该图标的右侧加入 4 个 Display 图标。在 4 个 Display 图标中分别加入 4 幅相关图片。流程窗口如图 7-40 所示。

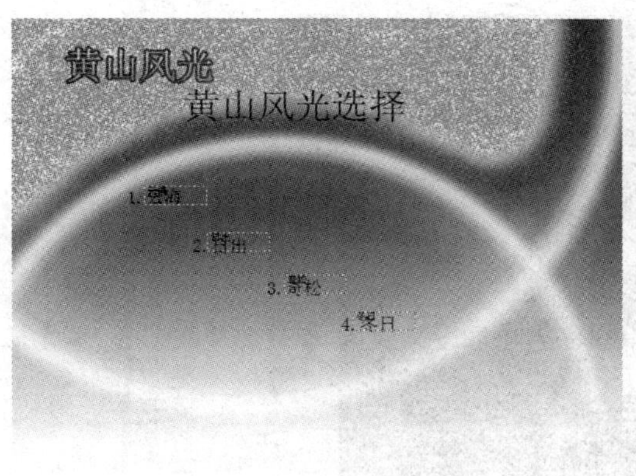

图 7-39　关联选择

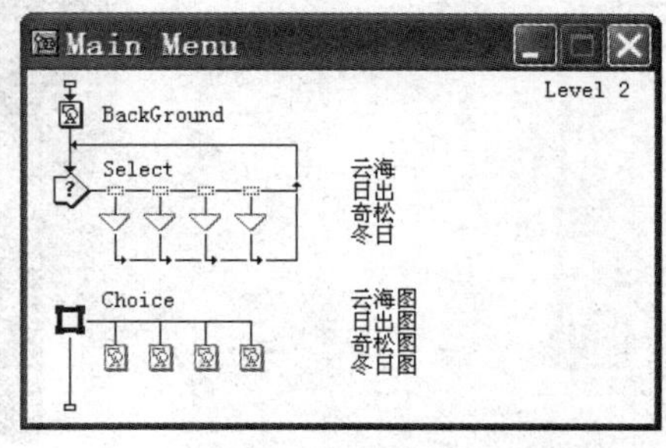

图 7-40　加入 Framework 图标

(29) 在 Level 1 的流程线上也加入一个 Framework 图标，将 Main Menu 拖到其右边。双击该 Framework 图标，在弹出的窗口中选中所有图标，按 Delete 键删除，如图 7-41 所示。

(30) 双击 Level 2 流程线的 Framework 图标，同样删除所有。然后再加入一个 Interaction 图标和一个 Navigate 图标，响应类型选为 Button，如图 7-42 所示。

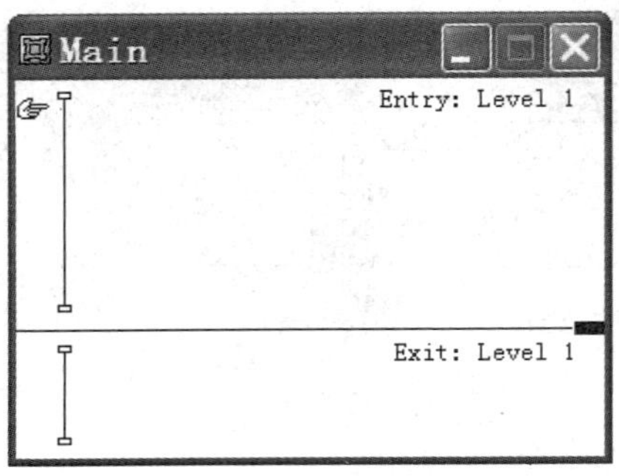

图 7-41 Framework 图标

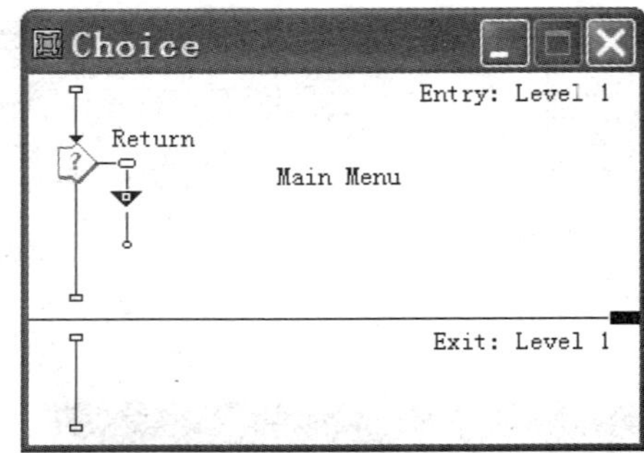

图 7-42 返回主菜单

(31) 双击 Navigate 图标,在 Page 里选择 Main Menu,如图 7-43 所示。

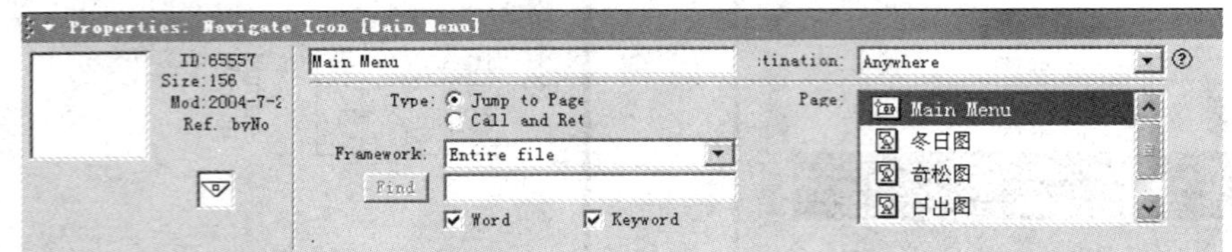

图 7-43 链接到主菜单

(32) 分别双击 Select 下的 4 个 Navigate 图标,和上一步类似,链接到对应的页。

(33) 运行程序,出现菜单后选择一项,出现对应的图片,菜单消失,有一个按钮出现在屏幕上,此时选择 Control|Pause 命令。选中按钮,放到合适的位置,如图 7-44 所示。

图 7-44 暂停后调整按钮的位置

(34) 程序至此基本完成。选择 Control|Restart 命令完整地运行一遍程序。

(35) 如果希望程序可以单独运行,则可以选择 File|Publish 命令输出程序。

思考与练习

1. 多媒体著作系统的制作过程与一般应用软件系统制作有何不同?

2. 界面设计的基本原则是什么?

3. 若开发本课程的一个多媒体教学系统,试设计出3级结构,画出结构设计图。

4. 若设计一个关于学校介绍的多媒体演示软件,请设计一个脚本(可以是一个片段,不超过300字)。

5. 利用Media Player控件,制作自己的MP3播放器。

6. 编写程序,在启动时该程序发出一声提示的响声。

7. Authorware是什么类型的软件,能提供哪些功能?

8. Authorware的图标有哪些,它们的功能是什么?

9. 设计窗口中的流程线由哪几部分组成?

10. 工具栏中,开始标志和结束标志的功能是什么? 如何使用?

11. 简述在显示图标中如何绘制图形、书写文字,并设置各种属性的工具。

12. 移动图标的移动类型有哪些? 简述它们的功能。

13. Authorware的交互类型有哪些?

14. 使用Authorware制作一个汽车在马路上行驶的动画。

15. 使用Authorware制作一个多媒体技术课程自测系统。要求至少有4道选择题,一道题目做对后进行下一道题目的测试,最后给出一句鼓励的话。

16. 用Authorware制作一个多媒体演示系统,介绍你的学校或你宿舍的同学。

17. 制作一个小的导游系统,如自己的校园。开始显示全景或文字提示,根据用户的不同选择,显示相应景点的照片,用户按任意键或单击"继续"按钮后回到主菜单。

18. 利用框架和导航图标制作一小本电子书,可以上下翻页、回到首页。

附录

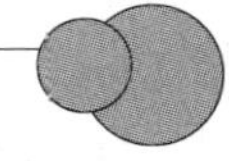

实验指导

实验1　声音的数字化

一、实验目的

(1) 掌握使用计算机进行数字录音的方法。

(2) 理解不同数字化指标对声音质量和文件大小的影响。

二、实验内容

(1) 选择一段CD或磁带音乐或歌曲，分别以附表1中的参数录音30s～60s，分别存成两个文件WAV，记录数字声音的大小，用播放器播放，比较它们的声音质量。

附表1　参数(1)

序　号	采样频率	采样精度	声　道　数
1	44.1kHz	16位	2
2	8kHz	8位	2

(2) 用附表2中的参数录制以下唐诗：

附表2　参数(2)

序　号	采样频率	采样精度	声　道　数
1	8kHz	16位	1
2	8kHz	16位	2

游　子　吟

孟　郊

慈母手中线，游子身上衣。
临行密密缝，意恐迟迟归。
谁言寸草心，报得三春晖？

分别存成两个文件WAV，记录数字声音的大小，用播放器播放，比较它们的声音质量。

三、实验环境

硬件：计算机、声卡、光驱、话筒、音箱或耳机、磁带单放机或收音机、音乐 CD、音乐磁带、音频线。

软件：Sound Forge 或其他音频处理软件、声音播放软件。

四、操作指导

(1) 使用磁带放音机作声源需要使用音频线将磁带放音机或收音机的“Phone”插孔与声卡的“Line In”插孔相连；使用话筒录音，将话筒插入声卡的“MIC In”插孔。

(2) 在 Windows“控制面板”的“声音和多媒体”中，设置相应的录音声源，如附图 1 所示。

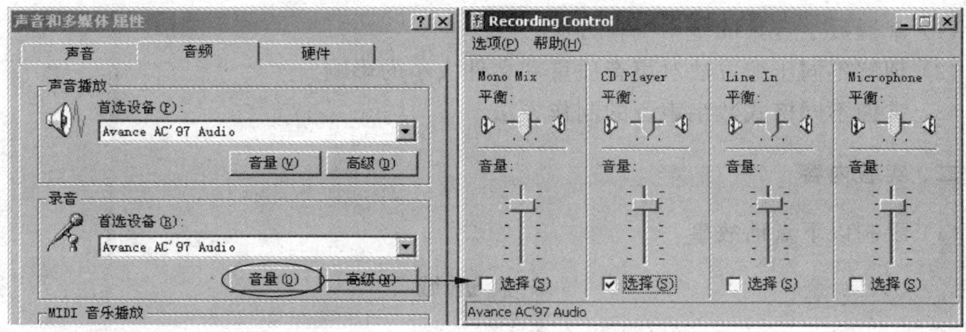

附图 1 Windows 录音控制器

(3) 启动音频编辑软件。

(4) 设置数字化参数、录音，记下时间长度，以未压缩 WAV 格式保存文件。

(5) 用 Windows 资源管理器查看声音文件的大小。

(6) 用声音播放(或音频处理)软件播放声音，比较质量有无差别。

五、实验要求

(1) 依操作提示完成实验内容。注意，内容(1)和内容(2)中的声音时间长度要分别相同。

(2) 填写附表 3 和附表 4，将其加入实验报告中。

附表 3 数字化参数对声音质量的影响比较

音乐名称	时间长度	采样频率	采样精度	文件大小	声音质量
		44.1kHz 8kHz	16 位 8 位		

附表 4 声道数与声音文件大小的关系

声音内容： 时间长度：

采样频率	采样精度	声道数	文件大小
8kHz	16 位	1	
8kHz	16 位	2	

(3) 将实验报告和保存的 4 个声音文件压缩为 *.zip 文件，提交到作业服务器上指定目录中。文件命名格式："e01_"＋学号＋".zip"，如："e01_04105001.zip"。

实验 2 声音的编辑与压缩

一、实验目的

(1) 掌握数字音频的基本编辑方法。
(2) 理解不同压缩方法对声音质量和文件大小的影响。
(3) 掌握不同格式数字声音的制作方法。

二、实验内容

(1) 录制以下童话故事。

笨 狼 进 城

听说城里很热闹，笨狼就想去看看。

他穿上红色的灯笼裤，戴上白色的鸭舌帽，唱首歌儿走出森林，来到了公路上。

开来了一辆绿色的出租车，前头亮着空车的标志。笨狼挥挥手，车停了，司机打开车门，礼貌地说："先生，请上车！"

笨狼伸出手，想拉司机一把，没想到司机撒腿就跑，跑得比兔子还快。

司机跑了，笨狼只好自己开车。

(2) 编辑声音如下。

笨 狼 进 城

听说城里很热闹，笨狼就想去看看。

他来到了公路上。

一辆绿色的出租车开来了。笨狼挥挥手，司机打开车门，说："先生，请上车！"

笨狼伸出手，想拉司机一把，没想到司机撒腿就跑。

司机跑了，笨狼只好自己开车。

(3) 分别使用未压缩(11.025kHz，16b，Mono)、A 律压缩(8.000kHz，8 位，单声道)、MP3 压缩(32Kbps，16 000Hz，Mono)将声音保存为 WAV 格式，比较它们的大小。

(4) 将声音文件分别保存为 MP3(64bps,FM Radio Quality Audio)、RM(64Kbps Audio)、WMA(64Kbps Stereo Music)格式,比较它们的文件大小。

三、实验环境

硬件:计算机、声卡、话筒、音箱或耳机。

软件:Sound Forge 或其他音频处理软件、声音播放软件。

四、操作提示

(1) 使用 11.025kHz 的采样频率,16b 采样精度,单声道,录制内容(1)中的声音。

(2) 按照内容(2)编辑声音。

(3) 使用 Save As 命令保存声音。在"另存为"对话框的"保存类型"中选择:"Wave (Microsoft) (*.wav)",单击 Custom(自定义)按钮选择内容(3)中要求的压缩格式,以不同的压缩算法保存声音文件。

(4) 对内容(4),使用 Save As 命令保存声音,在"另存为"对话框的"保存类型"中分别选择内容(4)要求的不同文件格式,在 Template 下拉列表中,选择适合参数要求的模板,或单击 Custom(自定义)按钮自己定义参数。

注意: 每次使用"另存为"命令保存文件后,会出现类似附图 2 的对话框,询问"是否以刚保存的压缩和文件格式重新打开文件"。如果选择"是",则当前文件的参数会变为刚保存时使用的参数;如果选择"否",则仍使用保存前的原始参数。对本实验,应选择"否",这样可以以原始文件格式为基础保存不同的文件。

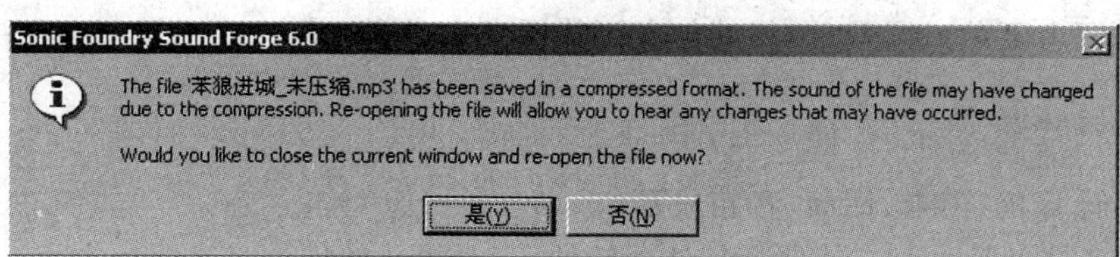

附图 2 是否以刚保存的压缩及文件格式重新打开文件

五、实验要求

(1) 依操作提示完成实验内容。

(2) 填写附表 5 和附表 6,将其加入你的实验报告中。

附表 5 WAVE 文件不同压缩算法的比较

声音文件内容: 时间长度:

压缩算法与参数指标	文件大小	声音质量
未压缩(11.025kHz,16b,Mono) A 律压缩(8.000kHz,8b,单声道) MP3 压缩(32Kbps,16 000Hz,Mono)		

附表 6 不同文件保存格式的比较

声音文件内容： 时间长度：

文件保存格式与参数指标	文件大小	声音质量
MP3(64bps,FM Radio Quality Audio) RM(64Kbps Audio) WMA(64Kbps Stereo Music)		

(3) 将实验报告和保存的 7 个声音文件(含一个原始未压缩 WAVE 文件)压缩为 *.zip文件,提交到作业服务器上指定目录中。文件命名格式："e02_"+学号+".zip",如："e02_04105001.zip"。

实验 3 声音的效果处理

一、实验目的

掌握常用的数字音频效果的处理方法。

二、实验内容

(1) 采集或从网上下载一段语音。

(2) 对语音的内容进行编辑,缩短 1/2 的时间。

(3) 调整语音音量。

(4) 试着对其或其片段进行淡入、淡出、回响、合唱等效果的处理。

(5) 从网上下载一段音乐,将其与上面的语音合成到一起。

三、实验环境

硬件：计算机、声卡、话筒、音箱或耳机。

软件：Sound Forge 或其他音频处理软件、声音播放软件。

网络：可以连接 Internet。

四、操作提示

(1) 首先找到需要的声音素材或自己录制。

(2) 调整音量。如果需要对声音整体音量进行调整,最好在内容编辑前,这样编辑中的监听会比较方便。

(3) 编辑声音内容。语音的使用通常是有时间限制的,这是内容编辑的一个约束。

(4) 根据需要或自己的创意,对语音或其片段进行效果处理。

(5) 保存编辑后的语音文件。

(6) 打开音乐文件,根据需要选择适当的长度。

(7) 保存截取的音乐片段。

(8) 与语音合成。注意合成成分音量的设置,一般有语音的段落,音乐音量较小,作

背景。Sound Forge 中使用 Edit|Paste Special|Mix 命令。

(9) 以合适的格式保存合成后的文件。

五、实验要求

记录自己的制作过程，编写实验报告。将编辑后的语音文件与合成的音乐片段、合成后的声音文件及实验报告压缩成 *.zip 文件，提交到作业服务器上指定目录中。文件命名格式："e03_"＋学号＋".zip"，如："e03_04105001.zip"。

实验 4　简单图像处理

一、实验目的

(1) 学会数字图像的基本编辑方法。

(2) 学会将图像保存为不同的图像格式文件。

(3) 了解 Photoshop 的基本功能。

二、实验内容

(1) 在 Photoshop 中打开一幅在阴天环境下拍摄的图片，如附图 3 所示。

附图 3　准备修正的图像

(2) 使用 Photoshop 中的 Auto Levels、Auto Color 和 Auto Contrast 修正图像。

(3) 裁减出图像的主体部分另存为一幅新的图像。

(4) 利用历史命令窗口回到图像的最初状态。

(5) 不使用步骤(2)中的 3 个命令，手工调整图像。

(6) 将图像裁减、放大或缩小为 400×400 像素。

(7) 将图像保存为 jpg 格式。分别选择保存精度为 12、8、6 和 4 进行保存。

(8) 将图像保存为 bmp、tiff、psd 格式。

三、实验环境

硬件：计算机。

软件：Photoshop 及待处理的图像。

四、操作提示

(1) 在 Image|Adjustments 菜单中选择 Auto Levels、Auto Color 和 Auto Contrast 命令修正图像。

(2) 在工具箱中选择裁切工具对图像进行裁减。

(3) 在 Image|Adjustments 菜单中使用 Levels 和 Curves 命令调整图像。

(4) 在 Image|Image Size 和 Image|Canvas Size 菜单中改变图像或画布大小。

(5) 在 File|Save as 中选择 jpg 格式保存图片。在选项对话框中拖动滑块选择保存精度。

五、实验要求

(1) 依操作提示完成实验内容。

(2) 比较图像在校正前后的区别(亮度、饱和度、对比度和亮度直方图等的不同)。

(3) 填写附表 7,比较不同文件格式之间的文件大小和你对图像质量的主观看法。

附表 7　不同格式的图像比较

图像格式	文件大小	图像质量	图像格式	文件大小	图像质量
bmp			tiff		
jpg(精度 12)			psd		

(4) 填写附表 8,比较不同精度之间 jpg 格式的文件大小和图像质量。

附表 8　不同精度的 jpg 格式的比较

图像格式	文件大小	声音质量	图像格式	文件大小	声音质量
jpg 精度 12			jpg 精度 6		
jpg 精度 8			jpg 精度 4		

(5) 将实验报告和保存的 7 个图像文件压缩为 *. zip 文件,提交到作业服务器上指定目录中。文件命名格式:“e04_”+学号+“. zip”,如:“e04_04105001. zip”。

实验 5　图像综合处理

一、实验目的

(1) 学会给图像增加文字和图形。

(2) 学会使用 Photoshop 中的图层。

(3) 能够将简单图像和其背景分离开来。

(4) 了解 Photoshop 滤镜的使用。

二、实验内容

(1) 在 Photoshop 中打开一幅背景较为简单的图像,如附图 4 所示。

(2) 将图像中的雕像和背景分离开。

(3) 将雕像作为新的一层放置到其他背景上。

(4) 为雕像增加文字说明。

附图 4　原始的图像

(5) 分别对背景层和雕像层试用 Photoshop 的不同滤镜。

(6) 将图像保留图层,保存为 psd 格式。

三、实验环境

硬件:计算机。

软件:Photoshop 及待处理的图像。

四、操作提示

(1) 可使用魔术棒、自由套索等选择工具,先选择出背景层,再反转选区选出雕像。

(2) 使用工具箱中的文字工具添加说明。注意如何选择字体、颜色和大小等。

(3) 可单独对一个图层操作,如缩放等,使雕像和背景比例合适。

(4) 使用滤镜时注意滤镜的作用,如果滤镜带有参数,调整这些参数观察图像的变化。如果只想对图像的某部分使用滤镜,应将这部分选成为选区。

五、实验要求

(1) 依操作提示完成实验内容。

(2) 简单叙述实验的过程和步骤,以及你所使用的滤镜。

(3) 将实验报告和保存的图像文件压缩为 *.zip 文件,提交到作业服务器上指定目录中。文件命名格式:“e05_”+学号+“.zip”,如:“e05_04105001.zip”。

实验 6 《世界奇观》图书封面制作

一、实验目的

(1) 熟练掌握 Photoshop 的基本操作。

(2) 学会使用 Photoshop 中的层、通道、选区、图案、文字选区的使用方法。

(3) 初步了解使用 Photoshop 进行平面创作的方法。

二、实验内容

(1) 依照实验指导为《世界奇观》图书制作封面,如附图 5 所示。

(2) 为《世界奇观》设计制作另外一个封面作品。

(3) 为其他图书设计制作一个封面作品。

三、实验环境

硬件:计算机。

软件:Photoshop 及待处理的图像。

附图 5 “世界奇观”图书封面

四、操作提示

(1) 执行"文件"|"新建"命令新建文件,尺寸为 1×6 像素,分辨率为 75 像素/英寸,颜色为 RGB 颜色,16 位,背景为透明。

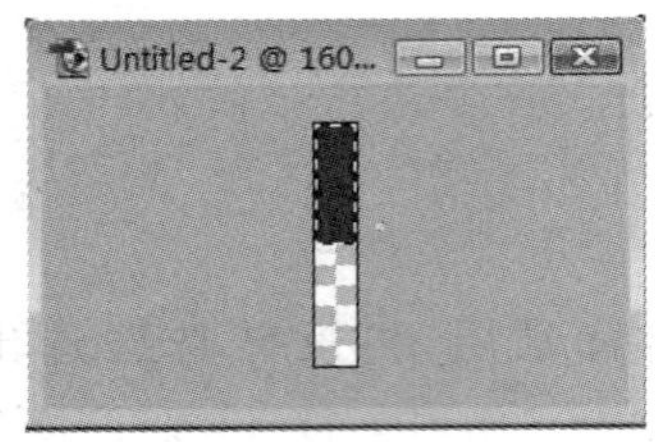

附图 6　图案设计

(2) 在英文输入法状态下按 Z 键选择"放大镜"工具,将图像放大。

(3) 选择"矩形选框"工具,绘制一个宽一个像素、高 3 个像素的矩形并填充颜色(120,0,0),如附图 6 所示。

(4) 按 Ctrl+A 组合键选择整个图像,执行"编辑"|"定义图案"命令,将画布上 1×6 的区域定义为图案,在打开的对话框中将"图案名称"命名为"图案",保存并关闭该图像文件。

(5) 执行"文件"|"新建"命令,新建文件:尺寸使用预置"A4"幅面,分辨率 300dpi,16 位 RGB 颜色模式,背景白色,图像名称为"世界奇观"。注意,较高的分辨率是期望在打印图像时有较好的质量,可以使用 72dpi。

(6) 打开一幅堪称世界奇观的图片作背景,使用"图像"|"图像大小"命令,将图像的宽度和高度调整到大于"世界奇观"图像的宽度和高度。

(7) 按 Ctrl+A 组合键全选图片图像(背景图像),按 Ctrl+C 组合键复制,在"世界奇观"图像中按 Ctrl+V 组合键粘贴图像,使用移动工具调整背景图像在画布中的位置,使用"图层"|Layer Properties 命令将图层命名为"封面背景",如附图 7 所示。

(8) 执行"竖排文字蒙版" 工具,在合适的地方输入文字"世界奇观",文字大小为 144 点,输入后,使用选框工具在区域中按住鼠标,将文字区域拖动到合适的位置,如附图 8 所示。

附图 7　添加封面背景

附图 8　添加文字选区

(9) 打开“通道”控制面板，单击下方的“将选区存储为通道”按钮，存储选区。

(10) 使用“图层”控制面板的新建图层按钮在“封面背景”层之上新建两个图层，上面的命名为“单色填充”，下面的命名为“图案填充”。

(11) 在“图层”面板中选择“单色填充”层，使用选框工具在图像上部选取一块竖长条形区域，比文字占的区域稍大。使用填充工具将该区域填充为深红色(120,0,0)。

(12) 执行“选择”|“载入选区”命令，在对话框中选择“通道”为“Alpha”，载入保存的文字选区，再执行“选择”|“修改”|“扩展”命令，将选区扩展4像素，按Delete键。

(13) 执行“编辑”|“描边”命令，在打开的对话框中设置描边“宽度”为12像素，颜色为白色，位置“居外”。

(14) 在“图层”面板中选择“图案填充”层，使用选框工具在图像上部选取(12)中的长条形区域宽度一半的区域，选择填充工具，在工具选项中选择“填充源”为“图案”，在后面的下拉列表中选择“图案”图案，进行填充，填充后如开始时的附图5所示。

五、实验思考题

(1) 为设计的封面添加落款，如出版社的名称、编写单位或作者。
(2) 为文字或“单色填充”层的矩形制作浮雕和立体效果。
(3) 自己为《世界奇观》设计并制作一个封面作品。
(4) 为自己喜欢的图书设计一幅封面作品。

六、实验报告要求

(1) 按规范格式编写实验报告。
(2) 写出每个作品的制作步骤。
(3) 写出实验中遇到的问题。
(4) 将实验报告和制作好的多媒体作品(psd文件和jpg文件)压缩为*.zip文件，提交到作业服务器上指定目录中。文件命名格式：“e06_”+学号+“.zip”，如：“e06_04105001.zip”。

实验7 简单视频编辑

一、实验目的

(1) 会使用Premiere拼接视频。
(2) 能够使用Premiere输出视频。

二、实验内容

(1) 在Premiere中导入两段视频。
(2) 将两段视频拼接在一起。
(3) 以PAL制标准MPEG-1格式和rm格式输出视频。

三、实验环境

硬件：计算机、声卡、耳机。

软件：Adobe Premiere 及待处理的视频。

四、操作提示

(1) 将要拼接的两段视频拖动到时间线上，注意使两段视频之间不要留有空白。

(2) 在 File 菜单中选择 Export，在 Export 子菜单中选择相应的输出选项。

五、实验要求

(1) 依操作提示完成实验内容。

(2) 简单叙述实验的过程和步骤。

(3) 将实验报告和制作好的视频文件压缩为 *.zip 文件，提交到作业服务器上指定目录中。文件命名格式："e07_"＋学号＋".zip"，如："e07_04105001.zip"。

实验8　进一步的视频编辑

一、实验目的

(1) 学会使用 Premiere 拼接视频。

(2) 能够裁减视频。

(3) 能够为视频添加过渡效果。

(4) 会添加字幕。

(5) 会添加声音。

二、实验内容

(1) 在 Premiere 中导入两段视频，裁减视频使其持续时间分别为 60 秒和 90 秒。

(2) 将两段视频拼接在一起，并在两段视频之间添加过渡。

(3) 为视频添加滚动的字幕。

(4) 如果原视频带有音频的话，去掉视频中的音频。

(5) 为该视频重新配音。

三、实验环境

硬件：计算机、声卡、耳机。

软件：Adobe Premiere 及待处理的视频。

四、操作提示

(1) 将要拼接的两段视频拖动到时间线上，注意使两段视频之间不要留有空白。

(2) 使用 Razor 工具裁减视频到指定的持续时间。

(3) 选择一个过渡效果拖动到两段视频之间。

(4) 在 Effect Controls 窗口中设置过渡效果。

(5) 从菜单选择 File|New|Title 命令打开字幕编辑窗口添加字幕。

(6) 将字幕文件拖动到 TimeLine 窗口中。

(7) 调整字幕的持续时间为 40 秒。

(8) 去掉原视频和音频间的关联,删除原视频的音频部分。

(9) 录制新的音频。

(10) 导入新的音频并拖动到 TimeLine 窗口的音频轨道上。

(11) 输出新的视频。

五、实验要求

(1) 依操作提示完成实验内容。

(2) 简单叙述实验的过程和步骤。

(3) 将实验报告和制作好的视频文件压缩为 *.zip 文件,提交到作业服务器上指定目录中。文件命名格式:"e08_"+学号+".zip",如:"e08_04105001.zip"。

实验9 制作多媒体光盘

一、实验目的

(1) 了解各种光盘的标准和参数。

(2) 掌握制作多媒体光盘的方法。

二、实验内容

(1) 搜集多媒体素材。

(2) 刻录一张多媒体 CD。

三、实验环境

硬件:个人计算机、CD 刻录机。

软件:Nero 或其他光盘刻录软件。

四、操作提示

本实验并不限于制作数据光盘(CD-ROM)、音乐光盘(CD-DA)还是激光视盘(VCD),可根据自己准备的数据选择合适的类型。

浏览数据光盘的文件,就像普通的硬盘文件,向光盘中添加文件像从硬盘中复制文件一样,CD-DA 和 VCD 虽然有固定的文件存放路径和命名方法,但这些都是由刻录软件完成的,我们只需将文件拖动到"光盘"窗口中。

在 Nero 中，可以使用 Nero 的 Nero Express 制作向导制作。制作过程如下。

(1) 准备数据。准备一定量的数据，可以是多媒体应用软件、音乐、歌曲、数字视频等。

(2) 如果是数据光盘，请编写一个关于光盘内容和使用方法的文本文件，命名为：readme.txt，放在根目录下。

(3) 将空白光盘(CD-R)插入刻录机。

(4) 使用 Nero 的 StartSmart，快速启动 Nero，选择合适的光盘类型。

(5) 使用 Help|Use Nero Express 菜单命令，启动 Nero 快速制作向导。使用该向导可以按提示一步步完成刻录。

注意：光盘的卷名要用自己姓名拼音加年代。

五、实验要求

提交光盘。

实验 10　流媒体服务器

一、实验目的

(1) 理解流媒体的传输方式。

(2) 掌握一种流媒体服务器的安装和基本设置。

(3) 能够将流媒体链接到网页中。

(4) 能够在网络中播放流媒体。

二、实验内容

(1) 安装并设置 RealServer(或 Real Helix)流媒体服务器。

(2) 测试流媒体服务器。

(3) 通过一个简单的网页，使用流媒体服务器提供的视频点播服务。

三、实验环境

硬件：个人计算机。

软件：RealServer 流媒体服务器、rm 视频文件。

四、操作提示

(1) 准备 rm 流媒体素材文件。可以使用 RealProducer 将 AVI 或 MPG 文件转换成 rm 压缩格式的文件。

(2) 安装 RealServer。注意安装过程中的提示，记录提供服务的端口号，记录管理员的用户名和口令。

(3) 将流媒体文件放入发布目录。

(4) 制作网页,添加流媒体播放链接。

(5) 在网络中测试流媒体的播放。

五、实验要求

(1) 依操作提示完成实验内容。

(2) 简单叙述实验的过程和步骤。

(3) 请指导老师验证服务器是否正常工作。将实验报告压缩为 *.zip 文件,提交到作业服务器上指定目录中。文件命名格式:"e10_"+学号+".zip",如:"e10_04105001.zip"。

实验 11 视频会议

一、实验目的

(1) 学会使用 NetMeeting。

(2) 学会组织网络视频会议。

二、实验内容

(1) 使用 NetMeeting 主持会议。

(2) 实际进行一次简短的会议。

三、实验环境

硬件:计算机、声卡、耳机、摄像头、麦克风。

软件:Microsoft NetMeeting。

四、操作提示

(1) 运行 NetMeeting。

(2) 会议主持者在菜单中选择"呼叫"|"主持会议"命令,正确设置会议名称和会议密码(会议也可以没有密码)。

(3) 其他与会者在菜单中选择"呼叫"|"新呼叫"命令,输入会议主持者的 IP 地址。

(4) 会议主持者应答呼叫后开始会议。

(5) 使用视频、文本聊天、白板等工具进行一次简短的会议,每个与会者发言一次。

(6) 结束会议。

五、实验要求

(1) 依操作提示完成实验内容。

(2) 简单叙述实验的过程和步骤。

(3) 将实验报告压缩为 *.zip 文件,提交到作业服务器上指定目录中。文件命名格式:"e11_"+学号+".zip",如:"e11_04105001.zip"。

实验 12　多媒体作品创作

一、实验目的

（1）掌握 Authorware 的基本操作方法。

（2）学会使用 Authorware 制作简单的多媒体演示系统。

二、实验内容

（1）熟悉 Authorware 的窗口布局。

（2）了解流程线和各种图标的功能和用法。

（3）为了使新生快速了解学校的环境，请以下列内容为主题创作一件多媒体作品。

① 本校各单位、场所的地理位置的查找或演示系统。

② 本校院、系和专业介绍。

③ 图书馆借书处、阅览室、视听室、电子阅览室等场所和设施介绍及借阅流程。

三、实验环境

硬件：计算机、声卡、耳机。

软件：Authorware。

四、操作提示

（1）运行 Authorware，创建空白文件。

（2）制作片头。其中应包含标题、作者（学号、姓名）、制作单位（学院、专业班级）和制作日期等，可以用图片或颜色作背景。

（3）利用交互图标制作介绍各个部门情况的菜单。可以使用每个部门的图片来丰富画面，交互类型可以选择热区交互或按钮交互，交互分支集成到群组图标中。

（4）内容的介绍形式要丰富，可以运用文字、图像、声音、视频等媒体元素，可以利用运动图标制作一些动画，文字要注意使用合适的字体、字号、颜色、大小、位置等属性。

五、实验要求

（1）依操作提示完成实验内容。

（2）简述实验的过程和步骤。

（3）将实验报告和制作好的多媒体作品压缩为 *.zip 文件，提交到作业服务器上指定目录中。文件命名格式："e12_"＋学号＋".zip"，如："e12_04105001.zip"。

参考文献

[1] 吴玲达等. 多媒体技术[M]. 2 版. 北京：电子工业出版社，2007.
[2] 钟晓流等. 多媒体视听技术及应用环境[M]. 北京：清华大学出版社，2007.
[3] 刘甘娜，朱文胜，付先平. 多媒体应用基础[M]. 3 版. 北京：高等教育出版社，2007.
[4] 赵子江. 多媒体技术应用教程[M]. 5 版. 北京：机械工业出版社，2007.
[5] 赵英良，董雪平. 多媒体应用技术实用教程[M]. 北京：清华大学出版社，2006.
[6] 钟玉琢，沈洪等. 多媒体技术基础及应用[M]. 北京：清华大学出版社，2006.
[7] 卢官明，潘沛生. 多媒体技术及应用[M]. 北京：高等教育出版社，2006.
[8] 薛为民，赵丽鲜等. 多媒体技术及应用[M]. 北京：清华大学出版社，北京交通大学出版社，2006.
[9] 阮新新. 多媒体技术与应用[M]. 北京：清华大学出版社，2006.
[10] 张桂珍. Authorware 7 多媒体应用教程[M]. 北京：机械工业出版社，2005.
[11] (加拿大)Ze-Nian Li. 多媒体技术教程(Fundamentals of Multimedia)[M]. 北京：机械工业出版社，2004.
[12] 刘惠芬. 数字媒体——技术、应用、设计[M]. 北京：清华大学出版社，2003.
[13] Steve Mack. 流媒体宝典[M]. 刑栩嘉等译. 北京：电子工业出版社，2003.
[14] 林福宗. 多媒体技术基础[M]. 2 版. 北京：清华大学出版社，2002.
[15] 鲁宏伟. 多媒体计算机技术[M]. 北京：电子工业出版社，2002.
[16] 马华东. 多媒体技术原理及应用[M]. 北京：清华大学出版社，2002.
[17] 蔡安妮，孙景鳌. 多媒体通信技术基础[M]. 北京：电子工业出版社，2000.
[18] David HillMan. 数字媒体：技术与应用[M]. 熊澄宇等译. 北京：清华大学出版社，2002.
[19] Jessica Keyes. 多媒体手册[M]. 杨士强等译. 北京：电子工业出版社，1996.
[20] 郭斌等. 影视多媒体[M]. 北京：北京广播学院出版社，2000.
[21] 洪小达. 多媒体计算机与数据压缩技术[M]. 北京：中国国际广播出版社，1999.
[22] 韩宪柱. 声音制作基础[M]. 北京：中国广播电视出版社，2001.
[23] 泰卡尔普(Tekalp A M). 数字视频处理(影印本)[M]. 北京：清华大学出版社，1998.
[24] (美)Ken C Pohlmann. 数字音频原理与应用[M]. 4 版. 苏非译. 北京：电子工业出版社，2002.
[25] 余雪丽，张兴中. 多媒体应用实践技术[M]. 北京：科学出版社，2002.
[26] DVD 论坛(DVD Forum). http://www.dvdforum.org.
[27] DVD 联盟(DVD Alliance). http://www.dvdrw.com/.
[28] http://202.198.16.103/netcourse/.

读者意见反馈

亲爱的读者：

感谢您一直以来对清华版计算机教材的支持和爱护。为了今后为您提供更优秀的教材，请您抽出宝贵的时间来填写下面的意见反馈表，以便我们更好地对本教材做进一步改进。同时如果您在使用本教材的过程中遇到了什么问题，或者有什么好的建议，也请您来信告诉我们。

地址：北京市海淀区双清路学研大厦 A 座 602　　计算机与信息分社营销室　收

邮编：100084　　电子邮件：jsjjc@tup.tsinghua.edu.cn

电话：010-62770175-4608/4409　　邮购电话：010-62786544

教材名称：多媒体技术及应用

ISBN：978-7-302-20163-2

个人资料

姓名：________ 年龄：____ 所在院校/专业：________

文化程度：________ 通信地址：________

联系电话：________ 电子信箱：________

您使用本书是作为：□指定教材 □选用教材 □辅导教材 □自学教材

您对本书封面设计的满意度：

□很满意 □满意 □一般 □不满意　改进建议________

您对本书印刷质量的满意度：

□很满意 □满意 □一般 □不满意　改进建议________

您对本书的总体满意度：

从语言质量角度看 □很满意 □满意 □一般 □不满意

从科技含量角度看 □很满意 □满意 □一般 □不满意

本书最令您满意的是：

□指导明确 □内容充实 □讲解详尽 □实例丰富

您认为本书在哪些地方应进行修改？（可附页）

____

____

您希望本书在哪些方面进行改进？（可附页）

____

____

电子教案支持

敬爱的教师：

为了配合本课程的教学需要，本教材配有配套的电子教案（素材），有需求的教师可以与我们联系，我们将向使用本教材进行教学的教师免费赠送电子教案（素材），希望有助于教学活动的开展。相关信息请拨打电话 010-62776969 或发送电子邮件至 jsjjc@tup.tsinghua.edu.cn 咨询，也可以到清华大学出版社主页（http://www.tup.com.cn 或 http://www.tup.tsinghua.edu.cn）上查询。

大学计算机基础教育规划教材

近　期　书　目

大学计算机基础(第2版)("国家精品课程"、"高等教育国家级教学成果奖"配套教材)
大学计算机基础实验指导书("国家精品课程"、"高等教育国家级教学成果奖"配套教材)
大学计算机应用基础("国家精品课程"、"高等教育国家级教学成果奖"配套教材)
大学计算机应用基础实验指导("国家精品课程"、"高等教育国家级教学成果奖"配套教材)
C程序设计教程
Visual C++程序设计教程
Visual Basic程序设计
Visual Basic.NET程序设计(普通高等教育"十一五"国家级规划教材)
计算机程序设计基础——精讲多练C/C++语言(普通高等教育"十一五"国家级规划教材)
微机原理及接口技术(第2版)
单片机及嵌入式系统(第2版)
数据库技术及应用——Access
SQL Server数据库应用教程
Visual FoxPro 8.0程序设计
Visual FoxPro 8.0习题解析与编程实例
多媒体技术及应用(普通高等教育"十一五"国家级规划教材)
计算机网络技术及应用(第2版)
计算机网络基本原理与Internet实践
Java语言程序设计基础(第2版)(普通高等教育"十一五"国家级规划教材)
Java语言应用开发基础(普通高等教育"十一五"国家级规划教材)